オードリーのオールナイトニッポントーク傑作選2019-2022

「さよならむつみ荘、そして……」編

オードリー

新潮社

目次 2019

2020

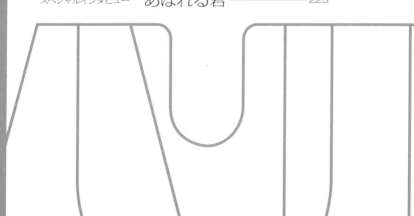

2021

2022

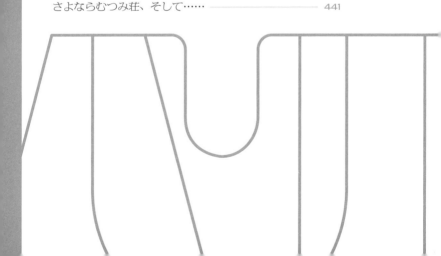

本書は、２０１９年から２０２２年までの
『オードリーのオールナイトニッポン』の放送から傑作トークを
編集部が選び、再編集したものです。

傑作トーク

２０１９

「オードリーのオールナイトニッポン10周年全国ツアーin日本武道館」を成功させ、若林、春日ともに人生の転機を迎えた、激動の２０１９年

武道館ライブ、その後

【第486回】2019年3月9日放送

若林　先週の放送は武道館[※1]のあとだったんですけど、これやっぱえらいもんで、放送の記憶が全然ないんですよね。

春日　そうですか。

若林　何しゃべったかも全然忘れてて。ただ、ラブレターズ塚本（直毅）くんのことを「キン骨マン[※2]」って言ってたのだけは覚えてるんですけど、それ以外覚えてなくて。あと、ブースのガラス越しの石井[※3]ちゃんの顔が完全に死んでたっていうのと。**石井ちゃんはライブ後の乾杯のときに泣いてましたから。**やっぱり泣くと人間って疲れますからね。石井ちゃんもリハだなんだ先頭切ってやってくれて、朝からずっと寝てないから。

春日　けっこうな人数がいて、石井ちゃんとビ[※4]トさんしか泣いてなかったもんね。**なぜビトタケシが泣いてんだっつって（笑）。**

若林　泣くタイミングね。乾杯したあとにざわざわっとしてるから見たら、ビトタケシが号泣してて。「ビトさん、泣いてんすか？」って言ったら、「バカ野郎！」って言いながら泣いてたけどね。

春日　いや、なんでお前がだよ、ってね（笑）。

若林　で、ゴン[※5]ちゃんとしゃべってたらね、家近いからあいつとよく会うんですけど、なんか出待ちしてるリトルトゥース[※6]ぐらいの感じで（武道館ライブについて）しゃべってくるんですよね。まあ、春日もゴンちゃんが言ったことに対してね、「裏を言うんじゃあないよ」って言うかもしんないけど、ライブ終わったあとに

※1 武道館
2019年3月2日、「オードリーのオールナイトニッポン10周年全国ツアーin日本武道館」が開催され、イベント終了後の深夜1時からは、オールナイトニッポンを通常通り生放送でお届けした。

※2 キン骨マン
漫画『キン肉マン』に登場するドクロのようなルックスのキャラクター。

※3 石井ちゃん
ディレクター（当時）の石井玄。現在はニッポン放送のプロデューサー／ディレクターとして多くのイベントなどを手がけている。

※4 ビトさん
ビートたけしのものまね芸人、ビトタケシ。オードリーとはものまねショーが行われるショーパブ「そっくり館キサ

春日の楽屋に行ったら、けっこう興奮してトランス状態で、水ぐっちゃん[※7]とか誰か誘って**1回全部吐き出さないと、ニッポン放送に入れない**って言ってたって、ゴンちゃんが言うのね。

春日　いや、裏を言うんじゃあないよ。

若林　春日がなんか「武道館が終わっても平常心です」みたいな感じでラジオを始めくさってたじゃないですか。

春日　なんちゅう言い方するんだよ！

若林　いや、そういうトランス状態に陥ることもあるんだなと思って。ゴンちゃんが言うには「いや、裏を言うんじゃあないよ」って言うかもしれないけど、春日が武道館の楽屋で**ゴンちゃんと春日が最初に出会った頃の思い出話を始めた**っていうんだよね。

春日　裏を言うんじゃあないよ〜！　おい、ゴン吉よ。たしかにあれはね、1週間めっちゃ引っかかった部分でもあるね。「なんであんな話、ゴンちゃんにしちゃったんだろう？」って。「いやぁ、ゴンちゃんさあ、初めて会ったときとか覚えてる？　バカ爆[※8]のさ、ネタ見せでチロが連れてきたんだよ」「あ、そうすか？」なんつって。

若林　でも、やっぱ春日ってさ、「過去を振り返らない」みたいな触れ込みでデビューしたじゃない。

春日　そんなことない。どんなデビューだよ。そんなやつ売れねーだろ。

若林　その熱くなってる気持ちをさ、そのままラジオのオンエアにのせるとかいうことはやっぱ違うわけ？　春日としては。

春日　そこで感じた熱、もらった熱はそこに置いて帰りたいみたいなのはあるのよ。

若林　でも、トランス状態で「今日のライブで俺、こういうふうに感傷的になっちゃってさ」とか絶対言わないじゃない。春日がライブで浮かされた熱を水ぐっちゃんとかにバーッと出さないとラジオができない状態になる人なんだ、

ラ」で出会い、芸人を続けるべきか迷っていたころの若林に、ビートたけしよろしく「死んでもやめんじゃねーぞ！」と声をかけたことも。

※5 ゴンちゃん
お笑いトリオ「ビックスモールン」のゴン。相方はチロとグリ。

※6 リトルトゥース
オードリーのオールナイトニッポンのリスナーの愛称。レディー・ガガのファンの愛称「リトルモンスター」と、春日のギャグ「トゥース！」をかけたもの。

※7 水ぐっちゃん
テレビディレクターの水口健司。若林、春日、それぞれと親交が深い。通称「水D」「水ぐっちゃん」。

※8 バカ爆
プロダクション人力舎による若手お笑いライブ「バカ爆走！」。

っていう意外さもあったもん。
春日　それは私も意外だったよね。
若林　水ぐっちゃんは聞いてくれたわけ？
春日　うん、「そうだな」っつって。ドッキリ[※9]にもかけられてるじゃない？
若林　彼女が突然来るやつね。
春日　「狙ってる女[※10]」のやつかけられたけど、あれとかもいろいろ話してうわーってなってたからさ、もうラジオが始まるころには疲れちゃって。フハハハハ。
若林　でも、そういうエモーショナルな気持ちっていうかトランス状態だったらさ、**俺にも楽屋で声かけてくれればよかったのにね。**
春日　いや、それは違うじゃん。
若林　何が違うのよ。
春日　よくわかんないじゃん。なんて声かけんのよ？
若林　いや、だから俺の楽屋のさ、扉のところにもたれかかりながらさ、ハンバーガーでも食べながら……。
春日　テリーマン[※11]じゃねーか！　じゃあハットもかぶんなきゃいけないな。
若林　こないだ初めて聞いてショックだったんだけど、ガラス1枚挟んだブースの向こうからはスタッフの声が聞こえないじゃないですか。俺と春日がキン肉マン例えやるときに石井ちゃんがね、もうタメ口で「いや、わかるわけねーだろ」っていつも言ってるらしいのよ。俺、それがけっこうショックで。
春日　ちょっと変えてもらったほうがいいかもね。キン肉マン知ってるスタッフとチェンジしたほうがいいな。そんな人間がひとりでもいたら、いいものが作れないよ！
若林　だいたいキン肉マンだから、このラジオは。**『キン肉マンのオールナイトニッポン』**みたいなとこあるからね。こっちは別にスタンスを変える気ないし。一番熱があるから。さっきの話だけど、お前が武道館の楽屋に来てさ、俺

※9 ドッキリ
武道館ライブでは、春日に内緒で当時付き合っていた彼女のクミさん（現在は結婚）が登場するというサプライズがあった。

※10 狙ってる女
当時、春日はクミさんのことを彼女ではなく、あくまで付き合おうかと「狙ってる女」であると言い張っていた。

※11 テリーマン
漫画『キン肉マン』に登場する、アメリカ出身の超人。初期はキザなキャラクターで、スーツにハット姿で壁にもたれながら、ハンバーガーをほおばったりしていた。

の楽屋のイスに勝手に座ってさ、「いや、若ちゃんさ、こんな日だからふたりでメシ行こうや」ってお前が言ってさ、「じゃあ行こうか?」っつったあとに、屁で飛んでいけばいいじゃないですか。

春日 キン肉マンじゃねーか、初期の頃の。

若林 そういうひと声かけてもいいと思うよ。

春日 それは違うよ。

若林 今ちょっと思い出したっていうか、まあオールナイトの10周年ってことで谷口[※12]がLINEで送ってきたけど、**「メモリアルな日」**になったじゃない、あの日は。

春日 ん? なんすか?

若林 谷口が「武道館、観に行かしてもらうね。メモリアルな日になりそうだね」とか、感想で「高校のときああだったけど、すごく感動した。今日はメモリアルな日に……」。

春日 なんだよそのメモリアルって! 「記念」って言えよ。記念もちょっと気持ち悪いけど、メモリアルのがより気持ち悪い。なんなんだ。まあ言いそうだな、メモリアルね。「超人強度[※13]10」ぐらいのね。ハハハ。

若林 思い出の「思」っていう字がこう、おでこに。それはいいんだけど、いい機会だなって前日思ってたことがあって。あのさ、きっかけがないと返せないなって思ってたものがあってさ。高1のときにお前に借りた**『さんまの名探偵』**[※14]のカセット。あれ、やっぱ返して欲しいよね?

春日 そりゃ返して欲しいよ。もうずっと貸してて、やっぱり好きなゲームだしね。

若林 それで俺持ってきてたのよ、武道館の会場に。ただ出る直前に、普段何か仕込んだりしてないから、仕込みがあるとがっかりするなっていう……**春日って漫才の途中で小道具出す漫才師嫌いじゃん。**

春日 いや、そんなことないし(笑)。

若林 「しゃべり一本でやれや」っていうのを

※12 谷口
オードリーの中高の同級生・谷口大輔。学生時代、ふたりといつも行動をともにしていた。現在はMIC株式会社というマーケティング関連会社に勤めており、自称「社のナンバー3」。番組にも何度かゲスト出演しており、会社から放送をお届けしたこともある。

※13 超人強度
漫画『キン肉マン』における超人のパワーを表す数値。

※14『さんまの名探偵』
1987年4月2日にナムコから発売されたファミリーコンピュータ用ゲームソフト。メインキャラクターの明石家さんまをはじめ、吉本芸人が数多く登場する。

昔から言うじゃん。俺は違うけど。

春日　全然好きよ。手紙ネタとか好きよ。

若林　「手紙を出した瞬間冷めるわ」みたいなこと春日が言うから、昔から。

春日　言わない、言ったことがない。

若林　だから、俺はそれ知ってて、「仕込みはちょっと違うな」って芸人としての超人的な勘が働いてさ、仕込むのをやめたのよ。でもまあ先週さ、武道館の舞台で返せばいいきっかけになるなと思ったわけ。

春日　そうね。記念、それこそメモリアルな場だからね。

若林　そうそう。まあ武道館ぐらいしか返すタイミングねーなと思うし、ちょっと心に残ってたから。だからこれありがとな、貸してくれて。『さんまの名探偵』、ありがとな。

春日　**いや、返すなよ！**　いい、いい、いい。返さなくていいのよ。武道館でもよかった、返さなくて。いいんだよ、返さなくて。『さんまの名探偵』と、M-1[15]のあとの1万円は返さなくていいのよ。

若林　いや、どういうこと？　返してほしいって今さっき言ってたんだよ？

春日　そりゃ返してほしいよ。自分のものだし、貸したものだから。好きなゲームだし。

若林　じゃあ、ちょっとホントありがとな。遅くなって申し訳ない、本当に。

春日　いや、**1万円を添えて返さなくていいんだ、『さんまの名探偵』を。返すな！**　絶対返すなよ！　今後！　墓まで持ってけ、墓まで。

若林　構造を説明してくれよ。日本のお笑いを勉強したい外国人でもわかるように、これを返しちゃいけないっていうことの構造を俺に説明してくれよ、英語でね。英語でだぞ。

春日　え～……ディスカセット、ファミリーコンピュータカセット、ニンテンドウ、バイニンテンドウ、うーん、タイトル、サンマノメイタンテイ、ノーリターン。

※15 M-1のあとの1万円
『M-1グランプリ2008』に出場した際、若林は敗者復活戦から決勝へ進出するとは思わず、会場の大井競馬場に原付バイクで向かった。それが決勝に進出してそのままテレビ朝日に行ってしまったため、M-1終了後、春日から1万円を借りて原付を取りにタクシーで大井競馬場へと戻ったが、その1万円をいまだ返していない。

若林　そりゃ東大[※16]落ちるわ（笑）。ね、ありがとう、これ貸してくれて。

春日　返すなよ。借りたものを返すな。な？

若林　『[※17]カメラを止めるな！』ならぬ？

春日　**『借りたものを返すな！』**

若林　全然遠いじゃねーか。

春日　フハハハハ！　金曜ロードショー『借りたものを返すな！』。いいんだよ、もう。

若林　難しいね。返さないでいいのね？

春日　返さないでいいよ。返せとは言うけどね。前にも説明したよ。それは返さなくていいんだよ。

若林　「返せ」って言ったら返さなくていい？

春日　逆のことをしてもらったらいいっていうふうにシンプルに。

若林　「返すな」って言ったときに返せばいいの？

春日　うーん……だったらもう今返してもらうことになっちゃうから、「返すな」は「返すな」なのよ。なんだろうな、行間を読めじゃないけど、なんかそのね、言葉だけを捉えてほしくないわけ、音として。

若林　それは本当にね、何年やってもわかんない。評判悪い、俺は業界で。そういう行間っていうか、お笑いがわからないってことで。

春日　それはよくないよ。やっぱりカンペばっかり読んでるからね、そのまま。

若林　**殺すぞ、お前!!**

春日　いやいやいや、[※18]そんな青スジたてんでも、フフフ、急に。

若林　ちょっとそういう自覚もあるから怒るんだろうね。ハハハ。でもね、ライブ終わってトランス状態だったんでしょ？　それはなんでなのよ。どういう気持ちがあったのよ。

春日　やっぱりあれだけのお客様をね、1万2000人ですか、目の前にして。武道館って、あのビートルズが立ったとこだからね。

若林　それ何回も言うな、お前。そもそも関係

※16 東大落ちるわ　2017年から2018年にかけての半年間、春日は『得する人損する人』（日本テレビ）の企画で、東大受験に挑戦していた。結果は、センター試験の得点がボーダーに届かず、二次試験には進めなかった。

※17 『カメラを止めるな！』　2017年に公開され、ワンカットで撮影された冒頭シーンなどが話題となり、大ヒットした日本のインディーズ映画。

※18 そんな青スジたてんでも　漫画『キン肉マン』でおなじみのフレーズ。主人公のキン肉スグルや父の真弓が怒っている相手をなだめるときによく使う。

ないからな、それ。

春日　もう並んだと言っていいでしょう、ザ・ビートルズと。

若林　でも、高田（文夫）先生は**「ビートルズよりよかった」**って言ったけど。

春日　いや、それもおかしいのよ（笑）。高田先生も興奮しすぎだよ。いの一番に話してくれてたからね。

若林　「俺は最年長のリトルトゥースだよ」っつって。

春日　ホントな。「バカ野郎！」なんつって。ハハハハ。それもあったのよ、終わってみると。当てられたじゃないけどね、自分でも気づかず、ほてってたってことだから。

若林　ほてってたんでしょ、熱かったんでしょ？　**なんかやっぱ、でこぼこコンビだわ、俺とお前は。**

春日　ダセェな。

若林　お前、ほてってたんでしょ。俺、謎の現象が起こったんだけど、ライブ終わってずーっと寒かったんだよ。

春日　なんで？　風邪ひいたんじゃないか？

若林　いっぱい着て、「寒っ！」って思ってて。なんかすごい寒いの、ずーっと。そんなことおかしいじゃん。「あ、これもう風邪ひいたわ、悪寒だから。でもまあな、今日終わったから、風邪ひいてもまあいっか。っていうかしょうがねーか」って。ほっとして風邪ひくってあるじゃん。ほいでさ、足に力も入らなくて。サトミツ※19と2階席で写真撮ろうとか言ってさ、スタッフさんが舞台解体してくれてるとことか見に2階に上がるときも足に力が入らないから。で、※20イマジンの楽屋取ってもらって、ちょっと横になろうと思ってさ。疲れたから。暖房一番暖かいのにしても、ずーっと寒くて。鰻の話あったじゃん？　※21岡田の餃子と鰻を間違えてた話。鰻食べたらさ、なんか寒さが治まったのよ。やっぱちょっと変だったんだろうな。

※19 サトミツ　どきどきキャンプの佐藤満春。通称「サトミツ」「佐藤ミツ」。オードリーが世に出る前からふたりと親交があり、今でも若林、春日、それぞれと仲がいい。オードリーの漫才作りに欠かせない存在で、稽古でそれぞれの代役を務めるなどしている。また、構成作家としても活動し、オードリーのオールナイトニッポンには構成として参加。ほかにも、トイレマニア、掃除マニア、ラジオパーソナリティなど、さまざまな顔を持つ。

※20 イマジン　ニッポン放送の地下2階にあるスタジオホール「イマジンスタジオ」。

※21 岡田の餃子と鰻を間違えてた話　武道館ライブ後のラジオ前、若林が差し入れにもらった鰻を食べようとしたところ、岡田裕史マネージャーが鰻を間違えて「餃子」と言ってしまった。本人いわく「頭の中では鰻が出ていたのに、言葉では『餃子』が出てきてしまった」そう。

春日　バランスが崩れてたんじゃないの？　やっぱりあれだけのことをしてたら反動というか、ダメージはあるよ。私も2日後ぐらいに謎の吐き気に襲われてたからね。

若林　でもあれかもな。あんな時間、あんな量の笑いを浴びたことがないから、アレルギー反応かもな。**お前はスベり芸人だから。**

春日　ハハハハハ～！　よく流れるようにそこまで言ったね。

若林　お前の悪口なら延々出るんだよね。

春日　失敬な。まあまあ何かあったのかな、疲れとか。

若林　でもやっぱりね、青銅[※22]さんは厳しいね。昔からだけど。

春日　何かおっしゃった？

若林　青銅さんってウソつかないから、イベントとか観に来てくれたらいいところもいっぱい言ってくれんだけど、悪いとこも必ず言うのよ。なんか笑顔でニコニコしながら言うの。やっぱり青銅さんも、頭からケツまですごい褒めてくれた。規模的にもすごかったよって。ただまあその、一番最後のカーテンコールだけ、ちょっとしょっぱかったと。普段熱いとこ見せない春日さんが真面目に言うとか、そういうのがあって締まるほうがよかったですね、みたいなことを言ってて。まあ、内心はよ、こっちも人間だから、**「うるせえ」**と思ってたんだけど。これには理由があって、岡本[※23]さんと石井ちゃんと俺で話してて、最後のエンドロールのＶＴＲが終わったときに「とんでもない拍手が来る」って石井ちゃんが言ってたんですよ。鳴りやまない拍手が。そのアンコール、もう1回舞台出てきてほしいっていう空気になったら飛び出しましょうっていう話だったんだけど、いっさい拍手が起こらなかったんですよ。

春日　頼むよ～。

若林　俺は袖で**「石井てめえ、拍手起こんねーだろうが！」**って思ってたんだけど、実はこ

※22 青銅さん
『オードリーのオールナイトニッポン』の立ち上げから関わっている、番組作家の藤井青銅。

※23 岡本さん
武道館ライブの舞台制作を担当した岡本祐次。

れは俺のミスで。オープニングトークで、「カーテンコールのときさ」って話してるんですよ。「カーテンコールのとき言うべきだけど、『コンビ組んでくれてありがとうな』」って。カーテンコールがあるもんだと客も思ってるからさ、別に「出てこい拍手」はないわけよね。

春日 なるへそ。待ってりゃ出てくるからね。

若林 だから自分の中で感極まるものはあったけど、「いや、拍手来ねーだろ、岡本石井！」って、ハハハハ、思ったっていうのがあって。言葉をなんとか出さなきゃって慌ててるから、それが**「トゥースとしか言いようがないですね」**っていうあの伝説のスベり、一番最後の最後のね。マーキングですよ、スベりのマーキング、武道館に。あの伝説のスベりカーテンコールにね。あんな血の気が引いたの、アカデミー※24賞以来ですけどもね。

春日 わ〜、相当だな、それ。

若林 だから、マジの話が苦手なふたりなんだろうな。なんかお前もちょっとヘラヘラしてただろ？ お前のポリシーかもしんないけどさ、素の部分は見せない、エモーショナルな部分は見せないっていうのはさ。それはお前のキャラだから、俺も尊重したい。だけど、ああいうときはもっと言わなきゃダメよ。やっぱりお客さんは待ってるよ、本当の声を。

春日 何よ？

若林 熱に浮かされるほどの気持ちがあったわけだろ？ それをちゃんと言葉にして届けなきゃダメ。だから、今ここでカーテンコールやり直そう。音楽が終わったら出てくから、「どうもありがとう」って。それでいいね？ 笑いじゃないからね。本音言ったほうがいいよ、お前は。

春日 何、本音って？ そのときじゃないともう言えないじゃん。だってさ、もう武道館3時間……。

若林 そういうのはもういいから。本当の熱い

※24 アカデミー賞
2014年、若林は保護犬の親子と動物保護管理所の職員の交流を描いた映画『ひまわりと子犬の7日間』に出演し日本アカデミー賞の話題賞を受賞したが、本人には受賞スピーチでトラウマになるレベルでスベったという苦い記憶がある。

部分出すのカッコ悪いみたいなさ、なんかカッコいい東京芸人の感じ出すじゃん？

春日　出さないよ、別に。

若林　もういいんだよ、そういうのは。生の声をちゃんと届けたい。もう1回やろ。ね、石井ちゃん。じゃあ、音楽のケツのほうお願いします。（ちょっと待つが音楽が出ない）ん？　ちょっと待ってください。

春日　これもうすぐやんなきゃダメでしょ。流れですぐやんないと。

若林　**気ぃ抜けてんのか、石井？**　武道館終わってから。まあ、石井ちゃんがね、乾杯のとき泣いてましたけども……アハハハハ。春日、これはあのカーテンコールのやり直し。なんかわけわかんない俺の「トゥースとしか言いようがないですね」に「トゥースってなんだよ」って春日が言って。「トゥースってなんだよっ、それようっ、おいっ！」

春日　そんな言い方してねえ。なんでそんな言い方、フフッ。

若林　じゃあ、音楽のケツで出てくるからね、俺たちが。もう1回ちゃんとやろう。（音楽終わる）どうもありがとうございました。

春日　ありがとうございました。

若林　まあね、武道館のライブやらしていただきましたけども、いや本当にね、やる前はね、ちゃんと埋まるのかなって思ったし、まあ昨日もリハで来たときにこの会場初めて見て、「これ本当に埋まんの？」っていう話ちょうどしてたんすけどもね、実際埋まって、自分たちの力というよりは本当にもうリトルトゥースに武道館プレゼントしてもらったっていう気持ちです。皆さんよくメールとかでね、「オードリーのオールナイトニッポンに救ってもらってます」とか言ってくれるんですけど、一番救われてるのは僕で、必ず放送聴いてるんですよ、僕ね。仕事でうまくいかないなとか思ったときも、ラジオがあることで救われてきたし、そういう部分があって自分の気持ちもあるので、今回ちょっと感情があふれて言葉にできないんすけど、ホント、**トゥースとしか言いようがないんですよね。**なので、こうやってみんなでまた……。

春日　いや、トゥースってなんだよ！　なんだ、トゥースって！　どういう意味なんだ。

若林　……おやすミッフィーちゃん。

春日　ククク……なんだっけ、これ？　そもそもなんだ、何してんだ？

若林　これはまずカーテンコールのやり直しコントとしても全然スベってるし、俺もホント、しゃべりながら雲をつかむような……。

春日　じゃあなんでやろうとしたんだよ。何か勝算があると思うよ、こっちは。なかったのかよ。走って取ってきて、音楽を。

若林　ごめんなさいね、舟崎さん[※25]。俺からしゃべり始めるからいけないのかもしんないね。春日からしゃべり始めるパターンでいったほうがいいかもしれないい。お前が本音言ったあと、俺も本音言って締めて。だから、もしこれがDVD化とかされんだったら、これをアテレコするから。すっごい引き画にして、豆つぶくらいの。わからないようにして、これを当て込むからね。だから録り直そう、テイク2でね。春日さんからね。舟崎さん、やっちゃおう。

春日　（音楽終わる）いやあ、終わりましたけれどもね。終わったというか、ついには終わってしまったというか。ちょっとね、この武道館のライブ自体がそういう夢見心地みたいなところありましてね。1万2000人、あと、**パブリックビューイヌング**ね。フフフフ。パブリックビューイングの1万人の人、ホントありがとうございました。うん、ありがとうね。サンキューな。うん、まああの10周年ということでね、武道館でやらしてもらいましたけども、ちょっとね、始まる前までは武道館だろうがね、だろうがっていうか「ぶろうかん」でやっても、イマジンでやっても同じようなもんだって……。

※25 舟崎さん
AD（当時）の舟崎彩乃。現在はディレクターを担当。

若林　ちょっとすいません。あの、武道館ですから。

春日　武道館って言ってんじゃない。

若林　**「ブローカー」って言ってましたから。**

春日　ちょっと待ってくれよ。そんな仲買人みたいなこと言ってない。

若林　なんで仲買人出しちゃうんだよ。

春日　「武道館」って言ってるよ。それぐらい別にさ。

若林　これチャレンジ[※26]ですね。

（チャレンジ）『ぶろうかん』でやっても〜」

二人　ハハハハハ！

春日　「ブロークン」みたいなこと言ってるけどね、もう壊れちゃってるんじゃないか。

若林　ちょっとヘタだな。照れくさいのか？　本当はどう思ってんのよ、リトルトゥースのことを。それを言葉にすればいいから。

春日　全然できるけど、それはね。

若林　もう1回いける？　最後よ、これもう。

春日　もういいよ。「武道館」言えないみたいな、そんな恥ずかしい終わり方したくないから、こっちも。

若林　じゃあ舟崎さん、やっちゃおう。

春日　（音楽終わる）いや〜、ありがとうございました。

若林　ありがとうございました！

春日　どうもどうも、サンキューね。

若林　ありがとうございます！

春日　まあ終わりですけれどもね。

若林　ねー、終わったね。

春日　終わってしまったというかね。

若林　まあね、なんか寂しい気持ちもあるね。なんとか形になったからよかったけどね。

春日　まあそうね、まず私はね、本当にいろいろね、皆さん方に考えていただいたことに乗っかるというかね。

※26 チャレンジ　番組内で、発言が怪しかったときなどにその場で該当部分を聴き直すこと。

若林　まあうれしいよね。

春日　そういうことでしかなかったけども。

若林　いや、ただね、ちょっと納得いかない部分もあるけどね。

春日　ありますか。

若林　カーテンコールで言うことじゃないけどさ、漫才の中の「一番感謝してんのはバーモント秀樹※27だろ」っつって、「そんなわけねーだろ」っつっつって、「あいつには1ミリもねーよ」っつって、それで「1ミリもねーは失礼だな、0・01ミリぐらいだよ、あるとしたら」、で、「サガミオリジナルか！」のとこだったのに、「1ミリもねーよ！」って言い終わりで「サガミオリジナルか！」って来ちゃったから、サガミオリジナルは0・01ミリ……。

春日　**もういいよ、ダメ出しは！**　なんでもう終わりのときに言うんだよ！　向こうで1万2000人、ライブビューイングの1万人観てる前で。

若林　ネタっていうのは終わった直後に言わないと、やっぱり脳に刻まれないから。0・01ミリのフリが来る前に入ってきちゃうっていうことは、お前これ笑いの構造、この部分に関してはわかってないってことだからね。「1ミリ」で「1ミリじゃないよ」って言う違和感で。0・01ミリのフリをつけた、俺の喫茶店の時間はどうしてくれんだよ。それは俺が「若林、フリわかってねーじゃん」って思われるよ、付け焼刃※28に。謝ってくれ。

春日　いや、今は……。

若林　**謝れよ！**

春日　……すいませんでした。

若林　いいよ♡……おやすミッフィーちゃん。

春日　どういうことなんだよ（笑）。なんで下回っちゃってんのよ、当日より。こんなに何回もやって。何が「いいよ♡」だよ。無理だ無理だ、もうあのまま。

若林　なんで感動をちゃんと伝えられないんだ

※27 バーモント秀樹
ビトタケシ同様、オードリーが「そっくり館キサラ」で出会った西城秀樹のものまね芸人。番組では、放送中にオードリーから電話がかかってくると、第一声で「大ドカンアーイ！」と叫び、そのまま電話をガチャ切りされる流れでおなじみ。

※28 付け焼刃
オードリーのANNスタッフの呼称「チーム付け焼刃」のこと。

よ。照れ屋だな、お前は。

春日　いやいや、私が言う前にダメ出しをされるから。それはこっちだってちょっと悪いって気持ちと恥ずかしさもあるから、こうなっちゃうじゃんか。

姪っ子と謎解き

【第487回】2019年3月16日放送

春日　姪っ子ふたりと妹さんと私でね、所沢の街でやってた謎解きゲームに参加してきてね。

若林　いいねえ。やっぱり子どもが楽しんでる顔を見るのが一番だよな、俺たちは。

春日　うん、一番。日曜ね、ちょっと時間があったからさ、ジム行って……。

若林　**知らねぇよ！　しゃべんな、そこの部分！**

春日　家でねぇ、ダラダラして……。

若林　早く謎解き始めろよ！

春日　エロパソ[※1]何回かやって……みたいに考えていたわけよ。

若林　そこ、いらねぇだろ！

春日　したら、妹さんからね、謎解きゲームがあると。

若林　謎解きゲーム、やるんだろ!?

春日　で、言われたから急遽帰ってね。所沢の街を舞台に「トコろん探偵団」っつってね。「トコろん」っていうゆるキャラがいるわけですよ。

若林　知らないけどな。

春日　それの探偵団みたいなゲームで、街全体にいろいろ謎が……。

若林　そうだろうね！

春日　……やっててさ。それで、所沢駅に着いて……。

若林　そこからでいいんだよ。

春日　へへへ。それこそ、32ビートみたいなさ。

若林　**お前、「川田スキップ」[※2]してたの？**

春日　私がしたらおかしいでしょ（笑）。姪っ子がよ、早く行きたいと。

※1 エロパソ
春日にとって、当時住んでいた風呂なしアパート「むつみ荘」での生活に欠かせないのが、エロパソ。ハイボール片手にパソコンで無料のエロ動画を長時間チェックしていた。

※2 川田スキップ
この日のフリートークで、若林はかつてのアルバイト先の先輩とその子どもに会った話をした。そこで中野ブロードウェイのキン肉マン消しゴム（キンケシ）ショップに行く途中、キン肉マン好きの子どものワクワクしたスキップが32ビートを刻んでいて、まるでフリーアナウンサーの川田裕美の独特なスキップのようだったと語っていた。

若林　40の男はいつ川田スキップすんのよ？　やっぱりフィリピンパブ行くとき？

春日　それはそうだね。行きと帰りね。

若林　ハハハハハ！

春日　私にとっての（中野）ブロードウェイなわけだからさ。キンケシ買いに行くみたいなもんよ、ピンパブに行くのは。

若林　姪っ子はかなりテンション上がってる？

春日　もう「行こう行こう！」なんて言ってね。スタート地点に行ったら公民館で、すごい行列というか、子どもたちが並んでるわけよ。

若林　お姉ちゃんのほうが春日に似てるんだってね、性格とかが。

春日　そうだね、面構えも私の幼少期に似てるわね。

若林　そうなんだ。俺、春日の家に行ったじゃん。そしたら、「これ、お兄ちゃんに内緒だよ」ってお前の妹が言ったのよ。

春日　ほう、何がよ？

若林　妹さんが、たぶんトークのことを気にしてくれて、「日曜日まで内緒だよ」って姪っ子に言って。

春日　ああ、姪っ子に。

若林　姪っ子と春日のグループLINEがあるらしいじゃない。

春日　ひらがなで送られてきますよ、妹のスマートフォンから。

若林　春日に似てるなーって思ったんだけど、（姪っ子の）妹さんのほうは「わかった」って言うんだけど、お姉ちゃんのほうは**「言っちゃおうかな。くふふ」**って言ってたから（笑）。

春日　そんなこと言わないだろう（笑）。

若林　めっちゃ笑ってたから！「言っちゃおうかな〜くふふふ」って。ハハハハハ。春日っぽいなあと思って。

春日　私は高校のときから口が堅いで有名だから。「言うな」っていうことは一切言わないから。

若林　それずっと言ってんな、お前。

春日　自信あるからね。それで、スタート地点に並んで受付してね、「トコろん探偵手帳」みたいなのをもらってさ。とりあえず公民館の中に入ってVTRを見てもらいます、と。入ったら、30人ぐらいいるのよ。

若林　マスクとフードはやっぱり被ってるの？

春日　そう、**フライデースタイル**[※3]なんだけどね。

若林　お姉ちゃんが言わないの？「オードリーの春日ですよ。くふふふふ」って（笑）。

春日　言わないし、名前で呼ばないように私の妹も注意するのよ。

若林　「春日！」って呼ぶの？

春日　「春日」とは呼ばないけど（笑）。バレないとは思うけど、妹は一応ケアするわけよ。まあそのフライデースタイルで公民館入るとさ、トコろんと市役所の職員の若い男の人が「ねえ、トコろん暇だね」なんて始まるのよ、手作りのVTRが。んで、「ミッションがあるよ、事件が起きるよ」って。

若林　（鬼のような声で）**「これから地獄の街・所沢を、お前たちは這いずり回るのじゃあ！うわーはっはっはー！」**ってトコろんが言う感じ？

春日　いやいや、子どもが全員泣くだろう。「うわー！　怖い〜！」って大惨事だよ、公民館の中が。トコろん、そういうんじゃないから。かわいらしいキャラクターだから。で、部屋にまた職員の男の子が入ってきて、「大変です！航空公園の飛行機のプロペラが盗まれました！」って言うわけよ。で、みんなで「プロペラがない、ない、ない」って（笑）。

若林　（鬼のような声で）「そのプロペラは、キャバクラのVIPルームに隠されているという話もあるぞ。今すぐプロペ通りを這いずり回って捜し出すがいい〜！　うわーはっはっはー！」

春日　市役所の主催でやってんのよ。なんだ、

※3 フライデースタイル
春日は15年前、週刊誌『FRIDAY』（講談社）に撮られたとき、帽子を目深に被り、顔をおおうようにマスクをしていた。

その街。「キャバクラに！」なんて、子ども対象に市がやるイベントじゃねーだろ！　健全な街ですよ、所沢は。そんで、トコろんが「じゃあ、一緒に捜してね」って言うと、子どもたちが「はーい！」って返事してさ。「車には気をつけて、大人の方と一緒に安全に調査してね」「はーい！」なんて言って。姪っ子は一番でかい声で「はーぃ！」って（笑）。

若林　フフフ。それ、制限時間はないの？

春日　一応何時までって目安はある。２時間ぐらいあったから、まあまあ余裕をもっていろいろ回れるぐらい。

若林　何を捜せばいいの？

春日　犯人を捜して、プロペラを取り返してくれって言うわけ。

若林　（鬼のような声で）「犯人は、雀荘でフリーで打ってる白髪まじりの葉巻をくわえた口髭の男という話もあるぞ。いいかぁ、雀荘でフリーで打ってる男を捜し出すがいいぃ〜！」

春日　いやもう中止よ、そんなもん。中止になって問題になって、何人かクビが飛ぶよ、そんなイベントやってたら（笑）。「見つけてきてくれよ。お願いよ」みたいな感じよ。

若林　いまケロロ軍曹にならなかった!?　「見つけてきてケロッ」て言ったよね？

春日　ははは。なってない。トコろんだから、ケロロ軍曹じゃない。

若林　ちょっといい？　（今日）２回目のチャレンジ。

（チャレンジ）「見つけてきてくれよ」

若林　「くれよ」だね（笑）。また失敗した。

春日　ぎりぎりグレーだったな（笑）。で、スタートして、みんなでゾロゾロ行くわけよ。回る順番が手帳に書かれてて、まず新聞屋さんに新聞をもらうなんつってさ、そこに情報がいろいろ書いてあるの。プロペラが盗まれて、容疑者が何人かと、目撃者が所沢の街に散らばっているから、見つけ出してヒントの紙をもらってくれって書いてあるの。それ見てさ、順番に行こうって。

若林　へえ。

春日　まず最初の目撃者がお相撲さんね。イオンの前に立ってるのよ。フフ。

若林　ハッハハハハ。

春日　職員の若いガリガリの男の子が浴衣着てさ、ちょんまげのヅラ被ってさ。**「どうもごっつぁんです」**とかって（笑）。

若林　ハハハハハ。

春日　姪っ子が「ヒントちょうだい」って言うと、「ふーん、これでごわす」みたいに言ってさ、一応キャラの設定があって。もらったヒントは低学年用だから、ドーナツとかレモンとか絵がいろいろ描かれてて、「ここに入るのはなんの言葉か？」とかさ、あるわけよ。

若林　謎解きね。

春日　そうそう。また新聞読むと、「次のポイントには野球選手がいるよ」って。行ったらいるのよ、（西武）ライオンズのユニフォーム着て帽子被った、ガリガリの男の子がさ、フフフ。

若林　（所沢は）西武だからね。野球選手はどんなことをしゃべってるの？

春日　野球選手は……。

若林　（鬼のような声で）「いいかぁお前ら、俺はなあ、2軍でヒジを壊し、その故障が治らず、野球の道はあきらめた。それから裏社会に身を投じ、そこからこの街は俺の街になったんだぁ～！　うわーはっは～っ！」

春日　もうやめたほうがいい、そのイベントは。いいのよ、闇の部分をピックアップしたイベントじゃないから。もっと明るい話よ。

若林　ごめん、ごめん（笑）。

春日　力士も故障してとかじゃない、明るい部分なのよ。

若林　ちょっと仮にだけど、力士だとどんな怖さだったか教えてもらっていい？　力士が子どもに対してどんな感じだったの？
春日　（鬼のような声で）「ふーん、よく来たなあ！　俺はなあ、序二段までいったんだがヒザを壊して、今はクラブの用心棒をやってい
る！」
若林　フフフフ（笑）。
春日　（鬼のような声で）**「はい、テキーラ！」**
若林　めちゃめちゃ怖いじゃん、その謎解きゲーム。テキーラ出してくるじゃん（笑）。
春日　『龍が如く』[※4]みたいな話じゃないのよ。
若林　パイプやごみ箱振り回してなかった？
春日　街の人を殴ったり、コンビニ入ったりとかしてないのよ。
若林　ぶつかったりしてよろけたりして（笑）。
春日　いやいや、それで目撃者に5人くらい会ってヒントの紙をもらうと、新聞の中の容疑者が一人ひとり消えていくというかね。最終的に犯人が見つかって、プロペラが隠してある場所もわかるようになってるわけ。
若林　プロペラはなんで隠したの？
春日　犯人が、航空公園に展示されている飛行機のプロペラを盗んでどこかに隠してるの。
若林　それはなんでなの？
春日　目的はわからんけど、出来心？
若林　得がないと人間って行動しないじゃない。なんの得があったの？
春日　プロペラをどこかに売るとかさ。
若林　売るんだったら隠さなくていいじゃん。
春日　一番高く買ってくれる業者が見つかるまで隠しておく……。
若林　なんで自宅じゃないのよ？
春日　でかいものだから、自宅だと隠しきれないんじゃないの？
若林　じゃあ、外に隠したら……。
春日　**もういいだろ、別にそこは！　犯人の動機なんかどうでもいいんだよ！**　犯人を見つけてプロペラの隠し場所がわかれば。

※4『龍が如く』
セガのアクションアドベンチャーゲームのシリーズ。新宿歌舞伎町をモデルとした神室町が主な舞台になっており、歓楽街に生きる男たちの生き様が描かれている。

若林　（鬼のような声で）「なぜプロペラを俺が隠したかって？　出来心じゃあぁ〜！」

春日　そんなこと大きな声で言わなくていいんだよ。そうだろうなって思うし。もっとすごい理由があると思っただろ。大声で言うわりに普通だな。

若林　ごめん、ごめん（笑）。

春日　それでね、力士が……って何回説明してんだよ（笑）。野球選手以外に、バスケットボール選手もいて、それぞれいる場所も新聞に絵で描かれてるから、たどっていくわけですよ。で、次の絵が、普通のおじさんの絵だったの。

若林　えっ？　もしかして……。

春日　「なんだろうね？」って妹と話しながらビルの奥のほうの部屋に入ってみたら、**ピンクのベストを着た、髪を七三に分けた職員さんがさ……。**

若林　マジで？　所沢といえば、だ。

春日　私がいたのよ（笑）。それでわかったんだけど、所沢出身で活躍してるお相撲さんもいるし、ライオンズでしょ、バスケットボールのチームもあるわけよ。所沢にちなんだ人たちが目撃者としてピックアップされてるというか。

若林　しかも、最後の最後でしょ？

春日　ほかの人たちはスーパーの前とか通りの目立つところにいたんだけどさ、私だけ、入ったこともねーようなビルの一番奥の会議室で立ってんの。

若林　やっぱり、胸張ってんの？

春日　気持ち張ってたよ。おじさんよ、もう。ほかはお兄さんがやってるのに、私だけおじさんだった。

若林　でも、おじさんだから、おじさんがやるしかないよな。

春日　髪をペッタペタの七三に分けて、ベストもピンクなんだけど、あきらかに（長袖の）セーター切っただろ、みたいな（笑）。袖がなんかもう……フフフフ。

若林　でも、メインの最後の人だ。言ったらボスだよ。
春日　ネクタイもしてさ。「わっ」と思うじゃん、そんなの。
若林　〝春日〟が〝春日〟に会いに行くんだもんねえ。
春日　それ見て妹も姪っ子に「本物がいるよって言っちゃダメよ」って。
若林　いやあ、お姉ちゃんはそういうの好きだからな、言っちゃうの。
春日　私も外から見守ることにして、姪っ子ふたりが「ニセ春日」にヒントの紙をもらいに行って……。
若林　**どっちが？「ニセ春日」っていうのは。**
春日　向こうだろうがよ！　こっちは本物でしょうが。
若林　ごめん、ごめん。
春日　「本物」は部屋の外から見てて。
若林　どっちもニセっていう話もあるけど(笑)。
春日　どういうことなんだよ？　実力的に？
若林　そうそうそう。でもそれはいいや。
春日　ちょっと引っかかるけど、まあいいや。で、姪っ子が（ヒントを）もらうのよ。それぞれお相撲さんが「ごっつぁんです」とか言ったりしたから、なんて言うのかなと思ったら、普通に「トゥース」って。
若林　ふははは！「トゥース」って言って渡してきたの？
春日　その人も不本意なんだろうね、すごい小声で。やりたくなかったんだろうけど。ハハハハハ！
若林　じゃんけんしたんだろうな、春日の役やるってなると。「トゥース」って言うだけ？
春日　顔もノッてないわけよ。まあ、恥ずかしいよな。トゥースも指を立ててジェスチャーつきでやったんだけど、それが一番よくある間違いよ、（立てている）指が2本でさ。
若林　どうする？

春日　まあまあ違うな、と。でもヒントをもらって帰ればいいわけだから、そこは関係ないんだけど、やっぱりお姉ちゃんが引っかかるんだよね。「それ違うよ、トゥースは1本なんだよ」って教えるのよ。

若林　危ない、危ない。1本に直したの？

春日　そう。ニセ春日も「トゥース」って。そしたらまたお姉ちゃんが**「トゥースのあとはね、『ハァ〜』やんなきゃ」**って（笑）。ククク。

若林　すごい詳しいね。

春日　使命感なのか、ちゃんとやってほしいって。「ハァ〜」で（トゥースを）締めてるから。

若林　それはお前がいつか説明したんだろうな。

春日　そうそう。「おしまいのやつなんだよ、あれがないと終われないんだよ」なんつって。まあ、それで終わるならいいんだけど、お姉ちゃんが「鬼瓦やって」とか言うわけよ。

若林　知ってる！

春日　もう春日チェックに入ってるわけ。その人もまあまあ知ってくれてて、子どもが言うことだから「鬼瓦」もやってくれたの。でもそれも、指が角になって、ただただ上向いているだけ、みたいな。

若林　ケアレスミスだね、それは。

春日　そしたらまたお姉ちゃんが「違うよ、見てて。鬼瓦!!」ってやるのよ、ガッチリね。

若林　好きだからね、春日のことを。

春日　で、アパーもやってもらったら、「アパーも違う！」っていろいろ教えているわけ。

若林　それ、ほとんど俺の仕事だね。「鬼瓦やって。次、アパーやって」って。

春日　フフフ。そうやってずっとやってるもんだから行列になっちゃってさ。「もう行こう」って妹が入ってって、（部屋を）出て。

若林　ちなみにB面の春日はなんて言うのかな？

春日　（鬼のような声で）「へへへ、トゥーース!!　バカヤロー！　俺のことを知ってるかぁ？　昔テレビに出てた春日だよぉ。今はこの部屋でよぉ、お前たちにヒントを配る仕事をしてるんだよ～！　バカヤロー！　アァァパァァ～!!」

若林　ははははは！　やりたいけどね、その謎解き（笑）。

春日　なんだよ！（笑）

若林　昔はよかったのに、そこから堕ちた大人って子どもからしたら怖いから。

春日　ふははははは！　社会に対して思うところもあるだろうしね。

若林　でも、そういうことって知っておいてもいいかもしれない。

春日　いや、そんなんじゃない。ちゃんと健全なやつだから！　で、もうゴールが近くて、今まで集めたヒントを参考に進むと、謎解き部屋みたいなのがあってさ、子どもたちがひしめいてるわけよ。

若林　もう最後？

春日　最後。そこでヒントを照らし合わせて、犯人とプロペラの場所が見つかったわけよ。それを係のお姉さんに耳打ちするの、ほかの子に聞こえるからさ。んで、「はい、正解です」なんつって。（全部で）1時間半くらいかな。

若林　終わるんだ、全部。

春日　終わってね。制限時間ギリギリくらいだったかな。で、ごほうびにお菓子をくれるのよ。無料なのにお菓子はあるし、トコろんのバッジとかカードとかステッカーとか、いろいろもらえるわけですよ。それをもらいに行ったら、トコろんがいて。あと、今までヒントをくれた力士や野球選手、バスケットボール選手がいるのよ。で、春日もいるのよ、ニセ春日も。

若林　やってるね、まだね。

春日　でも、春日の前だけ全然子どもが並んでないの。まあまあいいじゃん、それは。ちょっとひとりだけリアルで気持ち悪いしさ（笑）。

若林　七三でね。とっつきにくいっていうことだな。

春日　妹と「少ないねえ」なんて話してたら、**お姉ちゃんが泣いてんのよ、「春日の列に人が少ない」って。**

若林　春日のことが好きだから、悔しいんだろうな。

春日　悔しいし、かわいそうだ、みたいな。でも、どうにもならないじゃない、それは。「いいんだ、いいんだ」ってお菓子もらってさ。お菓子もらうときは、**しっかり力士からもらってたけどね。**「(春日の列に)行かねーんだ!?」って。

若林　そこで春日の出番だったんじゃないの？　春日役の人をぶっ飛ばしてさ、ベストひっぺがして着てさ、七三に分けて。そしたら、お前のとこに列ができただろ。

春日　なんでぶっ飛ばさなきゃいけないんだよ！(笑)

湯沸かし器の調子が悪い

【第488回】2019年3月23日放送

若林　この間、2時間特番の撮りと、通常が1時間の撮りみたいな、まあ結構長い、疲れた日があって。
春日　へい。
若林　で、（出演者に）意気込み聞いたり、番宣のあとひと盛り上がりできなかったなあと思って、ちょっと疲れと落ち込みで家に帰ってきてね。寒い日で、手を洗うのよね、流しで。
春日　まあ家帰って来たらね、手洗いしてうがいだよ。
若林　瞬間湯沸かし器の調子が悪いんですよ、ここんとこ。でも昼にいる時間がなくて、そのままにしてて。
春日　はいはい。
若林　で、（蛇口をお湯が出る）赤い丸のほうにして、水をいっぱい全力で出すのね。結構時間が経ってからじゃないと温かくならないのよ、調子が悪くて。
春日　ああ、なるほど。はいはい。
若林　俺、キッチンの流しで手を洗うんだけど。本当は良くないんだけどね、節水しなきゃいけないから。でも水をバーッて出して温かくなるのを待つんだけど、ちょっと催して、水出したままトイレに行ったんですよ。
春日　まあしばらくかかるからね。
若林　腹の調子がちょっと悪くて、トイレがちょっと長引いたんですよね。で、帰ってきたら、ダーッて流してた水の勢いで、洗わないでそのままにしてた洗い物の小皿がずれて、その小皿にバーッて出してる水が反射して、**リビングが**

噴水みたいになってたんですよ。

春日 よしよしよしよし！

若林 バーーッてもうホント、虹出てんじゃねーかなっていうぐらいの勢いで。

春日 いいねえ。

若林 結構長い時間、それをやっちゃった感じで、とりあえず急いで蛇口閉めて。

春日 じゃあもう結構びしょびしょになって。

若林 「クッソーー！ オラァ！」つって。

春日 **よしよしよしよし（笑）。**

若林 お前、ホント俺の不幸が好きだな。

春日 いいね。そのちっちゃいハプニングって、やっぱり「よしよし」と思うよね。

若林 **「クッソーオルァアア！ 面倒くせぇなコラァアアア!!」**

春日 よしよし（笑）。なんかちょっとね、凹んでっていうか、気持ちよく帰ってきてないし、そんなことも起きて。

若林 お前、機嫌いいな、この話になると。

春日 いや、そんなことない。お察ししますって話よ。

若林 笑ってない？

春日 笑っちゃないよ、別に。

若林 もうソファの背もたれの溝とかにも、ちょっと水溜まっちゃってて。

春日 んふ、よしよしよしよし（笑）。

若林 机もびっちょびちょなのよ。

春日 フゥ〜ッ！

若林 片す時間なくてさ。「クッソ、オラァァァァ！」ってなって。

春日 よっしゃよっしゃ。

若林 リビングびちょびちょ、机の上びちょびちょで。俺ほら、物をとにかく捨てるから。家でバスタオル1本と、ハンドタオル2本の体制で生きてんの。

春日 うん、少ない……よね、たぶんね。

若林 なるべく物が少ないほうがいいから。

春日 最低限のストックで。

若林　うん、そこはお前に何も言われる筋合いないよ！
春日　……いや、そんなに食ってかかられても。
若林　俺のやり方でやらしてよ。俺ルールだろ、家の中からは。
春日　いや、別に今からね、5本タオルを買えとか言うつもりもないから。
若林　**そこは尊重してくれよ！**
春日　それは尊重してるよ別に（笑）。
若林　バスタオル1本の、ハンドタオル2本だから全っ然足りない。全然足りないいんですよ。
春日　なるほど。
若林　もうね、ティッシュの箱とかも水が入りまくって、ウェットティッシュみたいになっちゃって、びちゃびちゃ。
春日　なるほど。じゃあティッシュを使って拭き取るってことはもうできないわけだね。
若林　もう全然ダメ。MA-1（のジャケット）もびちゃびちゃよ。ソファに行ったら。
春日　よし、よしよしよしよし。
若林　あと、喉のね、ちょっと高い漢方があんのよ。缶に入ってる、5000円ぐらいのやつ。粉薬で、それを口に入れてはお湯飲んでるからさ。その缶の中にも入っちゃってんだよ、蓋してなかったから。
春日　あ〜〜、クゥ〜。
若林　マジかーって。で、『キン肉マン』の44巻ね、あと。もうびっちゃびちゃ。
春日　あーあーあーあー。
若林　ほいで、バスタオルとか足りないから、拭くもんがないんだよ。あれだな、**武道館（ライブ）のグッズのタオル、全然水吸わないな。**
春日　うんまあ、そう……そうかもね。
若林　そういう水は吸わない。汗拭くにはいいけどね〜。汗拭くにはちょうどいいけどね。
春日　どう違うんだよ、汗と水と。
若林　水はなんかもう、むしろ弾いてたね。それで、武道館のグッズのタオル、ぶん投げてさ。

春日　うん、使えないから。

若林　拭くものがないから、バスマット持ってきてひっくり返してさ。それでも足りないよ。ほいで、トイレのマットをまた持ってきて。慌ててるから。トイレのマットって水吸わないね、バスマットより。全然水吸う用に作られてないんだな、きっとな。

春日　まあそうなんだろうね、濡れることないもんね。

若林　うん、全然吸わねえって戻して。とにかくタオルが足りない。で、座ってさ。「もうやめ」って途中であきらめた。「これもう無理だわ、こんな疲れてて、面倒くせえ」と思って一回ソファに座ったの。濡れないところに。それでもうにらみつけて。キッチンの蛇口をカーッとにらみつけて。

春日　うん、まあしょうがないけどね。

若林　濡れてるのににらみつけてさ。**「カメラ回ってねーしな、これぇ〜っ！」**つって、リビングでめちゃめちゃキレて。

春日　まあね。回ってたらまだね。

若林　「なんだこれ?」と思って。面倒くせえ、意味のねえさ、びちょびちょ。

春日　わかるわかる。

若林　それで、**「これ、嫁がいたらこんなことになんねぇーんじゃねーのかぁ!?」**つって。

春日　まあ、(誰かいたら気がついて)止めてくれるだろうね。

若林　あとタオルの本数な。「家族いたら1本じゃねーわ、バスタオルがなあぁぁ!?」ってソファで。「面倒くせえぇっ!!」と思って。

春日　それはもうしょうがないねえ。

若林　「クッッソッ!」ってソファ座って。なんか拭くのもいいわ、「もういいわ濡れとけぇっ!!」と思って。で、エアコンはつけてね、暖房の一番暑いやつ。乾くかなと思って。

春日　ああ、熱とか風でね。

若林　ハロゲンヒーターも首ふりモードにして、温めて蒸発させようと思ってさ。
春日　うんうん。
若林　もう嫌になって何もかも。疲れてるし、誰も笑ってねーし。
春日　まあ、そうだね。
若林　今もな？
春日　……まあ（笑）。
若林　で……**笑えコラァァァ!!**
春日　いや（笑）……今のは私ですね。
若林　そうだよぉ……そうだよぉっ!!
春日　ちょっと怒りの方向がわからなかったもんね（笑）。うん、すみませんね。
若林　クッッッッソ!!
春日　まあまあまあまあ、もうしょうがない、もうどうにもできないわね。
若林　そいで、「もう寝よ」って言って。
春日　「言って」って実際に？
若林　実際口に出してた、ムカつきすぎて。ホント、リビングが水たまりみたいになってて。おしゃれなビルのエントランスに、水が5ミリだけ張ってるみたいな感じになってんだよ。
春日　最悪だね。拭き取れないし。
若林　拭くもんがねぇーんだよ!!
春日　今のはどこに向かってんの（笑）。今の私ですか？
若林　お前だよっ！
春日　いやわかんないだろ。それ当時の、フッハハハ！　水浸しの……（笑）。
若林　腹立つな、お前笑うなよ!!
春日　いや怒られてんの？
若林　笑ってるからだよっ!!
春日　いや笑えって言うから。
若林　もっとあのさ、**頭とかなでろよ！**
春日　いやいやいや（笑）。そりゃなでるレベルじゃないよ。それはもうしょうがないよ。
若林　でさ、もう着替えてね、寝る格好に。
春日　うんうん、もう寝ちゃおう寝ちゃおう。

若林　そうそう。パイル地の寝間着を着てね。ほいで寝たんだけど、ハロゲンヒーターつけたまま寝たことねえから、すげえ光量な、あれ！

春日　まあ、明るいわね。

若林　「眠れるかあぁっー!!」つって。布団被ってよ、隣の人に聞かれたらダメだから。1LDKの寝室とリビングの仕切りがプラスチックの曇りガラスだから、ぼわあ〜って首振ったときに寝室が明るくなるわけ。めちゃくちゃ明るくなるわ、ハロゲンヒーターって。

春日　なるほどね。パーッと明るくなるね。

若林　**思い出したもんね、武道館のステージ上。**

春日　そんな明るいの？

若林　揚げ足取んなよ。

春日　え？

若林　揚げ足取んなよ。濡れてないほうのヤツが。

春日　濡れてないから（笑）。

若林　それでハロゲンヒーター消してさ。もうエアコンに「お前に任せたぞ」つって。エアコンに直接言ったの、お前に任せたぞって。

春日　うん。

若林　んで、寝てさ。「寝よ」つって。

春日　また!?（笑）「寝よ」は1回でいいんじゃない？

若林　俺の部屋だからね。「春日法」より「若林法」が適用されるって。

春日　いや法とか……。

若林　**そこは国連が黙ってないんじゃないですかね。**

春日　いや介入してこないよ、こんなの。いやいや、さっきも言ってるしさ。声出すっていうのもおかしいなと思ったからさ。

若林　それは価値観でしょ。多様性を認めて。

春日　そんな別になんか、うん。戦おうとするつもりはないからね。

若林　じゃあ言わないで。言わないでよ、俺のトークゾーンで。

春日　フハハハ！　言わないのも変じゃん（笑）。
若林　何も言わないで。
春日　黙って聞いとくってこと？
若林　黙って。黙ってて。
春日　（笑）
若林　それで起きてさ。まあまあいいでしょうってぐらい乾いてた。ただ、なんか『キン肉マン』の44巻が川原で拾ってきたみたいな。めちゃめちゃで、ロビンマスク[※1]が。開いたら……**つまんなく聞こえるだろぉっっ!?**
春日　いやどっちなんだよ。
若林　お前が合いの手入れなかったら。
春日　いやいや、難しい。これは難問だよ。だって言われた通りこっちはやってんだから（笑）。
若林　漢方の缶開けたら、なんかギチギチになってたもん。もう粉じゃなくて。
春日　へへへへ、よっしゃ、よっしゃ、よっしゃ（笑）。
若林　アイスホッケーのパックになってた。ちょっとちっちゃくなった丸のパック。もう無理だろこの漢方、と思って。高かった、5000円ぐらいしたんだって。喉に効くって聞いて。
春日　しょうがないわなあ。
若林　まあまあでもいいわ、何も拭かなくて正解だったんじゃないかなと思って。もう着替えて仕事行こうと思って、トイレ入ったらさ、「冷たっ！」って。トイレマットからさ、**水がじゅうって染み出てて靴下にこう……。**
春日　ククク（笑）。
若林　靴下はいたばっかだぞお前、朝よお。
春日　よしよしよしよし。
若林　で、もう脱いで、洗濯機バチコーーン、投げ入れて。「お前、これ家族いたらトイレマット（の濡れに）気づいてんちゃうんかぁ!?」つって。
春日　誰に対する怒りだよ。何に向けての怒りなんだよ、なんなのよ（笑）。自分に腹立ってんのかな？
若林　**……人生の目標が欲しいね。**

※1　**ロビンマスク**
漫画『キン肉マン』に登場する、イギリスの名門ロビン一族出身のエリート超人。

春日　フフフフ、おお（笑）。いやなんかそんな大きなことでまとめられてもさ、人生。

若林　目標ちょうだい。

春日　フフフフ。あざーす。

春日俊彰、結婚

【第492回】2019年4月20日放送

若林　やっぱり今日はね、まあ普段我々、ラジオでニュースに触れないですけどね。今日は触れざるを得ない。
春日　まあ、そうだろうな。
若林　その話題で持ち切りよ。
春日　うん、すまん。なんかすまんね。
若林　あのニュース、触れなきゃいけないね。
春日の結婚ね。
春日　そのままストレートに！（笑）　え？　なんか違うさ、野球の結果でもさ……。
若林　いや、これをスカしたら本当にダサいヤツになっちゃうね。こんなに話題なんだから。
春日　一発挟んでよ。
若林　うん、あの、ひとつは、**春日おめでとう。**
春日　いや、ちょっとやめてもらえるかな？
若林　「やめてもらえるか」ってことはないでしょ（笑）。結婚決まった人に「おめでとう」はルールじゃない？
春日　いやいやいや、何かひとつ挟んでくれよ。しょうもない、ちっちゃいニュースを。
若林　あははは（笑）。でもね、俺、観たんですよ、『モニタリング』[※1]。
春日　あ、そうですか。
若林　うん。春日が、なんかもう正しい。正しすぎて、人として、男として。
春日　まあそうなってくるよね、うん。
若林　もう今日なんか小泉孝太郎さんとラジオやるみたいな気持ちだもん。
春日　いやいやいやいや（笑）。
若林　芸人がやるラジオであるからには、イジ

※1『モニタリング』　春日は、2019年4月18日放送の『ニンゲン観察バラエティ　モニタリング3時間SP』（TBS系）にて、「狙ってる女」ことクミさんにプロポーズした。番組はプロポーズ当日までの120日間に密着。最後に教会でのプロポーズが成功すると、神父姿の若林がふたりの前にある台を突き破り、サプライズで登場した。

ったり、揚げ足取ったりしなきゃいけないけど、その取る場所がない。

春日　いや、そんなことないよ。

若林　『小泉孝太郎と若林のオールナイトニッポン』ですよ。

春日　いや、それも……（笑）。まあ、ちょっとね、いつもとは違くなるよね。

若林　いや、やっぱこのプロポーズの言葉もね、ここが良かった。「この先の普通の日を一緒に普通に過ごしたいです」と。**異常な日を異常に過ごしたヤツ**しか言えないですからね、これは。

春日　いや、ちょっと待ってくれよ（笑）。

若林　普通の良さを知ってるって、そういうことですから。

春日　まあまあそう……。別に今までが異常だったわけじゃないけどね。

若林　自分がマイナスになるようなこともちゃんと言ってるし。男としても、抜かりない、穴がない。もう正直な気持ち。全部本当のことだから。でも、ひとつだけあるけどね。

春日　何よ、ひとつだけって。こんな名文はないじゃないのよ。

若林　こんな名文はないから、ここだけ嘘つかないでほしかったなっていうのが……。

春日　ひとつも嘘はついてないよ。

若林　ここのね、最後のほうで、「これからも携帯をいじってハイボールを飲んで寝るだけかもしれないけど」のところだね。

春日　いやいや、そこはそうね、本人も……。

若林　ハイボールと寝るだけは、本当。ただ、「携帯をいじって」のところで、**「なんでエロパソって言えなかったのかな？」**って。

春日　ちょっと待ってくれよ。

若林　なんか俺のヒーロー・春日像ではなかったかなっていう感じがするけど。

春日　いや、そこは嘘じゃないのよ。それはお相手とともにいるときの話だからね。

若林　じゃあ、もう結婚したらエロパソ卒業するってこと?

春日 それとこれと話は別じゃない。うん、それなんかダサいよ、一緒にしちゃうと。そんなことないじゃん?

若林 でも、やるはやるんだよね、これからもエロパソは?

春日 それが生きがいだからね。

若林 でも、反響すごいんじゃないの?

春日 まあまあ、いろいろとね。言っても、そんなに急にね、いろいろ変わるわけではないですから。引っ越すとか。

若林 え、引っ越さないの?

春日 まあ、すぐにはね。だから、変わらない。まあ、むつみ荘に住みながらね、いろいろと探してみたり。

若林 あれ、入籍するのはテレビでなんかやんの? (婚姻届を) 出しに行くところは。

春日 今のところ予定はないけどね。でも、なんか「やりたい!」みたいなね、手上げてくる番組があったら、まあ、こっちで選ばせてもらうっていうのもやぶさかじゃないけどね。

若林 じゃあ、ポケモンの番組[※2]がいいかもね。

春日 **なんで『ポケんち』でやるんだよ?** なんでっていうのも違うけど。

若林 ふはははは(笑)。

春日 いや、ポケんちに迷惑かけるわけにいかないから。

若林 いつ出すかは、まだ決めてないの?

春日 まあ、まだ別に決めてない。

若林 そういうのってどうやって決めんの?

春日 どうやって決めるんだろうね? いや、だからないんだよ、近いところで。よく言うのが、どっちかの誕生日やらさ、記念日的なものだったりするんでしょう?

若林 全然いいけどね、別に。

春日 近いとこないのよ。私もクミさんも誕生日2月だしさ。そういうのがないから、どうしたもんかいの~、なんて言ってて。

※2 ポケモンの番組
春日が出演していたポケモン情報バラエティ番組『ポケモンの家あつまる?』(テレビ東京系)。愛称は『ポケんち』。

若林　引っ越すのもまだ決めてないんだ？

春日　決めてない。当分、むつみ荘よ。

若林　で、俺、見たのよ、ネットニュースでお前の記者会見。なんか金屏風の前で記者会見してたじゃない？

春日　はいはいはい。やらせてもらいましたよ。

若林　モニタリングの生放送のスタジオの春日、もう完璧だった。ホントにもう、一流のプロレスラー。なんかコイツって、俺の範疇をもう超えてんだなって。

春日　あはははは（笑）。何がだよ？

若林　なんか、**「コイツ、芸能人なんだな」**と思って観てたのよ。

春日　あはははは（笑）。まあ、ありがたいですけどね。

若林　いや俺、びっくりしたもん。なんかスーツ着てさ、ひとりで座ってるショットから始まって、「春日が結婚します」みたいなさ。

春日　あはははは（笑）。いや、ホントだよ。でも思ったね、スタジオ行って。とんでもない大ごとになってるなって。あのとき、初めて気づいたよ。

若林　結婚ってそうなんだね。

春日　いや、だからね、テレビでやりたいな、なんてDちゃん[※3]に言ったのがスタートで。1年ぐらい前にね。結婚する流れがちょっと、まあ流れというか、そろそろしないとまずそうなんだよな、なんて言ってて。

若林　うん。

春日　でも、やっぱりきっかけがないから、テレビとかでやれたら言えたりするけどね、なんて言ってたら、Dちゃんが「やってくれる番組探してみます」みたいなところから始まったわけですよ。

若林　で、たらい回しにあって。

春日　あはははは（笑）。いやいやいや（笑）。

若林　最終的にモニタリングだったんだもんな。

春日　最後ね、拾ってくれたのがモニタリング

※3 Dちゃん
オードリーのチーフマネージャー佐藤大介のこと。

だった。ありがたい話だよ（笑）。

若林　うふふふふ（笑）。

春日　そういうところから始まって、モニタリングの中の10分、15分ぐらいの感じでやるのかなと思ったら、生放送で特番を打つ、と。どんどん話がでかくなってってさ。「あ、そうなの？」なんて聞いてたんだけど、いざスタジオ行ったらさ、とんでもねぇことになってた。

若林　いや、そりゃすごかったよ。俺もすごいことになってるな、と思ったもん。

春日　いやそうよ。あそこで初めて気づいた、120日経って。

若林　いや、だって俺、もうすげえなと思って。振る舞いもなんか**「脂乗ってる芸人だな〜！」**と思って。

春日　あはははは（笑）。

若林　ネットニュースでお前の記者会見の一問一答見ても、もう返しが百発百中だった。

春日　ふはははは（笑）。

若林　それで、ワイドショーでもとのお前の会見の映像観たけど、**めちゃくちゃつまんなかったもんね。**

春日　なんでだよ!?

若林　あれね、テンポと間が悪かった。

春日　ふはははは（笑）。

若林　いや、言ってることはもう、大喜利のフリップで言ったらバチバチ当たってんのに、なんかぬたーっとしてたわ。「やめちまえ！」と思ったけどね、観てて。

春日　あはははは（笑）。なんでだよ!?　厳しいねぇ。

若林　いや、それで俺もさ、結構お前に内緒で打ち合わせしてたんだよ。あの神父の格好。

春日　ああ、まあそうだろうね。あれ、本当に知らなかったからね。

若林　そうだよ。隠れて2回ぐらい打ち合わせしたもん。なんか（教会にある）台を破って出てきたじゃん。最初、3パターンぐらいあって、

「ドッキリです。120日間やってました」か、「ゆずさんがギター弾きながら入ってきて、歌に入ったら、俺が歌いながら入ってくる」っていうやつと、「ゆずさんが歌って、俺がラップで春日を祝福する」っていう、この3パターンだったんだよ。

春日 ふふふふふ（笑）。うん、なるほどね。

若林 そう。「この台から出てくるのがいいっすね」って言って。で、「私服と神父の格好、どれがいいですか？」って言われて、神父の格好で4パターンぐらいから選んで。そのあとよ、「ドッキリです」ってふたりに言って。

春日 はいはいはいはいはい。

若林 俺が、聖書を持ってたでしょ？　神父だから。

春日 ああ、なんか持ってたね。

若林 うん。そこで、なんか「キャバクラにはもう行かないことを誓いますか？」みたいなのを、4個ぐらい言う感じだったの。

春日 あはははは（笑）。

若林 で、「その文言はどうしましょうか？」って聞かれて、俺は偉そうにさ、**「あ、それは本番で」**みたいな。

春日 生意気だな（笑）。

若林 あははは（笑）。俺のことだから、やるだろうと思ってたの。

春日 あ、自分に期待もしてたわけね。

若林 そうそうそう。で、ゆずさん呼んで、ゆずさんに春日のピアノの感想を聞いて、春日にも、奥さんにも聞いて、写真撮って終わりっていう台本だったの。

春日 なるほどね。はいはいはいはいはい。

若林 うん。で、あの日は水口Dがずっと俺についてたから、その神父の格好して教会にずっといたの。春日が食事してるときも。

春日 あぁ、じゃあずいぶん前から。

若林 ずいぶん待ってて。神父の格好だから、「キン肉マンソルジャーだ」[※4]って、水ぐっちゃ

※4 キン肉マンソルジャー
漫画『キン肉マン』に登場する超人。キン肉マンの兄・キン肉アタルがもとのキン肉マンソルジャーを襲撃し、入れ替わっていた。強盗の人質になった子供を救うために、自らの服をペンキで黒く染め（なぜか服の丈まで変わっている）、牧師にカモフラージュしたことでもおなじみ。必殺技は「ナパームストレッチ」。

んと。「キン肉アタルだ」って言って、ペンキのドラム缶で、自分の迷彩の服から神父に、って。丈が全然違うんだけどね。あはははは（笑）。

春日　あはははは（笑）。

若林　水ぐっちゃんと、「プロポーズ成功したら、春日にナパームストレッチかけてよ」なんて言って。「天井ぶち破って、叩きつけちゃおうか」とかずっとやってて。まさか泣くと思ってないからさ。

春日　あはははは（笑）。はいはいはい。

若林　それで教会の台の中に入って、イヤモニして。春日がどこにいるかわかんない、俺は。

春日　そうか、音は聞こえるけど。

若林　そうそう。春日がピアノやってたのは知ってるから、ゆずさんと、やってる曲が流れてきたわけよ。

春日　うんうん。

若林　**前奏で、もう号泣してた。**

春日　なんでなんだよ!?　音だけで？

若林　いや、あれね、めちゃくちゃ良かったよ。

春日　そうなの？

若林　うん。なんて言うんだろうな、なんか、たどたどしさが良くて。ゆずさんもさ、それに合わせてくれる優しさ度合いで。お前のたどたどしさと不器用さがいいほうに出てた。あれはうまく弾けばいいピアノじゃないからね。

春日　へへへへ（笑）。まあまあ、結果的にね。私はうまく弾きたかったけどね、完璧にね。

若林　で、ボロボロ泣いちゃって。俺、どこでやってるかわかんないから。教会のドアのすぐ外とかかも、と思ってるから。

春日　そうか。いつ来るかわかんないと。

若林　そう。**だから俺、十字架噛んで声出ないようにしてたから。**

春日　あはははは（笑）。

若林　「うぅぅぅ！」って。

春日　何やってんだよ、さっきまでふざけてたヤツがさ。あははは（笑）。

若林　ヤバいと思って。これ泣いて出て、ドッキリでした、聖書持って「キャバクラ行かないことを誓いますか？」って、どうしようかな。でも、あいつ手紙読むらしいから、それまでに涙が引っ込めばいいのか、と思って、もう泣きやもうとしてたわけ、十字架を噛んで。

春日　あははは（笑）。

若林　それで、春日が手紙を読んで。俺、知らなかったのよ[※5]M-1の前からって。

春日　言ってたね。そうだね。

若林　後日聞いたんだけど、「M-1の前からなんだってね」ってサトミツに言ったらさ、なんかお前、M-1の大井競馬場の敗者復活のとき、**クミさんが作ってくれた春日人形をポケットに入れながら漫才してたって……。**

春日　あははは（笑）。

若林　俺もう、めちゃくちゃショックで。俺たちは誰にも褒められない、誰にもおもしろいって言われてない地平から、若林・春日で大井競馬場からテレ朝に向かった、そのお前のポケットに、彼女が作ったお守り人形が入ってたっていうのが、お前、殺してやろうかなって思って。

春日　なんでだよ？

若林　あははは（笑）。

春日　そんなのいいだろう。くれたんだから。

若林　あの寒空の下からふたりだけではい上がったと思ってたらさ、**春日の〝ここ〟なんか、全然空いてなかったんだな**っていうのを知ってさ、それでもう号泣。

春日　号泣なの？　そこで？

若林　後日だったけどね。

春日　ああ、なるほどね。それを知ったのはね。

若林　で、泣きやもう、泣きやもうとして。洟《はな》すすってる音が外に漏れないようにしなくちゃいけないから。で、お前が手紙読み始めて。（教会に）入ってきたときにも、ずっと息殺して、もう十字架噛んでるわけですよ。

※5　M-1の前から
モニタリングをきっかけに、春日とクミさんの交際期間が10年にわたるものだったと判明。プロポーズの10年前、クミさんとの交際がスクープされた際、春日は別れを決意したクミさんを説得し、クミさんを交際騒動に巻き込まないように「フラれた」と嘘をついていた。

春日　たしかになんの気配もなかったですよ。

若林　お前が「入院してたとき」[※6]とか言うからさ。もう嗚咽が出ちゃうっていうぐらい。

春日　それなんで?

若林　**鼻水と床がずっとつながってたんだから。**俺、納豆の糸を取るみたいに、ずっと指で回してたんだから。すすると音がするから。

春日　あははははは(笑)。なるほどね、結構そっちはそっちで戦いがあったんだな。

若林　そう。それで、オンエアでは削ってあったけど、手紙読み終わってから結構尺あったじゃん。無言の間が流れただろ?

春日　うん。

若林　あれは、俺が涙引っ込めないと出れないと思って。台の中でランプがついてたの。それは、光ったら台を破って出ていいですよっていうランプ。

春日　なるほど。ああ、はいはいはいはいはい。

若林　ずっとついてんのよ。

春日　じゃあ、もうだいぶ早い段階でGOが出たわけね。

若林　無視してたの。涙が引っ込んで、泣いてたってならないぐらい時間が経つまで。

春日　だから、若林さんが出てくるなんてもちろん知らないけど、段取り的にはさ、私が手紙読んで、指輪渡して、返事を聞いたら、扉からカメラがバーッと来て「モニタリングです」っていうのが……。

若林　「モニタリング終了」って出る。

春日　うん。「来るんで、とりあえずそこの場で待っといてください」って言われてたのよ。で、指輪渡して、OKだって言われて、全然来ないからさ、カメラが。なんか変だなって思ってさ、つないでたもんね。**「ね～」「指輪買ったね～」なんつって、フフ、ずっと妙な間が(笑)。**

若林　俺は涙を拭いてたの。泣いてるように見えないとこまでいっておかないと、と思って。で、ついてたランプが点滅し始めて。「早く出

※6 入院してたとき
春日は2010年、ロケ収録中の事故で左足を骨折し、病院に入院することになった。

ろ」っていうことで。だから、ランプの電球緩めて。

春日 なんでよ（笑）。

若林 うるせーと思って。だって、泣きが止まんねーからと思って。

春日 いやいやいや（笑）。

若林 でもずっとすっごい点滅してて、もう外に光が漏れるよっていうぐらい。

春日 うん。でもそうじゃない？ やっぱめちゃくちゃ変というか、長かったもん。

若林 じゃあもう、どうなるかわかんないけど、出るしかないと思って。意を決して立ったら、たぶん鼻水が出たんだろうね。

春日 あはは（笑）。その勢いで？

若林 それでもう段取り全部吹っ飛んで。

春日 はいはいはい、まあそうね、何も……**ただ泣いてたからね。**

若林 うん。で、ゆずさんが入ってきて、ゆずさんに回してもらっちゃって、ずっとしゃべんなかったもんね、最後、俺ね（笑）。

春日 いや、本当だよ。「僕が回していいんですか？」なんて言ってね、北川（悠仁）さんも。「いや、もう誰もやれる人がいないんでお願いします」なんつって。申し訳ないことしちゃったよ（笑）。歌も歌ってもらって、最後、締めまでやってもらっちゃってさ。

若林 あははは（笑）。

春日 ホント、お願いしますよ。一番泣いてたからね。

若林 いや、でも、春日のほうが泣いてたんじゃないの？ 手紙読んでるところで。

春日 いや、そこまでは泣いてないですよ。鼻水ぶわーって垂らすほどではないですよ。

若林 なんかさ、「泣いてる」って彼女に言われてさ、「泣いてないけどね」って言ってたじゃん。

春日 まあまあ、言ってたよ。

若林 泣いてたよ、あれ。

春日　えへへへへへ（笑）。
若林　なんだよ、「泣いてないけどね」って。
春日　いや、泣いてないけどね、全然別に。
若林　でもさ、なんか幼馴染のイヤなとこだけど、鍋食ってて、指輪の号数を測るときさ、俺、初めて見たの、クミさんを。いや、あんまり良くないけど、なんかもう背筋が凍ったね。
春日　何がだよ（笑）。
若林　いやもう、**なんか春日のタイプすぎて。**もうね、気持ち悪かったもん。
春日　あははは（笑）。
若林　**なんか、あの身長の人好きじゃん、お前。**
二人　あはははははは！（笑）
春日　まあまあ、そうだな。
若林　何センチなの？　150何センチなの？
春日　いやいや。身長は聞いてどうこうじゃないけどね（笑）。
若林　俺、なんかお前のそこイヤなんだよ、正直。自由だけどね。
春日　イヤも何も、しょうがないじゃない。
若林　なんかちょっと小さい人好きじゃない？芸能人でも、中学のときから。
春日　まあまあ、そうね。
若林　なんかもう、やめてくれ、それ（笑）。
春日　いや、やめられないよ、それ（笑）。
若林　わかる？　この気持ち。「うわ、春日が好きな顔の感じだわ」と思って、なんかもう帰ろうかなと思ったもん。
春日　わかりすぎちゃって、もう（笑）。
若林　そう（笑）。それに俺が帰るときのさ、「コリドー街で婚活してきます」もカットされてるしさ。
春日　がははは（笑）。まあ、それはカットだろうな、うん。
若林　あのスタージュエリー（で指輪を買うくだり）も2時間半だよ？　それで最後、買うって言ったとき、カットされたけど、カードがなんか通んなかったんだよ？

春日　なんだっけ？　枠のあれでしょ？　カード、あんま使わないからさ。なんか限度額を申請して広げておかないといけないって。
若林　「おいっ！」つって。
春日　「おいっ！」つってね。
若林　俺、ずっとスタージュエリーの人に「ダーツとジェンガ持ってきてください」って言ってて、「ガールズバーじゃねぇんだよ！」っていうのも全然使われてないじゃない？
春日　なんかあったね、そんなくだりもね。
若林　ふはははは（笑）。何度「カシスオレンジ」って言ったか、あそこで。
春日　まあ、だからさすが、そこはしっかり編集で落とすっていうのは、やっぱちゃんとした番組だよね。
若林　ふたりに損がないようにね（笑）。
春日　「いらない」っていうね、うん。
若林　あれ、10年前のさ、お前の「この10年前に撮られた人と一緒です」っていうＶＴＲ。

春日　はいはい、昔のね、10年前のね。
若林　**春日って10年前からおでこの三本じわ**[※7]**あったんだなって思って。**
春日　おい、やめろ。
若林　なんか俺、それ結構びっくりした。
春日　イジるんじゃないよ。
若林　イジってなくて、それは新発見。30でおでこの三本じわあったんだなと思って（笑）。
春日　うん。
若林　でもあのとき、大ごとだと思ってなかったよね？　たぶん、お互い。大変だったの？
実は俺が知らないところで。
春日　まあ大変だったというか、でも、とんでもないことになってるなってのは思ってたね。
若林　へぇ～。俺、ラジオ聴き直したら何か言ってるのかもしれないけど、別に30の男と女の人がいて、何が問題なの？
春日　まあまあ、そうだね。
若林　なんで？　よくわかんなかったよね。な

※7　おでこの三本じわ
春日はおでこにある三本じわをとても気にしているので、イジることはタブーとされている。

んか言ってたのかな？

春日　いや、だから事務所に何か言われたとかいうことじゃなくて、やっぱり。

若林　世の中ってこと？

春日　そうそう。私だってそんな大したことだと思ってないよ、最初はね。別に悪いことしてないし、いいんじゃないのって思ってたけど。だけど、あんな会見みたいなさ、囲みみたいになったから。

若林　そうだよ。あの汐留のとこだよ。俺、あのとき「横にいてくれ」って言われたんだよ、会社に。関係ないじゃん、だって。

春日　関係ない。

若林　面倒くせえなと思ってたもん。

二人　あはははは（笑）。

春日　まあ、そうだろうね。だから、今だったらああいうことになっても、まあ別にいいんじゃないのと思うけど、あのときはテレビ出始めくらいだからね。

若林　ああ、でも、そんな話はしたかもね。春日が付き合ってるってことで、あんな集まるんだ、みたいな。

春日　だから、まあ事件じゃないけど、大騒ぎだなっていうところね。どうなっちゃうんだろうみたいなさ、そこはありましたけどね。

若林　でもすごいね。こんな話になるのは。びっくりしたんだから、ゆずさんとかに手伝ってもらって、こんなスタッフさんの数でやるんだと思って。春日のこと。

春日　いや、ホントそうよ。生放送で。

若林　これでもう、手紙が良すぎて帳消しだって、ラジオのスタッフさんも言ってた。フィリピンパブとかキャバクラ行ってたことで若林さんがイジったら、めっちゃダサいですからね、みたいな話で。ほかにもあった話とか。

春日　はいはい。

若林　もうだから、俺は一切やらない、それは。あのあれ、大宮のおっぱいパブだっけ？

春日　赤羽ね。いつも間違えるな、それ。大宮で「RIZIN」の途中の休憩時間にキャバクラ行って、終わったあと、試合観て興奮してるしね、新年だ、元旦だ、ってテンション上がって、赤羽まで戻っておっぱいパブだから。

若林　その赤羽のおっぱいパブ行ったとか、もう今それイジるのダサいですからねって言われたから。俺、スタッフの意向は取り入れるタイプだからさ。

春日　**嘘つけよ、おい！**

若林　ふははははは（笑）。「嘘つけよ」は、おかしいだろ、お前（笑）。

春日　嘘をつけよ！　え？　そんなわけないだろう？

若林　ほかの人と違って取り入れるタイプ……。

春日　ほかの人はたぶん聞くよ。逆だよ、逆。

若林　あはははは（笑）。っていう、そこはもう今言ったらダサいよ、っていうから、俺はやらないようにしようと。

春日　いや、ダサくない。それは言ってもらってね。別に嘘じゃないからね、事実だから。

若林　確かにね。

春日　うん。それはやっぱりね、言ってもらわないと。

若林　まあ、でもちょっと3人で、まあひととおり終わったから、テレビの放送も。3人で一回（ごはん）、な？

春日　**あ、それは大丈夫です。**

若林　クミさんと春日と俺で。3人で。

春日　それは大丈夫だけど。

春日事件

【第493回】2019年4月27日放送

若林　いやしかしね、本当に興奮が冷めやらないね。
春日　興奮、ほう、なんですか？
若林　1週間経ってもね、やっぱ、あのプロポーズの言葉、素晴らしかったね。
春日　まあまあまあ、そうね、ありがたい、ありがたいね。そう言ってもらえるとね。
若林　「クミさん、今までたくさんの手紙をもらってきたけど、今日初めて手紙を書きます。昨日、家にある数々の手紙を読み返してみました。春日の誕生日、バレンタイン、クリスマス、1カ月記念、1年記念、春日が入院したとき、M‐1の日。そのどれもが春日に対する気持ちで溢れ、体のことを心配してくれ、最後は必ず『また来年も同じように祝いたい』で終わっていました。すべての手紙にふたりの将来に対してのたくさんの期待が詰まっていました。しかし、年々手紙の数は減っていき、最後の手紙は5年前のことでした。手紙に代わって、『結婚のことはどう考えているの？』というメールになりました。不安にさせて、悲しくさせて、つらい思いをさせてごめんなさい」
春日　本当にごめんなさい。若林さん、申し訳ないね。もう大丈夫。大丈夫というか、もう、ちょっと手紙のことはいいじゃない。
若林　「結婚で何かが変わってしまうのが怖かったんです」っていうところがやっぱり……**遊べなくなるからだろうなあって。**
春日　いやいやいやいや。
若林　「自分のことしか考えてこなかったんで

す」なんて、もう予言かなって思うし。

春日　いや、まあそう、そうね。いやホント、そういうことではありますよね。

若林　「この先の普通の日を一緒に普通に過ごしたいです」。先週も言ったけど、ホント異常な日を異常に過ごしてきたんだろうなあって。

春日　うん、まあ、そうっすね。そうね。うん。

若林　で、まあ最後はこういうことになってるんだけど。まあ、あの、だから……俺も初めて聞いたのが水曜日だったかな。

春日　まあまあまあまあ、そうですかね。

若林　春日が載るってさ、週刊誌[※1]に。まあ、そういうのよくあんなと思って、結婚決まった人だから。それが「半年ぐらい前でしょ？」って聞いたら、「いや、それが……」みたいな。Dちゃんが**「プロポーズの10日前で」**って。

春日　申し訳ない。

若林　10日前！　もう「10日前！」って叫んじゃったもん。

春日　うん、まあまあまあ。

若林　いや、10日前はビックリしたね。

春日　うーん、そうね。まあ驚かせたよね。

若林　ね、いや、もう10日前!?

春日　いや、それは申し訳ない、本当に。

若林　それで、10日前ってさ、もう全然『モニタリング』のロケが始まってたし、ピアノの練習も、もう始まってたでしょ？

春日　まあ、始まってたね。

若林　いや、俺、恥ずかしいよ、自分が。お前のピアノが一生懸命だけど、最大限頑張ったけども、その不器用な音色に感動して、もう泣いたって、俺も先週言ってたけど。

春日　まあ、言ってもらった。

若林　あれなければ、もうちょっとうまく弾けたんじゃねーのかっていう。**なんか俺、ピアノがわかってないヤツだぞ！**

春日　ははははは（笑）。

若林　ピアノがわかんないヤツだ、俺は！

※1　週刊誌
2019年4月26日に発売されたフライデーにて、春日がパラちゃんこと、ウーマンラッシュアワー・中川パラダイスとの飲み会のあと、同席していた女性を自宅のむつみ荘に招き入れていたことが報じられた。

春日　いやいや、そんな……。

若林　まあ、ピアノはわかんないんだけどね。

春日　そもそもね。いや、そういうことじゃない、うん。

若林　いや〜……いや〜、びっくりしたな。10日前だよ。いや、ちょっと待って、なんで俺がこんな（しゃべってんの）？　お前からだろ。

春日　いや、申し訳ないね、本当にね。ちょっと騒がせて、ガッカリさせてね。うん。まあ、いろいろそうなんですよ。

若林　お前、ヤバいよ、そんな謝り方。（春日をマネて）「申し訳ないですねっ」みたいなさ。マジでヤバいよ、その謝り方。

春日　いやいや申し訳ない。これぱっかりは。

若林　で、モニタリングのスタッフさん。何カ月？　お前、すごいな、10日前。パラちゃんと酒飲みに行くってお前、イカれてんの？　ホントわかりやすいイカれ方だからね、芸能人の。

春日　そうだね。そこはちょっとありえないなって思えますね、今はね。今となれば、うん。

若林　いや、そうだよ。このラジオ聴いてる人はね、なんかわかるのよ。あのキャバクラ、コサージュね。あ、「Newコサージュ」[※2]ね。

春日　Newコサージュね。一回新しく改装したから。

若林　余裕見せてんじゃねーよ。

春日　余裕ではない。店長にいつも言われるからね。「Newだ」つって。すいません！

若林　これはちょっとあれだなあ、あの〜、コサージュとNewコサージュ間違えちゃったから。これは本当にすみません、本当に。

春日　**いいよ、キャップかけ[※3]自分にやんなくて。**そんな大した問題じゃない。

若林　いや、申し訳なかった。

春日　私がこれ言うと変だけど、私を先にしてくれよ。こういう流れでね。世間を騒がして。クミさんにもね、悲しい思いさせてるわけだから、私のほうに欲しかった、キャップ。

※2 Newコサージュ
春日が番組内でも度々言及していた、中野にあるごひいきのキャバクラ。現在は閉店。

※3 キャップかけ
罰としてペットボトルのキャップに注いだ水をかける行為。

若林　もうわかりやすい芸能人の……俺が一番嫌いな、恥っずかしい。体鍛えてモテ始めて、キャバクラとクラブのＶＩＰルーム行って。それで待たしてね、クミさんを。もうちょっと遊びたいから。気持ちの悪い。

春日　まあそうね、そこには含まれていた。その結果がね、こういうふうになってしまい。

若林　お前、青森[※4]まで飛行機でライブ観に来てくれたんだよ、モニタリングのスタッフさん。それで武道館も来てくれて、喜んでくれて。お前どうすんだ？　あと観てくれた人ね。

春日　そうだったね。観て感動してくれた人にもね、うーん、申し訳ないと思うけどね。

若林　いや、申し訳ないじゃなくてさ。あとさ、イヤなんだけど。こんな、ワイドショーのＭＣみてーなことするの。マジで。

春日　それも申し訳ない、そんなことさしてね。

若林　マジで腹立つわあ。いや、俺ね、今までワイドショーのコメンテーターのオファー来たけど、全部断ってんのよ！

春日　あ、そうなの？

若林　**自分の善悪の判断に自信がないから！**　わからないから、まともな人間じゃないと思ってるから、自分が！　全部断ったんです！　ワイドショーのオファーは！　自信がないから、人のことを言うほどの人間じゃねぇからぁ！

春日　あははは（笑）。

若林　それをお前、このラジオだって、ニュースとか時事ネタしゃべんねーでやってきて。

春日　いや、まあまあ、そうね。

若林　**敵はこんな近いとこいたか、コラァァッ！**

春日　……申し訳ない。すいません！

若林　これちょっと激昂しすぎたな、ほら。

春日　いや、違うのよ。全然いいのよ、うん、自分でかけなくてさ、キャップ。

若林　いや、ちょっと激昂しすぎた。

春日　いや、いいのよ、「お前のせいだ」って

※4 青森まで
「オードリーのオールナイトニッポン10周年全国ツアーin青森」。全国ツアーの第1弾として、２０１８年６月９日にリンクステーションホール青森で開催された。

さ、ボトルかけでいいわ、うん。ボトルかけしてもらったほうが全然良かったなぁ。

若林 それでさ、ネットの記事見たけど、お前の格好なんだ、あれ！　あの変装。上着のサイズがちっちゃいわ！

春日 そこはいいじゃない、別に。

若林 お前、レーシックしたのに、なんでメガネしてんだよ！

春日 ははは（笑）。そこはいいじゃない。

若林 お前、変装であんだけ笑かしてくるのは、**お前か[※5]カルロス・ゴーンだぞ。**

春日 いや、そのレベルの変装じゃないじゃん。

若林 お前が有名になっちゃってるから、お前のあのスタイルが。逆に目立ってんだよ。上着のサイズが小せえよ。なんでM着てんだよ。Mだろあれ、お前。

春日 Mだよ、Mだけど。いい、それはさ。

若林 あれはキャップかけです。上着のサイズが小さいから。

春日 違うのよ。写真撮られたことにかけてほしいのよ。うん……**うわっ熱い！**　ちょっと待ってよ、おい〜。おい、あっつ〜！　ちょっとポットかけはない、ポットかけは。おい、だから熱い！　何だよ、おい。

若林 いや、モニタリングだけじゃないほかのスタッフさんだってお祝いしてくれて。で、まあモニタリングさ、何カ月かけてやって、10日前ってマジでヤバいよね。俺とかリトルトゥースはね、知ってたじゃん。**春日が鍛え始めておかしくなっちゃったって。**

春日 ははははは（笑）。

若林 クラブのVIPルームだ、キャバクラだ、あと年末のおっぱいパブね。ちょくちょくそういうことがあって。正直、お前の結婚に「クミさんって大丈夫なの？」って気持ちがあったから、あのときは自分が泣くと思ってなかった。

春日 なるほどね。

若林 そうそうそう。だから、そういうの全部

※5 カルロス・ゴーン
日産自動車会長だったカルロス・ゴーンは、2018年に金融商品取引法違反容疑で逮捕され、保釈中の2019年、日本を密出国し、逃亡した。逃亡時、ゴーンは音響機器の箱の中に隠れてプライベートジェットに乗り込み、レバノンへと出国したと言われている。

清算して、もうしませんってなってね、それでようやく決心して始まったと思ってたのよ。それが10日前だぜ。イカれてるよね。
春日 フフフフフ。
若林 それで、あんだけ有名な自分ちに……いや、それもう異常だと思わない？
春日 いやもう、そうね。
若林 **あんだけ有名な家の近くで、マスクして、フードをかぶっても、逆に目立つわ！** いや、「春日です～！」なの、あの格好はもう。
春日 まあまあ、もはやね。
若林 なんならピンクのベスト着て、七三にして、ロケだと思わせたほうがいいぐらいですよ。
春日 そんなに？
若林 10日前はちょっと脇が甘すぎる。こりゃ脇バットだな。
春日 脇バットもあるのね、そんなのがあるのね？ 脇、まあまあ、そうね。確かに脇が甘い。
若林 脇が甘いとかじゃないいんだよ、本来。
春日 まあ、私のずっとやってきたことが出た。
若林 こんなことあってはいけないんだけど。これは脇にお仕置きです。脇が甘いっていうことで。
春日 痛っ！ おー、フルスイングだぜ～。フルだぜ～。脇にフルスイング、40年間で初体験だな、これ。痛っつー。これは痛っつー。まあまあまあ、そうね。いや、それはもう痛いとか言ってらんないね。言える立場じゃないわ。
若林 それで、えっとまあ、そうね。お前からどうなの？ なんか、お前からしゃべったほうがいいよ、こういうのは。
春日 いや、本当に申し訳ないと思ってますよ。世間を騒がしたことも申し訳ないし、何よりね、クミさんをね、うん。喜んでもらったのに、すぐこうやって、まあ悲しませるっていうレベルの話じゃないよね。もうね、うん。まあ、恥ずかしい思いをしただろうしね。周りから祝われて、その直後にこういうことですから。

若林　いや、本当にお前……ヤバいよ、これ。
春日　いやー甘い、甘い。ずっと積み重なったものが出たっていう感じがするね、自分でね。
若林　これはね、積み重なったものが出てるんですよ。この一件だけじゃないんです、絶対。こいつのこの仕事への責任感のなさ。これは前も言いましたけど、鳥取の相撲ロケで、休憩中にトイレ行かずにね、(カメラ)回ってから技術さんと演者を待たして、トイレ行くんですよ。で、5分待たすんです。そういう小さいしくじりから始まるんだぞ、って俺は夜コイツにLINEしてるんですよ。でも、コイツはもうダメです。わかりやすい芸能人の染まり方しちゃってたから、そのときに。「なんか若林がうるせーこと言ってんな」で済んで。で、そのあと、北九州[※6]でも、こいつが開演時間にだよ、トイレに行ったんですよ。俺は会場のうしろに待機して、「これ何待ち?」っつって。「春日さんがトイレ行ってます」って。開演時間5分過ぎてる。それも夜メールです。いや、なんで本番までに行かないの? そういう責任感のなさが積もり積もって、まあいいやでこうなるわけです。
春日　うん、まあそうね。本当そうよ。
若林　いや、こんなこと言わすな、お前。学校か! 学校かここは、お前!
春日　すみません、40になってね、うん。学生時代に怒られることですわ。
若林　それで俺もこれ、話聞いてビックリしてね。昨日、『どうぶつピース!!』に1時間遅刻してきたんですよ。こいつヤバいっしょ?
春日　まあヤバい、うん。さらにヤバいよ。
若林　これはキャップかけですね。
春日　**いや、薄めなくていいよ、**適温にさ。お湯でいいじゃん、さっきの。
若林　いや、熱いって言ってたから。
春日　いや、いいんだって、熱くて! より熱くていいよ。それぐらいのことしてんだから。水を混ぜて適温にしないでくれよ。なんか申

※6 北九州
「オードリーのオールナイトニッポン10周年全国ツアー in 福岡」。全国ツアーの第3弾として、2018年12月22日に北九州市にあるアルモニーサンク北九州ソレイユホールで開催された。

し訳ねぇよ、申し訳ねぇ。

若林　熱いって言ってたから。

春日　言ってたけど、いいのよ。熱いっていうぐらいでも足りないぐらいなんだからさ。いいのよ、気遣わなくて。やめてくれよ。

若林　お前なんなの？　どういう神経なの？　マジの話。10日前に行ったっていうのは？

春日　いや、もう何も考えてない状態で。

若林　何も考えてない状態で、気づいたら飲み会に行ってたの？

春日　いやいや、そんな。行ってる意識ないってことじゃなくて、それがどれぐらいね、まずいことなのかとか、当たり前みたいになっちゃってたから。飲み会に行くみたいなのがもう。

若林　いや、ショックで、俺。その狙ってる女、狙女《そじょ》は大丈夫なのかなって思ってたけど、それは、まだまだ大丈夫なラインで張ってたってことだよね。

春日　そうね。そのへんがもう、ラインがもうさ、自分の中でぐっちゃぐちゃになって。

若林　俺、怖いよ、怖いよぉ。**まさか、春日・ウッズ[※7]だと思わないもん。**

春日　春日・ウッズって、なんだよ（笑）。まあ、それはそうだな。確かにそのレベルだよ。

若林　もうよくわかんないね、こんなヤツ。言わせないでよ。俺だって、まともな人間じゃないんだから。

春日　まあ、そうだね、うん。

若林　1時24分に言わすな～。クラスの足並みを乱してきたヤツに。俺、自信ないよ。

春日　申し訳ない。そういう役目させちゃって、うん。本来そういう人じゃないのにね。

若林　避けてきてんだから、ワイドショー。**ワイドショー・コメンテーターを。**

春日　あははは（笑）。

若林　自信がないからぁ！

春日　そうね。それがもうこんなところでね。

若林　わかんないからぁ。でも、この事件が悪

※7 春日・ウッズ
2009～10年ごろ、プロゴルファーのタイガー・ウッズは、複数の女性との不倫スキャンダルでメディアを賑わせていた。

いってことはわかる。

春日　うん、それはもちろん完全に私が悪い。

若林　［冗談じゃないよ、本当に。その飲み会は大丈夫なの、それ？　その飲み会の存在を知らなかったよ。『キッズ・リターン』のハヤシ※8がいる飲み会。**ハヤシ会だよぉ！**

春日　ハヤシ会ね。悪い道に誘ってくるというかね、まあ誘惑というか。

若林　こういう件があったら、人間っていうのは、自分がいかに調子乗ってたかわかるじゃない？　したらコイツ、**昨日今日の仕事さ、めちゃくちゃコメント量増えてんだよ！**

春日　いや、その、頑張んないといけないっていう。逆にね、うん。

若林　で、（カメラ）回ってないときしゃべんねーみたいに調子こいてたけど、めちゃめちゃ共演者に話してんだよ、ヤバいと思ってるから。

春日　そうね。やっぱ変わんなきゃいけないっていうのもある。**あっつ！　熱っ！　あ痛っ！**

いやいやいや、ポットかけとコンボは熱いって。まあでも、そうだね、それぐらいのことだわ。

若林　それでさ、ちょこちょこね、ロケで回すってなってから、（人を）待たしたりするでしょう、コイツ。そのまま聞く耳持たずだっただろう、今まで。それは俺の責任もあるよ。

春日　いやいや、それはもう、私が悪いですよ。

若林　それで、もう何年ぶりかによ？「今から俺んち来い」つって、昨日の夜。ふたりで話さなきゃと思って呼んだら、**お前、フライデーで撮られたときと全く同じ格好で来たの。**

春日　いや（笑）、それはさぁ〜。

若林　モニターに映ってんだよ、フライデースタイルが！　カルロス・ゴーンが映ってんだよ。

春日　それも申し訳ない。配慮が足りなかったわ。あの格好はしないほうがいいかもなあ。

若林　まさか春日・ウッズだとは、ちょっともう……。それで、一番の被害者っすよね。クミさん、もう一番傷ついて、悩んでると思うけど、

※8 ハヤシ
1996年公開の映画『キッズ・リターン』の登場人物。不真面目なベテランボクサーで、ボクシングに打ち込んでいた主人公のひとり・シンジに酒やタバコを勧めるなどして、悪い道に引きずり込んだ。

オープニングからね、お前が嘘つかないか、ちょっと聴いてもらってんのよ。
春日 ん？　どういうこと？
若林 クミさん。もしもし。
クミ （電話で）はい、もしもーし。
春日 いやいや。おぉ〜、なるほど……。
若林 ここまで聴いていただいて、いろいろ大変だったと思いますけども、いかがですか？
クミ いやあ〜、本当になんかすみません。
若林 クミさんが謝ることじゃないですよ。
春日 そうだね、うん。
クミ いやあ、もう本当にもう反省ですよ、こっちも。申し訳ございません。もう若林さんには本当にご迷惑をおかけしちゃって。
若林 もう本当にね。こいつはもう、本当に。
春日 いや、ホントね、私が悪い。
クミ いやいやいや。本当に皆さまに申し訳なくて。本当は今日、菓子折を持っていこうと思ったんですけど。
若林 そこまでね、考えさせてしまった。
春日 申し訳ないな。
クミ ちょっと今、アイツの顔みたら気持ち悪いんで。
若林 まあ、そうだろうね。俺も気持ち悪いっすもん。もう異常性欲者にしか見えないから。
春日 いやいやいやいや。まあ、そう。そうですよね。そうだそうだ。
クミ そうなんです。
若林 そうですよね。それで、クミさんから春日に、ちょっとなんかありますか？　言っておきたいこととか。
クミ うーん、まあそうですね。そのいわゆる、フィリピンパブだとか。まあ、キャバクラ。あとはまあ、**諸悪の根源のパラダイス？**
若林 諸悪の根源が〝パラダイス〟なんですね。それは怖い響きですね。
クミ 一番悪いのは、そこにいる変態野郎なのかも。

若林　あの、**とんだ大バカ変態野郎**※9ね。
クミ　大バカも、性欲変態野郎です。
若林　ねえ。だから、フィリピンパブ、クラブのVIPルームもそうですよね、あとね。
クミ　そうですね。そういう類《たぐい》と、あとまあ、合コンなんてもってのほかですよ。
若林　合コン……俺もう、クラッと来たなあ。**お前、いつの間にそんな芸人になってたんだよ!?**
春日　申し訳ない。いや、本当にね。
若林　わかりやすい染まり方じゃねーかよ。
春日　いや、ホント調子こいてたな。本当に調子こいてた～。
クミ　なんか、デビューが遅すぎますよね。
若林　マッチョになってからですよね。なんかモテ始めちゃって。だから俺は、その細マッチョみたいなのって変だぞ、なんかおもしろいマッチョなほうがいいんだけど、とか言ってたんですけども、どんどん体を絞って、絞って。
クミ　結局、モテたかったってことですよね。
春日　まあ、そういうことです。やっぱりね、ちやほやされて。
クミ　それ以外に鍛える意味があったんですかね？　ってぐらいですね、これ。
春日　いや、最初は番組の企画ではあったけどね。そこじゃないけど、理由は……。
クミ　若林さん、その変態野郎にちょっと口を閉じるように言ってください。
若林　そうですね、お前はまだしゃべる権利ないんだぞ。
春日　いや、モテたいためじゃなくて。『(炎の)体育会TV』とかの企画……痛い痛い痛い、バットもうやめて。グリップで……。
クミ　しゃべるな。たぶん、鍛えて、なんかこう「すご～い！」みたいな。まあ、騒がれたかったんですよね。
若林　その前に、**クミさん、しゃべり立ちますね。**クミさん、これ仕事増えちゃうよ。中継し

※9 とんだ大バカ変態野郎
フライデーの問い合わせに対し、事務所は「中川パラダイスさんと飲んだ時にいた女性みたいです。家に入れたのは春日本人。とんだ大バカ変態野郎ですね。クミさんには口もきいてもらえないみたいです」と回答していた。

てるみたいな感じ、昼のラジオで。

春日 画が浮かぶもんな。

クミ いや、もう勘弁してください。

若林 で、そういうのを全部やめての、あのピアノプロポーズだと思ったじゃないですか、我々は。ラジオでしゃべってたから大丈夫かな、ってのはありつつだったんですけど。それもおかしな話だけどね、世間一般の常識からしたら。

クミ はいはいはい。

若林 それがね。まさかあんな10日前で。

クミ いや若林さん、10日前ですよ。

春日 いや、そうですね。

クミ 異常者ですよ、異常者。

若林 ピアノにもオンナにもストイックだったって話になっちゃいますもんね。

クミ うまい！

若林 これはクミさんが「うまい」って言うことで、クミさん、仕事増えちゃうよ。

クミ ヤバいな、スケジュール大丈夫かな。

若林 はははは。もう、『（踊る！）さんま御殿!!』に出るのが目に見えるもんな。

春日 いやいやいや。

若林 それであの、びっくりして、クミさんもね。まだそういうとこが治ってなかったということですもんね。だから、それをやめてほしいということですよね。

クミ もう本当に、本当にやめてほしいというか。そうですね、もう一切やめてほしいです。

若林 春日、それは約束できんの？

春日 それはできる。もちろん、もちろん。全部やめるというか、そうね、飲みに行くこともやめようと思ってますから、男ともね。

若林 そんなこと相方が言うなよぉ。

春日 すまん。これは女性と、とかじゃなくて、**やっぱ自分がモンスターだと思ってるから。**本当にゼロか百、中途半端にね、女性と飲まないとかいうことじゃなくて。ゼロにしないとやるんだ、たぶんまた。

若林　お前って、そんなヤツだったのか？

春日　だから、例えば男同士のね、何でもない飲み会とか行っても、夜、店に入っちゃダメ。ランチぐらい。お酒のある、そうね、もうダメ。もう行かない、もうイヤだ。もうヤだ。

若林　いやショック、ショックだよ。

春日　もうヤだ。それぐらいだと思ってますよ。

若林　じゃあ春日、それはクミさんと約束できるね？

春日　できる！　もう行かない。もう夜のお店は。夜のお店じゃない、間違えた。夜飲みに行かない、食事も。

若林　お前、流行らない芸人のタイプやってたんだな。

春日　あははははは（笑）。

若林　時代に合わせろ、チャンネルを。

春日　そういう時代じゃないよな。わかる。そうだなぁ、なんか憧れてたのかなぁ？

若林　憧れてたんだよ、お前。ダセえな。

春日　しゃばぞうが。悔しい〜、悔しい！　申し訳ない。なんでもう、一切行かない。

若林　一切行かないね。

春日　夜、お店に行かない。仕事終わったら家に直帰。もうお仕事飲み以外行かない。新年会とか打ち上げとか、そこでももう飲まない。

若林　俺、ファンの人からね、サインが入った野球のユニフォームとかを入れとくような額をもらって。それで、武道館のときの白いパーカーをね、**あの、俺の親父[※10]隠れちゃったからさ。**

クミ　フフフフ。

若林　なんでクミさんが笑ってんの？　いや、それで俺はそのパーカーを入れてね、4冊出た[※11]ツアーの本も中に入れて飾ってる。その目の前で、春日がなんか正座してね。

春日　あっ、それ全然気づかなかったわ。

若林　正座してね、泣いたフリをしてんのよ。

春日　フリじゃねえって。いやいや、フリはしてないよ。そんな40になってさ、ふたりっきり

※10 俺の親父
武道館ライブの際に製作した特注パーカーで、武道館を見守る若林の父と春日の父がプリントされている。若林は他界した父について「俺の親父が隠れちゃったんだけどさ」と話すのが番組の恒例で、その度に春日は笑ってしまっていた。

※11 ツアーの本
『オードリーとオールナイトニッポン』（扶桑社）

の部屋で泣いたフリはしないでしょ。

若林　いや、なんかこう、手でこめかみを押さえるから。泣いてても関係ねーけど。

春日　フリはしてないよ、少なくとも。

若林　「お前、（武道館ライブを）2万2000人の人に観てもらってさ」って俺が言って。「すみません」って、**フライデーと全く同じ格好で。**

春日　なんであの格好して行っちゃったかな〜。

若林　お前は、チェックのシャツとコーデュロイを穿け！

春日　くっそ〜。

若林　なんだ、今の俺のコメント。

春日　なんで細かく指定してくるんだよ（笑）。でもそうね、それもそうね。そういうのも変えていかなきゃダメだな。

若林　これは復ビン※12ですね。

春日　今のタイミングで？　やさしいなあ。今日はやさしいのいらないの、一発も。

若林　なんかね、この期に及んでもお前にやさしい俺もいるんだよね。どうぞ叩いてください、俺を。

春日　はははは（笑）。

若林　**世間の皆さん。この期に及んでやさしくなっちゃう俺をどうぞお叩きください。**

春日　「若林、結局甘いな」みたいな。いいのよ、そういうのは。

若林　クミさん、すみません。ちょっとそれは春日がね、約束しないことにはですよね。

春日　いや、もうそんなの最低限の約束よ、もう当たり前のことですよ。

若林　春日さんからクミさんにですよ、ここよ。

春日　いや、だから今ね、外に飲みに行かないって言ったけど、それも今すぐわかることじゃないから。それこそベタな話、この先見といてくれ、みたいな話になっちゃうでしょ？

若林　それクミさんに言いなよ。

春日　なっちゃうじゃないですか。だから本当

※12 **復ビン**
往復ビンタの「復」のみのビンタのこと。

に、いろいろ根こそぎ変わらない人間だったから、今までずっとね。なので、無理矢理じゃないけど、変えていく行動を起こしていかないと、また同じことを繰り返すんですよ。いくら今ね、外に飲みに行かないとか言っても、本当に思ってるけど、そんなもん時間経ったらね。

クミ　「今は」っていうのが、ちょっと気になるんですけど。

春日　だからそう、今思っているけれども、将来的にね、変わって……。

若林　このラジオはなんなの!?　耳が腐るぅ。

クミ　聞きたくもない話をさせて、申し訳ない。

春日　申し訳ない、これは。

若林　このラジオはなんなの？　楽しくねーな、オールナイトが。

春日　すまない、そうね。だからもう、本当にね、むつみ荘から引っ越すとか……。

クミ　当たり前だね。

春日　そうね、撮られているところにずっと住み続けて、おかしな話だからね。もうむつみ荘も引っ越しますし、形として目に見えること、いろいろ変えていって。まあ10年間ですよ。今回のことが出たけども、もうそれだけじゃない。その10年分の積み重ねもあるから。そこをこれから、許してもらうことはないと思いますけど、ずっとね、堪えてもらうっていうほうが正しいのかな、表現として。目をつぶってもらって、ゼロにはならないじゃない。ずっと残るじゃん。それを何十年。そこを変わることによって……**熱っ！**　だからポットかけさ、もうちょいだったよ……。

クミ　ははははは（笑）。

若林　このラジオはなんなの！（笑）

春日　そうそうそう、ごめん。**あんまりしゃべる機会を与えられてないのよ〜。**

若林　クミさんに？

春日　今日までの間にぃ〜。

若林　当たり前だろ！

春日　全然連絡が取れなくてぇ……。

若林　ねえ、クミさん。

クミ　当たり前です。

若林　顔も見たくないんだもんね。

春日　確かに、電波でね、こんな日本全国、まあなんなら世界にまでこうね、聴いてもらう話じゃないけども。

クミ　いや、そうだよ。

春日　ちょっと連絡が取れなかったもんだから。すんません……。なんで、もうだから、まあ本当にベタな話だけども、今後は変わるので見といていただきたいというところで。

クミ　ベタだな。

春日　ええ、ベタ、もうホントベタなことしか言えないけれども、うん、本当に結婚したいって気持ちは、私はね。

若林　お前、クミさんから聞いたけど、なんかクミさんちに行って謝るって、**スーツ着て、100万持ってってったんだってってな。**

春日　いやいやいや（笑）。

クミ　あははは（笑）。

若林　お金じゃないぞ、こういうときは。引いたわ。

春日　どうしたらいいか、もうわからなかったから。とりあえず行ってみた。

若林　100万の束持って、スーツを着て、家（の前に）立ってても会えなかったっていう話よ。でも、ちょっと納得いかないのが、20代のとき、俺とケンカして解散するってなって、お前が急にATM走ってって戻ってきて、そのとき、1000円だったぞ、お前。

クミ　ははははは（笑）。出世しましたね。

若林　額に差がありすぎるだろ、お前。

春日　差、つけたわけじゃないんだけどね。

若林　そのときの1000円が今は100万円ってか？　出世しましたなぁ。こんなこと言ってる場合じゃないんだよ、お前！　笑いにするなって言われてんだよ、各方面から。

春日　いや、本当に申し訳ないね。なんでね、また結婚の方向に向かってね、考えていただければ非常にありがたいというか、考えていただきたいと思っております。
若林　これはでもクミさん、どうします？
クミ　うーん、そうですね。まあまあ、今回のことは春日の今までしてきたこととか、まあなんでしょうね、春日の自己責任ですし、そこはしっかり皆さまからお叱りなどを受けて、いろいろ罰を与えていただき、反省もしてもらい。私としてもこの変態野郎をね、野放しにしちゃったっていう責任がちょっとあるので。
若林　そんなこと言わすな、クミさんに。
クミ　いやいや、本当ですよ（笑）。なので、最後まで面倒見るのも、まあ私しかいないのかな、とも思っております。
若林　いや、もう本当にさあ……俺たちは今、何をしてるの？
春日　いや申し訳ない。すみませ〜ん……。
若林　とんだ大バカ変態野郎！
クミ　イヤですよ、イヤなんですけど。
若林　イヤですよ、こっちだって。
クミ　しかもなんか、こんな変態変態とか言われてる人と結婚しようとしてる私が、一番ド変態みたいに思われるのがイヤなんですけど。
若林　いや、それは正直そう思っちゃいますよ。
春日　思うなよ！　そこは否定するところだろう。「そんなことないですよ」だよ、今のところは。
クミ　危惧しております。
若林　ねえ、春日・ウッズ。
春日　いや、それやめてくれよ、春日・ウッズ。
クミ　春日・ウッズですよ。
春日　再起したいよ、私もマスターズ優勝とかするように。
若林　お前、何転がしてんだよ。タイガー・ウッズ、転がす権利ねえんだよ、今日。おい。
春日　すみません。
クミ　若林さん、そのタイガー・ウッズの試合、めちゃめちゃ真剣に観てました。

若林　そのエピソードは何それ？　クミさん、そのエピソードはなんなの！

春日　そのときは生で観てたよ。

若林　明らかにぶっ込んでくるじゃない。

クミ　なんか同じものを感じたんでしょうね。

若林　「同じものを感じたんでしょうね」じゃないよ。

クミ　ははははは（笑）。

春日　そのときはこうなるとは思ってなかったけど。

若林　**なんか夫婦像が古いぞ、お前たち。**

春日　ふはははははは！（笑）

若林　昭和の芸人と、その奥さんになってるぞ、夫婦像が。チャンネル合わせろよ。もう令和だぞ。平成最後のスキャンダル。

クミ　ヤバい、本当に申し訳ない。令和を汚さないようにしないと。

春日　それは言わない約束だろう。

若林　言わせてもらうけど、どんな夫婦なんだよ、これ？

春日　やめろ、こんなとこでおめえ、それは。ははははは（笑）。

若林　昭和口調にしなくていいんだよぉ。

春日　本当にね、すみません。嘘ですよ。

若林　クミさん！　まあ、そういうことで。入籍の日はふたりで決めていただいて、ってことになりますけども。まあ面倒見なきゃってことですが、このとんだ大バカ変態野郎を。

クミ　ホントそうですね。まあまあ、私ぐらいしかたぶん面倒見れなそうな感じがあるので。

若林　いや、そりゃそうです。申し訳ないけど。春日、家出んのね？　約束ね。

春日　環境ごと変えないと、やっぱダメだなって思うんで、うん。それで効果があるかどうかわからないけれども、とにかくできることを。うん、変われるようにできることを。

若林　長えな、お前。なんで長えのに、なんか悔しいけど、おもしれえって、なんだよ。とにかくできることを一つひとつやって、変わっていこうと思ってます。

春日 おもしれえな。

若林 そうね。クミさんあの、電話だからあれですけど、どうする？ 復ビンしておきますか？ 僕が。

クミ そうですね。この平成の汚れを平成のうちに落としてもらいたいので、**熱湯でキャップかけと復ビンでぶちのめしちゃってください。**

若林 あ、それで大丈夫ですね？

クミ 容赦はいりません。

若林 すみません。じゃあもうこんな時間。クミさん、すみません、やっておきますんで。

クミ お願いします、本当に。

若林 ありがとうございます。すみません、失礼します。

クミ すみません。本当に皆さんお騒がせしました。ありがとうございます。失礼します。

春日 すみません。

若林 （通話が終了して）復ビンをやっとくったって、ストレートにピュアな暴力になるけど、いいのかな？

春日 いやいや、復ビンは食らって当然よ。

若林 これクミさんのぶんね。クミさんのぶん復ビンして、平成のうちにだよ、本当に。

春日 うわっ、痛っ。グーじゃなかった、今？ グーの感触だったんだけど。**復グーだった？** あっつー……まあでも、そうだな、これぐらいでも生ぬるいよ。

若林 うん、すみません、ええ春日さん、観てくれた方にも、スタッフさんにも、ちゃんと言いなさい。ちゃんと最後。

春日 そうですね。観てくれて感動していただいた方にもね、がっかりさせて悲しい思いさせて。本当に申し訳ないと思っています。スタッフさんもね、あれだけ寝ないで、たくさんの人数が。モニタリングレギュラーの方々もそうですよ。あれだけ祝ってくれて。本当に熱の冷めやらぬうちに、私の甘いところが出てしまったんで、本当に申し訳なかったと思っています。すんません！

若林　んなこともう、やめてよ、ホント。

春日　くっそ〜。

若林　こっちだよ。バカヤロー！

春日　悔し〜。

ペットカメラ

【第509回】2019年8月24日放送

春日 新しい家ね、だんだん慣れてきたんだけどもさ。犬、飼ってるんですよ。クミさんが実家で飼ってた。

若林 犬種はなんなの？　小型犬？

春日 犬種はあんまりさ、ちょっと言えないんだけどね。

若林 それはなんでなの？

春日 プライベートになっちゃうんでね。

若林 ああ、そう。犬を飼ってるのはいいんだ？

春日 まあ、室内犬だね。

若林 あ、そしたらもう、犬種はプライベートなことだから聞きません。で、あの～……。

春日 **チワワだよ！**

若林 あははははは（笑）。

春日 メスのな！　6歳ぐらいのな。

若林 あははは（笑）、そうなんだ。

春日 ずるいぞ！　その聞き方！

若林 え、名前はなんていうの？

春日 それはちょっと言えないかな。実家の犬もね、言ってこなかったから。なんかちょっとね、内にとどめておきたいっていう。

若林 ああ、なるほど。わかるわかる。ここは絶対言わない、みたいなやつね。

春日 そうそう。あるじゃない？

若林 わかりました。じゃあワンちゃんの名前、聞きません。その家に帰ってさ……。

春日 **チャチャだよ！**

若林 あははははは（笑）。

春日 おい、やめてくれよ。もうこれ全部、住所とかも言っちゃうぞ、このパターンで行くと。
若林　あはははは（笑）。
春日　ホントに勘弁してくれない？
若林　ああ、桃太郎ね、名前ね。
春日　桃太郎じゃないけどね（笑）。
若林　あ、チャチャね。
春日　覚えてるんじゃねえかよ！
若林　その勝俣がさ……。
春日　いやいや、アイドルグループの「CHA-CHA」[※1]じゃないよ！　松原桃太郎さんのこと言ってたんだな？
若林　あははははは（笑）。
春日　そういう意味で桃太郎だな？　すまんな、気づかなくて。
若林　ごめんごめん、こっちこそ（笑）。
春日　うん、申し訳ない。で、まあ犬を飼っておりましてね。家にいるんだけど、人がいないときもあるじゃない？　そのとき、犬のことが心配だと言うんですよ、クミさんが。
若林　うん。
春日　ね？　今までだったら実家で親御さんとかもいたから、自分がいなくても面倒を見てくれてたけど、心配だって。
若林　うん。
春日　それで、なんか今、留守の家に置いておいて、犬を見守るもの（カメラ）があるんだと。それが欲しいなんつって。「いくらぐらい？」って聞いたら、3万近くするのよ。
若林　うんうんうん。
春日　まあ、いいやつだと。「いや、3万はちょっとするんじゃない？」って、「それはちょっとお高いよ」なんて、言いたかったんだけど、**ちょっと言える立場じゃないから。**
若林　今はな。
春日　ははははは（笑）。ぐっとこらえてね、「あぁ……いいんじゃない？」なんつって、買ってね、置いてあるんですよ。で、結局私も結構見るのよ。スマートフォンで、どこにいてもリア

※1 CHA-CHA
タレントの勝俣州和が所属していたことでおなじみの、1988年から1992年まで活動していた男性アイドルグループ。松原桃太郎は丸メガネがトレードマークのひょうきんなキャラクターで、アイドルらしからぬ存在感を放っていた。

ルタイムで見れるの。やっぱり見ると、今まで知らない動きとかもしてるのよ。

若林 へぇ～。

春日 ただ寝てるだけかと思いきや、10分おきぐらいに起きて、玄関に行ってね、画面から遠くのほうで遠吠えしてたりとかするの。聞いたことない、「アォォ～～ン！」みたいな。

若林 へぇ～。おもしろいね。

春日 おもしろいのよ。

若林 それは、春日とクミを呼んでるの？

春日 ……「クミさん」ね。呼び捨ておかしいからな、うん。人のカミさんだからね。

若林 ああ、うんうん。

春日 呼んでるというか、寂しそうにしてるのよ。結構余裕で待ってんのかなと思ったら、なんか行ったり来たりしてて。

若林 へぇ～。そういうもんなんだ。

春日 そう。カメラ見てるときはわかるけど、見てないときもあるじゃない？　でも、鳴いたりすると、「鳴いてます」みたいな通知もきたりとかするのよ。離れたところからスマートフォンで動画も撮れるし。

若林 へぇ～。すごいね、それ。

春日 すごいのよ。ほいで、こっちからも「チャチャ～」とかって呼べるしね。

若林 呼ぶと、向こうでどうなってるの？

春日 寝てると、パッて首だけ上げてね。だから、ちょいちょいやってるの、私も。

若林 どうやって？　いつ？

春日 電車の中とかで。

若林 電車で？　ひとりのとき？

春日 基本的にはずーっと見てるから。移動中とか、楽屋とかも。で、電車であんまり聞こえたらあれだから、なるべく声が出ないように、(顔をスマホに)近づけて「チャチャ～」って。

若林 うふふふふ(笑)。

春日 そしたら、画面の向こうでパッて私のことを探すのよ。ちょっと驚かせちゃったりもするから、回数やるのはかわいそうなんだけど。
若林　へぇ〜。おもしろいね。でもそれって、電車の中でやってんの？
春日　電車の中とか、歩いてるときとかさ。
若林　横の人、びっくりしない？「松原〜」って言ったときに。
春日　いやいや、「松原〜」って呼んでないのよ。勝俣さんの昔のグループ、ＣＨＡ‐ＣＨＡね。
若林　それ、ワンちゃんからしたら、カメラの近くから声が聞こえてきてるの？
春日　うん、まあそう。だから、カメラのほうに寄って来たりするのよ。そしたら、わざわざ起き上がって寄ってきたしさ、なんかかわいそうだから、エサのボタンみたいなのがあってさ、それを押すとね、ドアから「ツッ」って（エサが）飛び出して。
若林　あげるってこと？
春日　うん。そんなにバンッて飛ばないよ。ちょっと下手投げで放ったぐらいの感じでポーンと投げられて、それをバーッと食べに行って。
若林　へぇ〜。
春日　で、また寝たりとかするのよ。それをクミさんのほうも見てるわけ。だから一緒にね、外でメシ食いに行ったりとかしても、スマートフォンをテーブルの上に置いてさ、それをずーっと見ながらメシ食ってんのよ。
若林　ふたりで？
春日　ふたりで。画面見ながら。
若林　家で食えよ！
春日　いいだろう、別に。外食ぐらいするだろう、たまには。
若林　うん。まあいいや。
春日　「今起きたよ」とか、お互い画面見ながら言ってるからさ、クミさんがトイレに立ってるのも気づかないわけよ。店員さん来てるのにさ、フフフ、「今！　起き上がってるよ！　ほら！」って。そうすると店員さんが「はい？」みたいな。で、「あ、すみません」って。

若林　あははは（笑）。すごい状況だね、それ。

春日　お互いを見ないよ。ずっと画面ばっかり見てるからさ。

若林　あの、ちょっと、うん……ひとつあるのは、**夫婦はふたりでメシ食いに行ったら、そのときは向き合って話したほうがいいぞ。**

春日　誰が言ってんだよ！　まあ、言わせてる私が悪いのかな？　ふはははは（笑）、なんかつらいこと言わせちゃって、すまんね。

若林　かまわんよ。俺の経験則で言ってるから、それは。

春日　どの経験なんだよ！

若林　うふふふふ（笑）。

春日　で、私だけが出てるとき、クミさんと犬が遊んでるとこももちろん見れるわけさ。だから、呼びかけたりするわけよ、「お～い！」とか。

若林　したら、向く？

春日　やっぱふたりとも同じタイミングでパッと見るのよ。ちょっとびっくりするの、急に声が出るから。

若林　すごいな、それ。

春日　「もう帰るよぉ～」とかやったりしてるわけよ。ふははは（笑）。向こうの声も聞こえるから、「何時くらい？」とかって、そこで会話をね、したりとかもするけどさ。

若林　ああ、LINEとか送る必要がないんだ？

春日　ないね。で、あるとき、LINEに「〇時くらいに帰るよ」って送ってね、「メシ食ったの？」とか、何ターンかあったのよ。メッセージのやり取りと、その画面を切り替えたりしながら。

若林　うんうんうん。

春日　で、画面見てたらさ、なんか「今日、シュークリームもらったよ」みたいなメッセージが来たのよ。笑顔のスタンプと。

若林　うんうん。

春日　なんかそれを（画面でも）見てたの。そしたら、まあベタな話だけど、結構テンションの高い返事じゃん、その「シュークリームあるよ」と笑顔（のスタンプ）だと。

若林 はいはい。

春日 だけども、無表情でそれを打ってたのよ。

若林 ああ、それをね。なるほど。

春日 まあよくある話だけどね。それを見たときに、なんかさ、**「おぉぉ……」**とかって思って。

若林 何それ？ どういう感情？

春日 見てはいけないじゃないけど、なんか自分が知らなかったことが、カメラによって見れてるわけじゃん。知らない状態？

若林 ああ、はいはい。

春日 それ以来、もう「おーい！」とかも言わずにさ、ただただふたりでいるところとか、見たりしちゃってるわけ。

若林 ワンちゃんと、クミが？

春日 「クミさん」ね。**なんだったら、犬がいないときも見てる。**「今この時間いるな」とか。

若林 クミだけ？

春日 「クミさん」ね。そうしたら、やっぱり見たことない……ツメ切ってるところとかさ。

若林 はははっ……（笑）。

春日 ふははは（笑）。

若林 とんでもない話だな、これ（笑）。

春日 あと、昼間、パーッといなくなるの。

若林 クミが？

春日 「クミさん」ね。で、10分くらい帰ってこないのよ。コンビニエンスかなんか行ってたんだろうね。

若林 「コンビニ」ね。

春日 なんか買って帰ってきてさ。で、牛乳寒天食べてんだよ、牛乳寒天。

若林 そんなはっきり見えんだ？

春日 うん。だってアップにできるから。

若林 お前、何食べてるか見るためにアップにすんなよ（笑）。

春日　「何食べてんだ?」つって(笑)。牛乳寒天なんか食べてるの見たことないのよ。**「牛乳寒天食べるんだぁ……」**と思ってさ。

若林　あはははは(笑)。

春日　たははは(笑)。

若林　お前、やっぱちょっとそういう癖《へき》あるもんな、昔から。

春日　まあ、癖というか……あるな。むつみ(荘)から、ちょっとだけ窓開けて、下通る人を見てる。確かに、確かに。やっぱ同じ興奮を覚える。ハイテクだよな、今はもう。窓開けなくたって見えんだから、どこでも。

若林　それ、逆にクミもすごいよな。

春日　「クミさん」ね。

若林　見られても平気なんだもんな。

春日　平気というか……。

若林　だって、向こうも見られてるの気づいてるでしょ?

春日　気づいてるのかなぁ……。まあ、でも、そこまで意識はしてないと思うよ。

若林　見てて心配になるときあるでしょ、バージニア・スリムとか吸ってるとき。

春日　いや、吸ってないわ、タバコ。

若林　はははは(笑)。「吸ってない」って言ってんのにさ、キッチンの換気扇の下でさ、隠れてバージニア・スリムを吸ってるのも見えちゃうわけだろ?

春日　**それ、※2うちのばあちゃんじゃねーかよ。**

若林　あはははは(笑)。

春日　あのとき、キャスター・マイルドだったけどね。

若林　キャスター・マイルドね(笑)。

春日　結構強めのやつだったけどね(笑)。まあ、韓国の時代劇みたいなやつ観たりとか、私のゲームとかもね、ちょっとつけてやろうとしてみたりとか。でも、リビングにしか置いてないから、その中だけのことしか見えないの。だから、見れてないのが、着替えね。**着替えだけ**

※2 うちのばあちゃん
夜、春日の祖母の家から赤い光が見えたので、ボヤかと思ったら祖母が隠れてタバコを吸っていた、というエピソードがある。オードリーのオールナイトニッポンの名エピソード「古典落語」のひとつ。

が見れてないのよ。

若林　ふははは（笑）。いや、どんな話だよ、これ（笑）。

春日　見たいわけじゃないけど、着替えだけは、なんかほかの部屋でするんだよね。

若林　それをクミがわかってるからかな？

春日　わかってるのか、わかってないのか。「着替え、リビングでしないの？」って聞けないじゃない？　バレるじゃん、よく見てることがね。それは聞けないけど。

若林　バレてはいないのかな？　そういうときも見てるってことを。

春日　言わないからね。「牛乳寒天、食べてたよね？」とかって。

若林　今の聞き方、怖かったわ〜。『トゥルーマン・ショー』[※3]になってるわけね？

春日　いや、そうね。誰にでも見られてるっていうか、私だけだけどね。私だけが視聴率100パーセントですよ。んふふ（笑）。

若林　**視聴率100パーセント女？**[※4]

春日　視聴率100パーセント女。うん、瞬間ね。瞬間視聴率100パーセント女。

若林　はははは（笑）。

春日　で、こう見ててさ、たまに、「ぉお〜〜い」とか言ったり。

若林　それなんなんだよ、その呼び方（笑）。それで、クミが「へ？」って向くわけ？

春日　でもまあ、別にびっくりしないけどね。

若林　**93番**のほうからも、春日がひとりでいる姿を見られてるわけ？

春日　「クミさん」ね！　番号で呼ぶなよ。

若林　春日がひとりでいる姿も見られてるわけ？　93番からさ。

春日　なんか悪いことしたみたいな感じになるじゃん、「93番」って言うとさ。まあまあ、見てるかどうかわかんないけど、可能ですわな。

若林　お前、EPCしてるときとかも見えちゃうじゃん。

※3『トゥルーマン・ショー』
ジム・キャリーが主演した、1998年公開のアメリカ映画。平凡な日常を送っていたはずの男が、自身の生活はテレビで世界中に放送されているショーだったと知り、外の世界へと飛び出す物語。

※4 視聴率100パーセント女
コメディアンの萩本欽一には、冠番組の合計視聴率が100%を超え、「視聴率100パーセント男」と呼ばれていたという逸話がある。

春日　あははは（笑）。

若林　お前が、こんな言い方していいのかな、その、マラをしごいているのを、トゥルーマン・ショーを……。

春日　待て待て。なんでエロパソを「ＥＰＣ」と言って、**その行為をむき出しで言うんだよ！**

若林　え、伏せてるつもりなんだけど……。

春日　伏せてないよ！　ＥＰＣって言ってるんだから、行為のほうも伏せてくれよ、それは。

若林　え〜、それはすごいね！　ワンちゃん（を見る）ということは名目だけどもね。幅が広いものになってるね。

春日　だから、うん、いいもん買ったなぁと思ってさ。

若林　いや〜、すごいなぁ〜。

春日　ただ、その唯一ね、寝てるところをね、あんま見たことがないのよ。寝てる顔を。

若林　93番が？

春日　93番（笑）。「クミさん」ね。寝るのがどんなに遅くても、（自分が）だいたい先に落ちちゃうんだよね。見てやろうと思ってるんだけど。

若林　今見たら寝てるんじゃないの？

春日　ないのよ。リビングしかないから。寝室にないから。んで、あっ……。

（「ＬＯＶＥ２０００」[※5]が流れる）

若林　……寝室は、そうだ、見えない。リビングだけね。

春日　そうそうそう。だから、寝室用に置こうと思ってね、もう1台、注文したんですよ。

若林　**ハードル上がって……オチてないじゃないか、お前（笑）。**

春日　おい！　頼むぜ、おい！

若林　あははは（笑）。

春日　何やってんだよ!!　え!?

若林　ははは（笑）。もうちょい前から（サ

※5「ＬＯＶＥ２０００」
この日のオープニングで、ニッポン放送に入る直前にサングラスを外す春日を見た若林は、その姿がまるでシドニー五輪の女子マラソンでサングラスを投げ捨ててラストスパートをかけた高橋尚子のようだったと語る。そこから、春日がサングラスをかけてトークし、オチに向かうラストスパート直前でサングラスを投げ捨てると、当時高橋が愛聴していたhitomiの「ＬＯＶＥ２０００」が流れる、というスタイルにチャレンジしていた。

ングラス）投げないとね（笑）。

春日　いや、ショートスパートだから。

さよならむつみ荘

【第510回】2019年8月31日放送

（この日は、春日が引き払ったむつみ荘201号室から放送）

二人　ニチレイ presents オードリーのオールナイトニッポン。

若林　この間の水曜日ね、『佐久間宣行のオールナイトニッポン0（ZERO）』行ってきたんですけどね。

春日　土曜の夜、カスミン。[※1]

若林　あー、すいません。

春日　ひとつよしなに。

若林　ちょっとJUNK[※2]的な始め方しちゃって。しゃべりから始めちゃって。オードリー若林です。よろしくお願いします。

春日　頼むよね。オールナイトニッポンですから、我々は。

若林　で、あのイスがね。佐久間さんのオールナイトニッポン0のゲスト行ったんだけど、まあ春日も聴いてくれたと思うけども。

春日　うん、まあ、それはいいじゃない。

若林　いや聴けや！

春日　大きい声を出すな、大きい声を。冒頭から。お願いしますよ。

若林　はははは（笑）。いや、イスがすごいのよ。動画で配信してるの、NOTTV[※3]が。

春日　あー、懐かしいね。

若林　いや、違いましたっけ。MixChannelか。MixChannel[※4]と、FC2動画がね。

春日　FC2動画はいいよな。あ、MixChannelさんだけね。

※1 土曜の夜、カスミン
タイトルコール後の挨拶は毎回同じスタイルで、若林「こんばんは、オードリーの若林です」、春日「土曜の夜、カスミン」、若林「よろしくお願いいたします」、春日「ひとつよしなに」という流れになっている。春日は、かつて同じ時間帯でオールナイトニッポンを担当していた「ユーミン」こと松任谷由実をリスペクトして、ここでは「カスミン」と名乗っている。

※2 JUNK
人気芸人たちがパーソナリティを務める、TBSラジオの深夜番組枠。

若林　ＭｉｘＣｈａｎｎｅｌが放送してて。イスがスポンサーの関係で、すごく座り心地のいい、ゲームとかするときに腰が全然ラクなやつで。

春日　頭の上まで背もたれがあるみたいな。

若林　そう、Ｆ１みたいなさ、かっこいいやつ。

春日　わかるわかる。スタジオ同じでしょ？

若林　スタジオは同じだけど。

春日　イスだけ変えて、ってこと？　うわー、すごいね。

若林　そうそう、ビビったよ。こっちはもうこんな煎餅布団でやらされて。

春日　布団というか、まあね。

若林　座布団がこんな薄いやつでやらされて。腹立つわ～。

春日　差をつけられてるわけですね。

若林　差をつけられてるわけですよ。やっぱＭｉｘＣｈａｎｎｅｌないとね、こういうことになっちゃうのかなと思いますけどもね。もう今日日の時代で聞いたことあるかなって。グチから入るのもなんだけど、**ブース（むつみ荘）の中、扇風機回してるって。**

春日　なるほどね。

若林　こんなことあるかよぉ。

春日　いや、びっくりだよね。

若林　いろんなところからやってきましたけど、伊勢原ＦＭよりひどいね、環境としては。

春日　あそこはちゃんとね、机とイスがあって。うん、おしゃれな感じだったもんね。

若林　こんな木箱をさぁ、ふたつ。

春日　並べてよぉ。「はい、どうぞ」って言われてね。

若林　「大きな声出すな」ってんだよ、それで。

春日　ラジオだぞ、こっちは。

若林　冗談じゃない、本当にね。

春日　参っちゃったね。そんな違うんだね。

若林　そうそうそう。でもね、春日さんは、引っ越したじゃないですか。

※3　ＮＯＴＴＶ
携帯電話端末向けマルチメディア放送。２０１２年にサービスを開始し、２０１６年に終了した。ＮＯＴＴＶは、オールナイトニッポン０のスタジオ内の映像をライブ配信していたが、サービス終了にともない、ライブ配信はＬＩＮＥ ＬＩＶＥに移行。以降ＭｉｘＣｈａｎｎｅｌ（現・ミクチャ）、ＨＡＫＵＮＡ Ｌｉｖｅと媒体を変えながらライブ配信が続いている。

※4　ＦＣ２動画
エロい動画が次々にアップされていたことで知られる、動画共有サービス。

春日　ええ、もう結構経ちますよ。1カ月ちょっとぐらいね。

若林　あ、そう。ほら、**むつみ荘のストーカー**やってたじゃない？

春日　人聞き悪いな。

若林　ちらっと見てから家に帰るっていう。

春日　うん、そう。「むつみ荘見守り隊」ね。ひとりだけどね。ストーカーとは違うよ。

若林　それはもうやってない？

春日　だんだん間隔が長くなってきたね。前はほら、毎日寄って帰ってたけど、**今は調子いいときで、週2だね。**

若林　もうやめろ（笑）。週2って結構な頻度だぞ、お前。

春日　TMC[※5]行ったときはチャンスだよ。TMCのときはもう必然。

若林　**「むつみ荘チャンス」**なんてないんだよ。

春日　なんなら行きも見ていこうかなと思うけどね、TMCのときは。それは避けてるけど。

若林　で、この部屋さ、クミは結構来てたの？

春日　まあ「クミさん」ね、うん。

若林　えっ、来てた。でもそうか、10年前からテレビの仕事し始めて、それから俺、ここに来て稽古とかネタ合わせしてないもんな。M－1の前ぐらいから付き合ってんだもんね。

春日　2008年の夏ぐらいよ。まあ、渋谷の居酒屋さんでね、佐藤ミツと。

若林　合コンみたいな感じだったんだっけ？

春日　合同コンパまではいかないかな。紹介をする、みたいな。ちょっとメシでも食いましょうや、なんつってね。

若林　あ、そう。3人で？

春日　4だね。そのとき佐藤ミツがフリーだったからさ、クミさんが合宿免許で仲良くなった友人を紹介するっていう会が催された。

若林　ぬるいことやってんなあ。笑いやれ！

春日　こっちももうひとりいないといけないからって、佐藤ミツに誘われて。そのとき私はク

※5 TMC
東京都世田谷区砧にあるテレビスタジオ「東京メディアシティ」。略称がTMC。

ミさんのことは知らないからね。ちょうどネタ見せのあとかなんかだったわ。

若林　ケイダッシュの？

春日　稽古場でやって。

若林　かーーーー！　お前、あんとき一番ズレ漫才が行かなきゃいけないときだろ、２００８年なんて。『（爆笑）レッドカーペット』とか『おもしろ荘』ばっかり出てるときだろう。これはすいません、キャップかけですね。

春日　十何年も前のこと、もういいだろう？

若林　２００８年のあの時期にね、コンパやってるなんて。これは……。

春日　「早く終わんねーかなぁ」って、ネタ見せの時間がさ。そのときは……**アパスッ！**　あっつぅ〜！　いや、なんで11年越しにこんなかけられなきゃいけないんだよ。

若林　でも、俺はもう今日でむつみ荘来るの最後だろうね。

春日　そうかもね。

若林　毎週、むつみ荘から（オールナイトを）やりたいみたいな部分はあるんじゃないの？

春日　あー、そうなったら幸せね。その発想はなかった。できるっちゃできるわけだからね。

若林　何がそんなにいいんだろうね。見て帰るぐらい。お前はまだ入れるの？

春日　入れるは入れるよ。いや、それは堪えてるのよ。それやっちゃったらおしまいだと思ってさ。**もう新しい家に帰れなくなっちゃうんじゃないかと。**

若林　そんなに居心地がいいの？

春日　帰るにしても、「あー、帰らなきゃいけないのか」って思っちゃうんじゃないかってね。

若林　お前、結婚生活大丈夫か？　**「93番」、聴いてるんだろ？**

春日　悪いことしたヤツみたいな言い方するんじゃないよ。

若林　「93番！」。クミさんを「93番」って。

春日　93番を「クミさん」みたいなイントネー

ションで言うなよ。
若林 じゃあ「93」（キュジュさん）は？
春日 番号をさ、「クミさん」みたいに言わないでくれよ。まあ呼び捨てよりはマシだな。
若林 やっぱ、そんぐらいここがいいんだね。
春日 ここはやっぱりいいね、落ち着くよね〜。
若林 なるほど。でも来ると思い出すけどね、やっぱりイヤな思い出しかない。何度も飴ジュース[※6]やらされて。こすり倒した同じ話させられて。20年前でしょ、ここ住み始めたの。
春日 そうね、2000年。
若林 もう今、物もないんですよ、むつみ荘の春日の部屋。そういえば、春日が引っ越してきたとき、俺、部屋見に行ってって。
春日 そう、若林さん、いらした？
若林 俺、覚えてんだよ。「見たいんだけど」つって、「へー、ここが3万9000円なんだ。俺はどうしようかなー」なんて話したら、春日が**「物件って、探してると『ここに住んでほしい』って部屋から言われるよ」**って言ってたの。
春日 飛び出した、名言が！ 春日語録が。
若林 俺、そのときホント**「きっつ！」**って思ったの覚えてる。
春日 はははははは！（笑）
若林 なんか春日が熱っぽくしゃべることないから、すごい印象的だったの。
春日 実際、若林さんもさ、物件探したわけじゃない。そのときに「あのとき春日が言ってたことは本当だったな」って思わなかったの？
若林 思ったけど、口に出すのだけはやめようと思った。口が汚れちゃうと思って。
春日 だから、その頃からもうむつみ荘が生き物だっていう感覚があったんだね、春日に。
若林 何がそんなにいいんだろうな。
春日 ホント結婚みたいな感じだからね、物件決めるっていうのは。
若林 お前、そういうこと言ってたよ、結婚もしてねーのにさ。

※6 飴ジュース
オードリーはテレビに出始めた頃、春日の節約エピソードを披露する機会がとにかく多く、中でも飴を水道水に溶かして「飴ジュース」を作っている話は鉄板だった。

春日　はははは（笑）。「ビビビ」ってきたわけだから。
若林　ダメだよ、その契約の仕方。いろいろ思い出したんだけど、25ぐらいのときに付き合った子のこと。このラジオでしゃべったこともあるけど、その子が俺にクリスマスにケーキ作ってきてくれて。それで新宿で待ち合わせて、ラブホテルに入ろうと思ってたの。
春日　まあ、行くところないもんね。
若林　そしたら、ラブホテルが満室なのよ。
春日　あーまあ、時期的にね。
若林　クリスマスでね。俺、あんまりそれ知らなくて。それで、そのケーキの箱を持って、その子とずっと新宿を歩いてたの。
春日　ははははは！（笑）
若林　でも、本当に行くとこないし、かといってラブホテルじゃないホテルに泊まれる金も持ってなくて。**今はね、もうスイートに何十連泊できるぐらい持ってるけどね。**
春日　そらもう、ふらっと入ってすぐ泊まれるでしょ。値段見ないでね。
若林　で、春日に電話してさ、「すまんけど、3時間ぐらいだけむつみ荘貸してくんねーか」つって。そしたら春日が「いいよ」って、漫画喫茶かなんかに行ってくれて。それでこの部屋に入って、ケーキを置いてさ。でも、普通ケーキ食べてさ、乾杯してとかってなるけど、「3時間の休憩」で入ってるからさ。先にそういう行為に移んなきゃダメだったわけよ。
春日　なるほどね。メインディッシュから先にいっちゃうパターンね。
若林　そこを終わってからの余り時間と捉えて、ケーキとテレコ（逆）にしたのよ。で、行為のときにね、なんか結構揺れるな、って。それが終わってケーキを食べようと思ったら、ケーキの箱の持つところが透明で中が見えたの。そしたら、揺れたからだろうね、ちっちゃいサンタクロースの人形が、うつ伏せに倒れてたんですよ。

春日　はいはいはい。
若林　白いクリームの上にサンタクロースが倒れてるっていうのが、『ファーゴ』っていう映画のポスターにそっくりだったの。
春日　あの、雪のだだっ広いところに人が倒れていて。ダウンか何か着てて。
若林　「あ、ファーゴだ」って思ったのを覚えてる。
春日　なんだよその話、長々と！
若林　田中さんのお弁当を太ももの裏に隠した話[※7]じゃないけど、それが非常に文学的なシーンだったんだよね。それはすごい覚えてる。
春日　ちょっとしたことだよね。それ以来、普通に生きてきて思い出したことないでしょ？　この場所に来たから思い出したんだろうね。
若林　だから、高校のときの思い出とかもあるから、ここに思いがあるんだろうな。
春日　20年だからね。むつみ荘の大家さんに聞いたら、半分ぐらい私だってね。
若林　どういうこと？　築40年ってこと？
春日　四十何年らしい。建物自体はあったんだろうけど、途中でアパートにしたの。昔は下の車庫で商店やってて、それをやめてアパートにしたって言ってたかな。私が住み始めたときに203号室にいた柴田のおっさん[※8]がさ……。
若林　隣でしょ？
春日　隣の隣。柴田のおっさんが住んでて、64歳くらい。仲良くなって話聞いたら、「俺もう20年住んでんだよ」って言ってた。**「20年もこんなところ住んでんのかよ、ジジイが！」**と思ったら……はははは、ホント思ったんだよ、ハタチの春日は。
若林　はははは！（笑）でも、あのときの柴田さんの年齢ともう同じぐらいじゃない？
春日　なんで60いくつなんだよ！　年齢は飛ばないだろうよ。
若林　いや実質よ。センスがよ？
春日　なんでそんなジジイなんだよ。もう柴田

※7　田中さんのお弁当を太ももの裏に隠した話
アンガールズの田中卓志が、番組にゲスト出演した際に語ったエピソード。度々「なか卯」で弁当をテイクアウトしていた独身時代の田中が、ある日、テイクアウトした弁当を手にウキウキで帰宅したところ、同じマンションに住むロバートの山本博夫妻と遭遇。その瞬間、急に弁当を持っていることが悲しくなった田中は、思わず弁当を太ももの裏に隠したという。

※8　柴田のおっさん
柴田さんは小声トークにゲスト出演したこともある。

さんと同じかそれ以上住んでるからね。

若林　ここでトークライブやってたじゃない？　トークライブっていうか、ライブじゃねーな。ガラガラッて戸をあけて出てきてたもんな。で、10人だけ呼ぶって言って。「小声トーク」ってタイトルでさ、俺がつけたんだけど、やっぱセンスあるね。しびれるタイトルだよね。

春日　部屋でやるからね、大きな声で話せないから、小声で話すトークライブで。

若林　小声トークって、25〜26の子がつけるんだから、「IPPON!」って思うよね。

春日　思うね。

若林　100円ショップに買いに行ったんだよ、ふたりで。

春日　そう、ふたりで青い座布団を10枚買いに行って、それを5・5で2列に並べてね。

若林　柄変えたんだよね、5個5個で。前がS席、うしろがA席みたいにして。

春日　前がちょっと花柄だったのかな？

若林　升席だよな。

春日　スペシャルリングサイドだからね。

若林　ふたりで買いに行ってな、金出し合って。10枚買ったのに、**7人しか来なくて。**

春日　10人以上だと申し訳ない、抽選になります、ってね。

若林　今や小屋だけ先に押さえるんだよ、うちの事務所。それで芸人に「単独ライブやりますか？」って聞くんだって。そしたら、「今回は見送ります」って言うコンビがいるんだから。

春日　いや、やれや！　声かけられた時点でやれよ、ふたつ返事で！

若林　そう考えると事務所に腹立ってくるな。部屋でトークライブやらせて。

春日　そうだよ、トークライブやりたいって言ったら、金はてめーらで払えって言われてね。

若林　そうだよね。それでどきどきキャンプとハマカーンやってただろ、単独ライブ。小屋とってもらって。**帰れサトミツ！**

春日　何やってんだよ！　**座んな、その座布団に。バカタレが！**　ははははは！（笑）

若林　まあ、それは俺たちの実力不足だから、そうするしかなかった。まあ落ち着けよ。俺たちに非があるよ。

春日　そこまで取り乱してないよ、私も。

若林　今じゃね、武道館で1万2000人、ライブビューイング含めると、2万2000人集めますけれども。

春日　ねえ、いかがでしょうか？

若林　7人からね（笑）。

春日　このイスとかも、そのとき我々が座っていたイスですよ。

若林　えっ、これそうなの？

春日　そうよ、そうよ。

若林　これに座ってトークしてたんだよな。

春日　そうよ、オードリー・ヘップバーンのTシャツ着てさ、ふたりで。

若林　小声トーク[※9]の本出したとき、イベントで「小声トーク観に来たことある人？」って聞いたら、何人かいたよね。

春日　いたいた。まだそのときはいたよ。小声トークやってから5年ぐらいしか経ってなかったからね。もういないよ。

若林　なんで来てくれてたんだろうね、あの7人は。春日が「小声トーク」ってちっちゃい旗持ってさ、阿佐ケ谷駅まで迎えに行って、帰りも送りに行くんだよね。

春日　そうそう、（道が）わからないからね。

若林　俺は送り迎えはやってなかったの。1回目だけやって、2回目以降はやらなかった。それはなんでかって言うと、**笑いの質が変わっちゃうから。**

春日　生意気だな！　ライブ前に先に会っちゃうと？

若林　このガラス戸から入ってくるまで顔は見せない。

春日　だって、家でやってるんだから、別にそ

※9 小声トークの本　『オードリーの小声トーク 六畳一間のトークライブ』（講談社）

んな。はははは（笑）。

若林　このガラス戸の向こうにサトミツがいてさ。ちょっと裏（裏側の話）っぽくすると、サトミツの笑い声だけがガラス戸から……。

春日　聞こえた。

若林　袖笑いが聞こえてきたりしたもんな。

春日　そうそう。佐藤ミツが入口のところでね、靴を入れるビニール袋配って。靴が並ばないから、玄関に。

若林　全然話変わるんだけど、そうやってここでトークしてたじゃん、ずっと。『27時間テレビ』でさ、中居（正広）さんと（明石家）さんまさんがさ、畳のアパートの一室みたいなところでしゃべるの観てて、毎年**「そんなもんじゃねぇ」**って思ってたもん。

春日　あー、やってたね。

若林　部屋のリアルさ。

春日　ははははは（笑）。一応向こうはセットでね、こっちは本当に住んでる部屋だから。お客さん帰ったあと寝るからね。

若林　今の（春日の）部屋は、俺は桐生じゃないかと思ってんだけど。

春日　なんで群馬県なんだよ？

若林　1カ月経って、今の部屋に帰ってきたら「家に帰ってきたな」って感じにようやくなってきたくらい？

春日　うーん……まだそこまででもないね。まだやっぱり、お邪魔してる違和感はある。「なんでこの部屋に住んでんだろう？」って、部屋にいながら、1時間に1回は思うね。

若林　あ、そう。それはむつみ荘に惹かれている部分があるの？

春日　それもあるし、ここがやっぱり身の丈な感じがするんだよね。

若林　そういうことか。自分にフィットしてるんだね。

春日　そうそうそう。

若林　むつみ荘が「おかえり」って言うとした

ら、その声質とトーンってどんな感じなの？　今のアパートとの差は？

春日　むつみだと、「おかえりぃ〜、ねぇ〜」。

若林　あ、「ねぇ〜」はいらない、やめてください。同じ文言じゃないと比べられないから。勝手なことするのやめてください、腹立つわ。俺の舗装した道をむちゃくちゃウンコして走りまわるな。え、今の桐生のアパートは？

春日　いやいや、群馬じゃないんだよ。

若林　今の「おかえり」はどんな感じなの？

春日　今のは、「おかえりっす!!」。

若林　……お前、最後のむつみ荘でこんなスベり方すんなよ〜。

春日　スベりすぎて、今、うしろにひっくり返っちゃったよ。

若林　いろいろきれいにして、ダニもいなくして、トイレの尿石もとったんだろう？

春日　『ソレダメ！』[※10]さんにとっていただいて。

若林　**笑いの尿石を残すなよ、お前！**　こびりつくぞ、また。

春日　プロの清掃業者でも取りづらい、頑固な汚れになっちゃうよな。

若林　ははははは！（笑）おかえりの質が違うんだ。でも、クミさんは（ドスを利かせて）**「おかえりなすって！」**って言うわけじゃない。93番は。

春日　いや、クミさんね。そんな声太くないわ。クミさんと犬は迎えてくれるよ。

若林　クミさんは、春日が「ただいま」って言ったらなんて言うの？

春日　あんまり言わないかな。「おかえり」なんて言う？

若林　言うだろ、結婚してたら。なあ、ひろし[※11]？

ひろし　言います、「ただいま」って。

若林　普通に言うよ、無視になるもんな。**うちは言うよ、トーンとか関係なく。**

春日　うち？　うちって何？　実家ってこと？

※10『ソレダメ！』さん
『ソレダメ！〜あなたの常識は非常識!?〜』（テレビ東京系）にて、引っ越しのためにむつみ荘の大掃除が行われた。

※11 ひろし
番組サブ作家のチェ・ひろし。春日が体を張ったゲームに挑戦する「チェ・ひろしのコーナー」の企画を担当している。

若林　俺のね、家ですけども。

春日　ひとりで言うってこと？

若林　**まあ、聞こえるっていうか。**

春日　聞こえる？　いや、まずいね、これは。

うーん……まずい話だな。

若林　俺と岡村（隆史）さんは聞こえるって。

春日　なるほど。**本人たちにしか聞こえない「おかえり」が聞こえるわけだね。**

若林　聞こえるんだよ。

春日　だから、「ただいま」って言うわけだ。

若林　今日で春日も最後になるのかな？

春日　世間に発信するむつみ荘は最後になるかもね。今後ロケーションとか入らない限り。

若林　なぜか20代、ここでネタ作りとかネタ合わせしてたとき、夜、電気つけちゃいけなかったんだよね。電気代食うからって。だから、あの街灯の明かりでノートとか見てて。

春日　充分明るいから。部屋の電気は消して、外の光で。

若林　消してみ？

春日　（窓を開ける）開けるとさ、ほらもう。

若林　全然見えねーじゃねーか。あ、思い出した。こうやって台本見てたもん、窓の明かりに当てて。こういう中国のことわざなかった？

春日　あったよ。蛍雪のなんとか、すげーよく勉強するヤツの例えみたいな。

若林　**ろくにネタ作りもしねーヤツが！**

春日　ははははは！（笑）

若林　でも、よく取ってあるよな。この部屋でライブやってたときの、春日の妄想トークがうまいからってやってたサイコロ。これは最終回のやつを取ってあるってことだよな？

春日　そうね、貼ったまま。

若林　「手塚治虫のアシスタントだった話」とかをサイコロに貼ってんのよ。「砂漠で1年生き延びた話」「しんかい6500に乗った話」。俺がタイトル言ってサトミツに書かして、**サトミツからの意見を俺が却下して。**

春日　却下するなよ（笑）、聞いてんだからさ。
若林　25〜26のヤツがさ、「う〜ん、ちょっと違うな」とか言ってんだよ、この部屋で。「砂漠で1年生き延びた話」……「う〜ん、入れて」とか。
春日　なっまいきだな〜。何も結果を出してないヤツが（笑）。
若林　よくやってたよな、そんなこと。それで、春日がサイコロを振って話すんだよね。めちゃくちゃウケてたよね、7人に。
春日　そうね（笑）。
若林　いや、信じられないくらいうまいんだよね、春日の嘘の話が。やってみる？　これは追い詰める型の芸人さんみたいなことじゃなくて、リトルトゥースが聴きたいだろうな、って。
春日　そう？
若林　春日が振ってたんだっけ？　「何が出るかな〜♪」とかはやってないだろうな、あのときとんがってるから。
春日　やってない。
若林　そこは崩してやってた気がする。「出る、出る、出るぞ、出る♪」とか言って。今のラジオと変わんねーじゃねーか！
春日　しょうがねえ、**何も成長してねーじゃねーか！**
若林　ちょっとやってみよう。どうやって振ってたかわかんない。サイコロ振ってみ？
春日　よっ。
若林　「よっ」って言ってたわ、当時も。「砂漠で1年生き延びた話」。なんて話したか覚えてないね、もう。
春日　どれだったのかな、最後。
若林　それで若手芸人がさ、みんな暇だからそういう噂になるんだと思うんだけど、このトーク1年間やってたら、**「月1でファン呼んで、乱交パーティーやってる」**って噂が本当に流れたんだから。「アイツらマジでヤバいふたりだ」って。風当たり強いのよ、「家でライブやることで、ちょっとフックにしようと思ってんの？」みたいなさ。そういう目に遭ってんだよなぁ。

春日　言う人はいるよね。

若林　イジられて。金ねえから家の中でやってんのにさ。で、「砂漠で1年生き延びた話」、ちょっと聞かせてもらいたいけど、実際は俺が導入をちょっとするんだよね。

春日　あ、そうだ。私が話すんじゃないんだ。

若林　俺がそれうまいんだよ、また。ここで培ったのが今の『激レアさん』[※12]に活きてる。

春日　ははははは（笑）。確かにそういう話（の進め方）をしてるわけだからね。「何それ？」って。

若林　その、砂漠っていうと日本だとそんなないもんね。鳥取砂丘は砂漠じゃないもんね。

春日　砂丘だね。

若林　じゃあ、海外か。ってことは、俺と出会う前ってことになるよね。だって、1年会ってない時期なんてないんだから。中2より前だ。

春日　だから、ちょうどあれじゃないか、中学上がる前だね。

若林　小6？

春日　いや、小4だな。

若林　お父さんの仕事の関係とかで？

春日　いや、旅行。小5から始めたんだよ、学習塾。

若林　え？　小4はじゃあ小学校行ってない？

春日　そう、小4丸々行ってない。

若林　結構掛け算だ、漢字だ、重要な時期だろ？

春日　だけど、小5から学習塾に入ったから。

若林　それ今いいわ、うるせーな。どこ砂漠よ？

春日　あれはどこだろう、サハラじゃない？

若林　もともとは旅行で行って、遭難したってこと？

春日　ま、そうだね。

※12『激レアさん』
『激レアさんを連れてきた。』（テレビ朝日系）では、ゲストとして登場した激レアな体験をした人「激レアさん」に対して、毎回若林がキャッチフレーズをつける「ラベリング」が恒例となっている。

若林　どういう状況で遭難したの？

春日　妹が砂漠を見たいって言ったのかな？　家族４人で行った。

若林　お前の妹、小学2年とかだろ？　小2で砂漠見たいって、なかなか渋いね。

春日　砂漠ってなんだ、みたいな話になって。

若林　砂漠だよ。

春日　公園の砂場で遊ぶのが好きだったから、「砂場じゃないのか」って父親に食ってかかって。「そんなレベルじゃない、この家よりもっと大きいんだよ」って。「そんなものがあるわけない」って結構な口論になったんだよ。そしたら父親が「わかった、じゃあ見に行こう」って言って、2日後ぐらいにみんなで行ったの。

若林　パスポート取る時間かかるぞ、何日か。

春日　まあ、持ってたんだね。それで行って、まあ広いじゃん。広いところがあるんだって妹も納得してね。せっかく来たからラクダでも乗ろうや、つって。

若林　うん……（笑）。

春日　ラクダに乗ったのよ。妹は父親と、私は母親と……。

若林　**早く遭難しろよ、お前！**　申し訳ないけど、20代のときのほうがうまかったよ。

春日　もうちょっと短くいってたっけな？

若林　春日の話って、毎回すっごい大変な目に遭うんだよね。あははははは（笑）。

春日　ああ、そうだね。

若林　そういう思い出が詰まってるから、見てから帰りたくなるような場所になってるのかな。物語があるからか。

春日　ありすぎるよね。ハタチから40までの20年って、いろんなことがあるわけじゃない。

若林　だいたいそこだからな、人生でいろんなことがあるのって（笑）。

春日　酸いも甘いも全てここに詰まってるわけですよ。やっぱりただの20年じゃないのよ。だから本当に腹が立ってたね。

若林　どういうことよ？

春日　「早く引っ越したほうがいい」とか言う人にはね。

若林　芸人の先輩とかに言われてたね。「腹が立つ」ってのはどういうこと？

春日　**私にとってのむつみ荘が、どれだけ大きいものなのか**っていうのをね、まあ言ってもわからないから。

若林　（そういう人たちには）「ここから抜け出す」ってイメージがあるんだろうね。

春日　抜け出すようなところじゃないから。むつみ荘とともに私は歩んでいくんだって。

若林　怖い、怖い怖い怖い。

春日　**やめてくれよ、「風呂なし＝残念なところ」で、そこから抜け出すのがいいっていう価値観。**また腹が立ってきたな。

若林　誰も理解できない価値観なのよ。お前、あんな尿石が凝り固まった便器をよく映せるよね。それでなんでゴルフのスコア言えねーんだろうなって思ったもん。尿石より汚いものなのかな、お前のスコアって？

春日　なんちゅーことを言うんだ。尿石のほうが汚いでしょう。

若林　恥ずかしくないの？　お前の尿が石になったものがテレビに映ってんだよ。

春日　逆に知ってほしいけどね。

若林　ははは！（笑）「尿石芸人」として。

春日　私がコツコツと積み上げてきたものだから。あれ貯めるのにすごく時間かかるんだよ。

若林　お前、尿石貯めてたの？

春日　そうだよ。**むつみ荘にあるものは、全部財産だからね。**昨日今日じゃ貯まらないものばっかりなんだから。

若林　前の住人が「僕です」って話になったことはないの？

春日　それはないね。ただ、ちょっと前に住んでた人には会ったことあるけどね。

若林　えっ、前の前の住人が名乗り出たの？

春日　２００９年か、トヨタの車のＣＭ撮ったときの照明さんかな、おじさん。

若林　何、その偶然!?

春日　急に「あそこ住んでるんでしょ？　むつみ荘でしょ？　大家さんがあのおばさんの。僕も住んでたんですよ」って言われて。

若林　うわー、すごいなあ。あれもあったもんな、春日の部屋の前にプレゼントを置きに来る人をカメラで撮ろう、って。そしたら子供たちが持ってっちゃう映像が映りまくってて、お蔵入りになったもんな。

春日　そうだね。家の前に置かれた差し入れが食べられて、袋だけだったりとかね。

若林　ゴミ袋が置いてあってさ、それを捨てようと思ったら、中から手が出てきて（春日が手を）握られたって話あったじゃん？　俺、あれ嘘だと思ってるんだよね。

春日　本当だよ。いや、その当時いっぱいあったんだから。

若林　言えない話が？

春日　あれが一番最高峰ぐらいだけど。

若林　めちゃめちゃ怖いじゃん。よく引っ越さなかったよな。お前、手を摑まれてどうしたの？

春日　それはびっくりするじゃん。「おぉ」とか言ったけど、怒るのも違うし、びっくりするのも向こうの思惑にハマるみたいだから、グッと堪えて「ちょっといいすか、どいてもらって」って言って、（家の中に）入った。

若林　うわー、そんな、「ちょっとどいてもらって」って距離じゃないじゃん。

春日　そんなのいっぱいあって、朝出ようとしたら、ドアが外開きだから引っかかって、**すごいいっぱいピアスした女の子が体育座りしてたの。**フフフ、で、ドアが開かなくてさ。

若林　こわー!!

春日　それも「ちょっといいですか？」って。

若林　春日のファンって、すごいピアスする人多いもんな。

春日　それ以降見たことねーよ（笑）。

若林　俺もあったよ、東京駅の地下の駐車場で、車と車の間に（人が）いたの。**「ぶち殺すぞオラー！　二度といんじゃねーぞ、コノヤロー‼」**って言ったら、走り去って行った（笑）。

春日　いや、それは逃げるでしょう（笑）。向こうにしたら予想外の反応だもん。私はリアクションとらなかったから。びっくりはするけど。ゲームしてたら、急にドアが「トントン」とか鳴るわけだから、夜中の今くらいの時間に。

若林　うーわ、お前すごいわ、それでも引っ越さないんだもんね。

春日　ガチャガチャッてされるけど、鍵は閉めてるからね。

若林　うわー、怖い。

春日　あと、外から窓に小石をぶつけられたり。あるとき、また「春日〜！」って小石投げられてシカトこいてたのよ。それで、10分ぐらい経っていなくなったと思ったら、テレビを観てたら、15分くらいしてからですよ、テレビを観てたら、窓のところに、曇りガラスだからはっきりとは見えないけど、**下から手がすっと出てきてね（笑）。**

若林　え⁉　2階なのに？

春日　「春日〜！」って、ガンガンガンッて。

若林　どういうことなのよ？

春日　たぶん、はしごか何か見つけてきて。

若林　引っ越せよ‼

春日　引っ越したんだよ、もう！

若林　中学生が（通りすがりに）「春日バ〜カ」って言ってきたのを「うるせー！」って言ったら、「うるせーじゃねえんだよ！」って引き返してきたから、ずっと口ゲンカしてたな。朝からロケで「飴ジュースです」とかやってたことが多かったから、なんか忙しくて機嫌悪くて。

春日　やめてくれよ、人んちで。

若林　気が立ってたんだよね。お前だってサイゼリヤ[※13]の食べ尽くしで、ガラスに張りついて見

※13　サイゼリヤの食べ尽くし
2009年、オードリーは『いきなり！黄金伝説。』（テレビ朝日系）のサイゼリヤの全メニューを食べ尽くすという企画に参加。満腹のまま3日間食べ続けるという、精神状態がおかしくなるほどハードなロケで、ふたりとも過去一番辛いロケだったと語っている。

てる人にコップの水ぶっかけてたもんな。

春日　そこまでしてないよ。**「見てんじゃねえ」**って言った記憶はある（笑）。はははは！（笑）

若林　「見てんじゃねえ！」って水かけてたよ。

春日　ギリギリだったから、あの頃はね。

若林　でも、この部屋から数々のクソつまんない漫才が生まれたんだな。ここでネタ作りしてたときはね。

春日　まだ今の形じゃなかったもんな。

（エンディング）

若林　俺もたぶん最後ですからね、この部屋に来るのは。

春日　若林さんこそ最後だろうね。

若林　だろうね。だからいろいろこう、春日も結婚して引っ越したりとか、まあ山里亮太とか、**進次郎**[※14]とかも、みんな次のステージにね、一緒にバチバチ笑いをやりあった……。

春日　最後最後最後。最後はムロさんじゃないんだから。若林さんはそんな仲良くない。進次郎に会ったことないでしょ。

若林　進次郎とかさ、同世代のみんながどんどん……はるひとかもさ。

春日　春日（かすが）ね。

若林　遼河《りょうが》はるひね。

春日　遼河さんね。出が違う、宝塚だからさ。

若林　置いていかないでほしいなって気持ちがあるよね。

春日　はははは（笑）。

若林　**でも、俺は嫁の声が聞こえるし、家帰ったら見えるんで、大丈夫ですけども。**

春日　まあまあまあ、まずいけどね。そっちのほうがまずいよね、状態的には。

若林　春日さんは、このむつみ荘に最後のご挨拶とかしておいたほうがいいんじゃない？

春日　ご挨拶ね。でも、それしちゃったらもう終わりだからなあ、いよいよ。

若林　でも、ちゃんとした挨拶、むつみ荘にし

※14 進次郎
おそらく小泉進次郎のことだが、オードリーと同学年で、ムロツヨシと仲がいいのは、兄の小泉孝太郎。

といたほうがいいんじゃない?

春日　まあまあそうね。だから20年間ですよ。何者でもなかった私からね、もう今や「春日」という者になった。

若林　そのときも春日だろ、お前!

春日　何だよ、何してくれてんだ。はははは(笑)。

若林　変わんないよ、品質は、20年間。

春日　言わんとしてることはわかるだろう。

若林　「~の春日」にしてくんないとさ。

春日　とりあえずね、一人前というか、食えるようになったわけだから、今ね。

若林　まあようやくね、ギリ、バイトしないで食えるようになったけどもね。

春日　はははは!(笑)認識がちょっと違うなあ。やっぱり、このむつみ荘とともにね、駆け上がってきたわけだから。まだこの先もね、永遠《とわ》にともにね、歩んでいくと思っていたところ、別れってのがきてしまったからね。本当に**「今までありがとうございます!」**っていう感じだよね。

若林　そういう気持ちということ。先輩みたいな感じなわけね、挨拶の仕方としては?

春日　うーん......ちょっと間違えたかもしれないな。はははは(笑)。

若林　いや、最後の最後に間違えんなよ。まあ、あと1分弱でラジオ終わりますけども、まあこのあと「ひろしのコーナー」やって。

春日　いや、誰に向けてだよ? ヤだよ。

若林　部屋に向けてっていうか。でも、せっかく付け焼刃もみんな来てるわけで、ちょっとみんなで阿佐ヶ谷に飲みに行きましょうかね。

春日　それは大丈夫ですけど。いつも通りすぐね、3時2分にはもうタクシー乗ってたいね。まあ、中でいろいろやるのは最後だろうね。**また何日後かに見には来ますけど。**

若林　それやめろよ、怖いだろ。

春日　中には入んないから。

若林　まあ、それは自由ですからね。じゃあ俺は最後ですけれども、ありがとうございました。おやすミッフィーちゃん。

春日　このあとまた、夢でお会いしましょう。アディオス。

ギャラクシー賞ノミネート

【第519回】2019年11月16日放送

若林　なんか、「ギャラクシー賞」[※1]の上半期のラジオ部門の入賞候補作品にね、**「さよならむつみ荘」の回がノミネートされて。**

春日　らしいね。石井ちゃんから聞きましたよ。**なんかすごいの？　すごいことなの？**　ギャラクシー賞って言われるじゃん、たまにテレビとかで。これ、なんの賞なの？　どういうのに贈られるの？　おもしろかったってこと？

若林　なんかお前のさぁ、その**「あんま興味がないマウンティング」**やめてくんない？

春日　いやいや、興味がないってこと……。

若林　その「執着がないんですマウンティング」さぁ、なんか古くない？

春日　古いとかじゃなくてさ。フフッ。

若林　あははは（笑）。笑ってんじゃん。

春日　笑ってるんじゃねえよ。いや、普通に聞いてんのよ。どんなのに贈られるの？

若林　いや、ちょっと待って、春日さん。ギャラクシー賞受賞されましたとか、ニュースで聞いたことあるよね？

春日　あるある。だから、すごいんでしょ？

若林　じゃあ、すごいのは知ってますよね。じゃあやめて、そのスタンス。

春日　いや、違う（笑）。

若林　「何？　すごいの？」みたいなの、なんかちょっとハズいわ。

春日　ハズいとかじゃなくて。

若林　俺は、めちゃくちゃギャラクシー賞欲しい。「さよならむつみ荘」の回で。

春日　だから、なんか感動するみたいなこと？

※1 ギャラクシー賞
ギャラクシー賞は、NPO法人放送批評懇談会が、日本の放送文化の質的な向上を目的に、優秀な番組・個人・団体を顕彰する賞。現在は、テレビ、ラジオ、CM、報道活動の4部門制をとっている。

若林　いいね。春日さん、その、受け身とれてないから。ははははは（笑）。

春日　いや、受け身とかじゃなくて。賞の……。

若林　じゃあ、いらないのね？

春日　いるよ、そりゃ。すごいんでしょ。

若林　いるんでしょ？

春日　いる、いる。

若林　「すごいんでしょ」って言ってるよね。

春日　いや、違う違う（笑）。だから、何系のすごいなのか、バラエティなのか、感動なのか、なんつうの？　その……。

若林　これは石井ちゃん（どうなの？）。

春日　いろんなのあるの？

若林　（確認して）全部含めてね。「すごくいい放送だった。すごくギャラクシーです」って。

春日　それがわからん。

若林　でも、お前の今の発言、実際にノミネートされてるパーソナリティが「え、何がすごいの？　なんなの？　私、知らないけど。私の耳まで届いてないけど」みたいなスタンスとっちゃうと、受賞は遠のいたかもしれない。

春日　これで？

若林　これはギャラクシーに対して、ちょっと一回、謝罪入れたほうがいいかもしんない。

春日　誰なの、ギャラクシーって？　それがわからん。

若林　「ミスターギャラクシー」っていうのがいて、その人が最後決める。

春日　あ、そういうことなの？　なるほど。えぇ〜、ミスターギャラクシーさん、「ちょっと知らない」って言って、すいませんでした。

若林　まあ、そうね。

春日　ギャラクシーさんがへそ曲げたら、獲れないってことね。

若林　だから、客観的に聴いてみる？　自分のそのハスに構えた感じ。ちょっとチャレンジして、どんな感じだったか。

春日　ハスには構えてないと思うよ。

若林　ハスに構えてないね？

春日　本当に「なんなんだろうな？」っていう。

若林　俺も冷たいわけじゃないから。

春日　一回、確認してみよう。

若林　一回、客観的に聴いて。俺も客観的に聴く。全然放送としておかしくなかったら、いいじゃないってことだから。「若林、そんなチャレンジすることじゃない」と。舟崎さん、行ける？　あの最初のハス、まだハスかどうかわかんないもんね。

春日　じゃない、未遂ね。

若林　ハスってたかどうか、ハハハハ、結構ハスってたと思うんだけど、チャレンジしてみようか。

春日　うんうん。

（チャレンジ）「石井ちゃんから聞きましたよ。なんかすごいの？　すごいことなの？」

二人　はははは！（笑）

若林　これはハスってるね。いいね？

春日　うん。これもうハスだ、**「ハスガ」**だね。オードリーハスガだな、これ。

若林　これは「ハスラー」ですよね。

春日　これじゃ、ミスターギャラクシーに失礼だったな。

若林　いや春日、ハスラーだね、本当に。

春日　ハスラーってなんだよ。ビリヤードやる人じゃねえかよ。ハスガね。

若林　欲しいじゃん、だって。

春日　欲しい。すごいのはわかるよ。

若林　すごいのってわかってたら、「すごいの？」って聞かないでほしいですけど。

春日　じゃあ、「どうすごいの？」だな。これは失礼だったな。

若林　「どうすごいのか」って聞かれると、俺もよくわからないけど。

春日　わかんねえじゃねーか。

若林　『しくじり先生（俺みたいになるな!!）』とか、『激レアさん』も選ばれたよね？　なんかそのとき、めっちゃ盛り上がったよ。だから春日さん、今の発言があったから、春日さんが受け取りに行ってね。ミスターギャラクシーから、「G」っていうペンダントをもらえるから。

春日　あー。

若林　「G」なのかな、わかんないけど。

春日　「G」じゃない？

若林　石井ちゃん、こういうのってさ、授賞式みたいのあんのかな？（あると聞いて）えー、じゃあ授賞式出てね、春日さん。

春日　そしたら、授賞式出て、ミスターギャラクシーに直接謝罪するよ。

若林　でも、今のは響いたかもな、ミスターギャラクシーの耳に入ったら。

春日　へそ曲げるかもなぁ。

若林　気をつけて下さい。

春日　怒られるかもな。言い方が悪かったな、うん。

若林　いや、俺はもう死ぬほど欲しいんだから、本当に。

春日　いいよな、もらえたらね。

若林正恭、結婚

【第520回】2019年11月23日放送

（オープニングで、春日夫妻が個人的に作成した愛犬チャチャのLINEスタンプについて、事務所を通すべきか話していたところ）

若林 クミさんと（スタンプについて）LINEしてたら、あ、93番とね。

春日 「クミさん」でいいだろう。

若林 LINEしてたら、「春日家にぜひ来てください」と。

春日 ああ、言いそうだね。

若林 でも春日が、俊彰が、今や両方「春日」か。いや、気が知れないけどね。

春日 「春日」になることが？

若林 そうそう（笑）。いや、「来てください」って言うけど、春日が嫌がるだろうって俺は思ったわけよ。クミさんが言ってたのは「『カメラが回ってないとね』と家では照れてましたけど」って。照れならば、行ってもいいのかなと思うし、そこは夫婦で意見を揃えてほしいのよ。

春日 まあ～、その、クミさんは「来てほしい」とちょこちょこ言うよね。

若林 クミさんは俺に来てほしいのね。

春日 そうね。

若林 じゃないと、**俺もカミさんを紹介するときに困るよ。**春日家が意見を揃えてくれないと。

春日 ……なるほどね。そちらはふたりで来る。

若林 もちろん、ふたりで行くに決まってんじゃん。

春日 ああ～、じゃあちょっと……やめてもらいたいね。怖いもん。

若林 なんでよ、挨拶させてよ。

春日　もうひとり分、見えない人の食器とか用意しなきゃいけないんだ、怖いわ。

若林　なんでよ、見えるよ。人間なんだから。そっちのほうが怖いよ、実体のある人間を見えないって言ってんだから。

春日　**実体はないんだよ！**

若林　でもね、怖いって言ったのは、「たりないふたり」[※1]のライブのエンディングで、山ちゃんに結婚のプレゼントあげようと思って、「亮太・優」って書いてあるマグカップをプレゼントしたのよ。こっちは何か変なことしてるなんて思ってなくて。でも、山ちゃんがそのマグカップを見て、一拍あったのよ。あの返しの天才が一拍あったって、なかなかないのよ。その瞬間に悟ったんだけど、ボケなきゃいけなかったんだろうね。ライブで漫才を2時間弱ぐらいやったあとに、「亮太・優」って書いてるマグカップもらっても、「これはあの～、どういうことなんだろうね？」って話になっちゃって。びっくりしたのは、「ピンポン」って家に来てさ。いや、俺のカミさんもびっくりしてたよ。

春日　え、どういうこと？　家に来たの？

若林　山ちゃんが家に来たってことじゃなくて、お返しの品が山里家から届いたの。

春日　なるほど。

若林　俺がバスケやってるときに（山里から結婚報告の）電話受けたじゃん。そしたら、「正恭」って刻印してあるバスケットボールと、バスケットボールバッグで。俺ね、そのときに**「カミさんの名前入れろや」**って思ったわけよ。

春日　ほう。

若林　見えてないのかなと思って。

春日　見えてないね。え、何この話？

若林　あと、ボールに名前入れるって、なかなか切れ味鋭いなと思って。山ちゃんは怒るかもしれないけど、山ちゃんって、言葉の天才でフリップの大喜利すごいけど、ものボケとか、三

※1「たりないふたり」　「たりないふたり」は若林と南海キャンディーズの山里亮太によるユニットで、『たりないふたり―山里亮太と若林正恭―』（日本テレビ系）としてテレビ番組が放送されていた。ライブとは、2019年11月3日に開催された「さよなら たりないふたり～みなとみらいであいましょう～」のことで、山里が女優の蒼井優との結婚を発表して以来、ふたりが初めて顔を合わせる場となっていた。

次元の大喜利は得意じゃないような気がするのよ。で、こんなこと芸人さんに聞くのもおかしいんだけど、「ちなみに、これを考えたのは君か？」ってLINEで送ったら、「僕じゃないです」って返ってきたの。ははははは（笑）。その瞬間、俺は思った、**「とても良い伴侶をつかまえたな」**って。礼儀と大喜利を大いに伴侶から学んでほしいな、って思ったんだけども。

春日　ふふふふふ（笑）。

若林　俺は奥様の名前を入れたわけだから、なんで俺のカミさんの名前も入れねーのかなって、そこはちょっと引っかかってるけどね。

春日　まあまあ、本当にいるならばね。

若林　これは押し問答よ、いる、いないの。

春日　いや、いないのよ。

若林　楽しくないよ、リトルトゥースも。

春日　楽しくないっていうか、もう怖いと思ってるよ。

若林　こっちだけどね。

春日　普通に「カミさんの名前を入れないのね」なんて言ってるのは怖いと思うよ。

若林　いや〜、俺のほうが怖いと思うけどね。

春日　「俺のほうが」ってなんだよ。

若林　『世にも奇妙な物語』[※2]の世界よ。

春日　そうだよ、その住民と話してる感じよ。

若林　いやこっちがね。

春日　こっちがよ。

若林　でもさ、俺、初めて婚姻届書いて思うんだけどさ。

春日　やめてくれよ。

若林　こっちのセリフよ。あれって「同居を始めた日」または「結婚式を挙げた日」って書く欄なかった？

春日　あー、あったあった！

若林　春日って、結婚式も挙げてないし、同居もしなかったじゃん。そこに何を書いたの？

春日　あれはね、書いてないかな。なんなんだろうね。

※2『世にも奇妙な物語』　フジテレビ系列で放送されているオムニバステレビドラマ。ホラーや怪奇系のストーリーを中心に、視聴者を「奇妙な世界」へといざなう。

若林　書かなくていいんだ。だから、国が同居した日や結婚式を重んじてるってことだよね。あれは「気持ちが通じ合った日」「気持ちが共鳴した日」でもいいのにな。気持ちを重んじる国だったらな。

春日　でも、それはなんかちょっと形として見えないからさ、なくてもいいんじゃん？

若林　あれ、下に「その他」って欄あるじゃん。

春日　「その他」なんてあった？　詳しいな！

若林　いや、俺も書いたから。

春日　「書いた」ってなんだよ、怖い話だな。

若林　「その他」に春日は書いたの？　**「ひと騒動ありました」**って。

春日　書くわけねーだろう、バカタレが！　そんなもん、国に申告する話じゃないだろうが。

若林　書いてないのね。

春日　書いてないよ。受付の人に、**「なんか、良かったですね」**って言われただけでさ。

若林　ははははは！（笑）　知ってたのかな、向こうの人。でもね、婚姻届出して、その後いろんな人に電話して伝えるじゃん。

春日　ん？　まあね。

若林　「明日のオールナイトで発表なんだけど」って山ちゃんに電話したのよ。お世話になってる先輩とか関係者には伝えるじゃん。

春日　ん？　まあ世間に出る前に言っとかないと、っていうのはあるよ。私もそうでしたよ。

若林　いろんな人に電話したけど、山ちゃんが一番驚いてたね。

春日　本当にしたならね。

若林　だから、本当にしたのよ。怖いな。

春日　怖いことを言うなよ。そこまで来たか、いや、もう岡村さん超えてるよ、余裕で。

若林　うん、岡村さんは超えてるだろうな。

春日　あの人も、さすがに電話するまではしてないでしょ。「見える」まではあるけどね。

若林　こんなのオオカミ少年だよ、「大ボケ少年」っていうかさ。いつもボケみたいなこと言ってるから、もう信じてもらえなくなる、みたいなことでしょう。

春日 大ボケ少年っていうか、何週間か前からさ、言ってたからね。

若林 何を？

春日 いや、「カミさんが見える」って。

若林 見えてんだよ、こっちは。

春日 そこまで来たかと思って、驚愕ですよ。

若林 じゃあ、どうすりゃいいの。

春日 いや、どうすりゃいいのよ。

若林 こっちのセリフよ。

春日 はははは（笑）。これはもう本当に押し問答だね。誰かに裁いてもらわないと無理だね。

若林 リトルトゥースも聴いてて楽しくないと思うよ。

春日 そうね。これ以上揉める気はないけど。

若林 で、俺はほら、築地出身だから。

春日 いや、隣[※3]の町だろうが！

若林 はははは（笑）。中央区に婚姻届出したんだけど。夜にさ。

春日 出すとしたらそうでしょう。

若林 出すとしたらじゃないんだよ。ハスってんな〜、こいつ。恥ずかしい（笑）。

春日 ハスっちゃないよ、私の話でもないしさ。

若林 「え、何？ 婚姻届ってすごいの？ 知らないんだけど、すごいの？」、ハスってんな〜、お前。はははは（笑）。

春日 そんな言い方してないだろう。「大丈夫か？」って心配の気持ちよ。

若林 そうなると、やっぱり朝井リョウ[※4]とDJ[※5]松永のリアクションと違いすぎるね。あのふたりは言ったよ、「『見える』って本当だったんですね！」って、目をランランと輝かせながら。

春日 どういうことなんだよ。

若林 でさ、いろんな人に電話するけどさ、一番驚いてたのが、山ちゃん。

春日 山里さんだろうね、そりゃね。

若林 うん、それでちょっと、山ちゃんに電話

※3 隣の町
若林は自称「築地出身」だが、正確には隣町の東京都中央区入船出身。

※4 朝井リョウ
若林と親交のある小説家で、DJ松永とも仲がいい。

※5 DJ松永
ラッパーのR-指定とのHIP HOPユニット「Creepy Nuts」として活躍している、DJ、トラックメーカー、ターンテーブリスト。世界最大規模のDJ大会「DMC WORLD DJ CHAMPIONSHIPS 2019」優勝者。リトルトゥースでもあり、Creepy Nutsとして「オードリーのオールナイトニッポン10周年全国ツアー」のテーマソング「よふかしのうた」を制作した。

したことで、さすがに良くなかったかな、って後悔してることがひとつあって。

春日　うん。

若林　カミさんが一般人なわけじゃん、俺は。

春日　いや、知らんけどね。

若林　そうなのよ。で、今日の夕方に山ちゃんに電話したの。「リトルトゥースに一番最初に言いたいから、今日のオールナイトで発表なんだけど、昨日、入籍してさ」って言ったら、「ええええ!?　え、マジで?」って一番驚いてたね。予想よりあまりにも驚いてて、どうしようかなと思ってたら、「相手は?」って言うから、そこで魔が差しちゃって。相手は一般人なんだけど、「相手は山ちゃんと一緒でさ、ちょっと……オールナイトまで待ってもらいたいんだよね」って言ったら、山ちゃん、百を承知したように「**OK！　わかった。任して、大丈夫**」って。はははははは！（笑）「OK、OK、放送楽しみにしてるね」って。今、radiko[※6]とラジカセの両方で聴いてると思うけど。

春日　なんだそれ、どっちかだろ。

若林　引き返せなくなっちゃってさ。だから、電話切ったあと思ったのは、伴侶の方と「誰かな?」とかしゃべっちゃってたら申し訳ないなと思って。でも、今から電話して「一般人なんで、ごめん」って言いにくいしな、と思ったまま来ちゃったのよ。

春日　ん?　なんだこの話は?　え、どうなってんだ?　どこまでが怖い話で、どこまでがリアルなんだ。なんだこの話は。

若林　それは、自分の気持ちを大切にしてほしいよ。作文でちょうだいよ。

春日　ふふふっ（笑）。

若林　今どういう気持ちなのよ、3年1組春日俊彰くんは?　本当の気持ちを聞かしてちょうだいよ、バカタレ！

春日　「今の気持ち　3年3組、春日ぁ、俊彰」

若林　テンポ上げてね、先週遅かったぞ。

※6 radiko
パソコン、スマホなどでラジオが聴けるサービス「radiko」での放送は、仕様上、実際の生放送とはタイムラグが生じるようになっている。

春日　今、若林くんと、話していて、またいつもの感じで、「家にカミさんがいる」と、言っていたので、聞いてみると、すごく、時間が長いなと、思っていました。

若林　時間が長いと思っていたんだね。はい、テンポ上げよう。

春日　いつもだったらぁ、僕が「本当はいないのに怖い話だな」と言うと、すぐに別の話題に行っていたのに、その先もずぅーっと続けていたので、僕は、だんだん、**本当に怖くなってきました。**

若林　怖くなったんだね。

春日　ただ……。

若林　ただ!?

春日　それでもなお、僕が怖くなっているのを、若林くんは〜、わかっているはずなのにぃ〜。

若林　わからないはずないよね、敏感な人だからね。

春日　敏感でぇ、空気の読める、天才なので〜。

若林　やめろ（笑）。

春日　わかっているはずなのにぃ、それでも続けるので、僕は、本当に、「カミさんがいるのではないか？」というところになり、石井ちゃんの顔を、何度も見てしまいました。

若林　見たんだねぇ？（笑）で、春日くん、石井ちゃんの顔を見たらどう思ったの？

春日　石井ちゃんは、いつもと変わらず、そこに座っていました。なので、僕はまた、怖くなりました。なんらかのアクションをしてほしいのに、いつもと変わらず座っているので、僕は今、とても怖いです。

若林　怖いのね。どう思ってんの？

春日　なので、ちょっと、本当に結婚をしたのかなと、やけに婚姻届にくわしかったので。

若林　はははははは！（笑）

春日　ただ、若林くんは、そういうのも、話す前に綿密に取材をするタイプなのでぇ〜。

若林　情報集めるね。

春日　リアリティを出すタイプなので、どっちなのかわかりませんが、この話は、今のところ9：1で本当なんじゃないかと思っています。

若林　9：1なのね。

春日　おしまい。

若林　春日くんね、若林先生が本当に入籍したんじゃないかって、「9」、本当に入籍したんじゃないかって思ってんだよね？

春日　はい。

若林　**春日くんね、それはね、10にしてください。**行ってきなさい。

春日　ワーーーーーーッ!!!!

若林　はははははは！（笑）

春日　なんなんだよ、どうなってんだよ。え？はめられたねぇ〜。

若林　いや、はめたわけじゃないんだけど、発表前に、「お世話になった人」には連絡しようと思ってて。だから当然、春日と飯塚[※7]にはやっぱり伝えてないんだよ。

春日　なんでだよ！　ヅカはわかるよ、昨日今日だろう、この男が入ってきたのは！

若林　昨日今日じゃねーよ（笑）。若手のときからライブ手伝ってくれたり。

春日　いやいやその、オールナイトに入って昨日今日で、なんで一緒なんだよ、ヅカとよぉ。こんなもん、日テレの16階で作業しているだけの男だよ。どうなってんだよ。

若林　はははは！（笑）　石井ちゃんと青銅さんには言ったよ。でも、ひろしには言わないね、お世話になってないから。

春日　なんでひろしと同列なんだよ！　どうなってんだよ〜。あ、そう。参ったね。

若林　そうそうそう。今日はずっと空き時間に電話しては本番行って、また戻ったら電話して、って。事務所にも4日ぐらい前に言ったもんだから、ちょっと怒られて。ははは（笑）。

春日　急だったってこと？

若林　急っていうか、俺、すごいなって思うの

※7 飯塚
放送作家の飯塚大悟。オードリーとはふたりが無名時代からの付き合いで、2019年から『オードリーのオールナイトニッポン』の構成にも参加している。

はさ、なんか春日さん、いや、俺の知り合いでね、世の中的に発表したあと、入籍するだ、しないだで、**延期になった人がいるんだよ。**

春日　ワシだよ！　何してくれんだ、生放送で。

若林　ははははは（笑）。人間と人間だからさ、やっぱり婚姻届を提出してからのほうがいいなと思ったけど、なかなかそういうわけでもない。いろんなパターンがあるのね。俺は安藤なつと壇蜜さんと同じパターンで、入籍してから発表ですよ。だから、「いい夫婦の日」に入籍したのは、安藤なつと若林正恭ってことで。

春日　**いい夫婦の日に入籍するようなタイプじゃねーだろうが！**　全然なんでもない日に入籍しろよ、そういうタイプだろうが！　何してくれてんだよ〜。

若林　だってさ、覚えやすいじゃない。

春日　いや、よく言うやつだわ。

若林　はははは！（笑）　ハスってんな〜、なんでもない日に入籍するなんて、第7世代に任しとけ、そういう感覚は。

春日　若林さんは、そういうタイプだなと思ってたからね。

若林　やっぱり多いんだろうね、婚姻届出すのに並んだよ。

春日　並んでんじゃないよ！　あ、そう。いやー、これはおでれぇたね。あと、うちのクミさんがずっと怪しがってたんだよな。

若林　やっぱり勘が研ぎ澄まされたんじゃない？　いろいろあったから。

春日　へへへへへ（笑）。「若林さん、近いうちにあるかもしれない」なんて言っててさ。

若林　なんで？

春日　若林さんのインスタグラムとか見てるからね。こっちは「んなわけないだろ。そんなの架空だよ」つって。リトルトゥースと一緒だよ、情報の濃度がよ。（クミさんは）「これもう既に（結婚）してる可能性もあるわね」とか言ってたの。

若林　生意気だな〜。
春日　「そんなわけないだろ、だったら春日がもうわかるわ」って言ってたのもあったからさ、その怖さもちょっとあってね。
若林　すごいね93番、どういう勘なんだろう？
春日　なんか雰囲気とか。
若林　雰囲気!? 雰囲気なんか出んのかなぁ。
春日　それはわからんよ、なんだろうね。「ありそうよ。これは近いうちにありそうよっ！」って言ってたからさ。
若林　黙らせとけ！ 山ちゃんに引っ込みつかねえな〜。すげえびっくりしてたから。「相手は!?」って聞いてきたときに、**「チャンス！」**って思っちゃったんだよね。ゴール前ドフリーな感じ。あの人ピュアじゃん、そういうところ。「いける！」って思っちゃったんだよね。「いや、実は山ちゃんと同じでさ〜」って。ははははは（笑）。
春日　それは良くないよ。
若林　良くないよな。
春日　山里さんもおそらく、いろいろ大変なところもあっただろうからさ。若林さんにも同じ立場ということで、アドバイスをしてあげようとかさ、助けになってやろう、みたいに思ったかもわからんよ。
若林　世の中的にはあんまりやる人いないだろうけど、俺たちはほら、「特別な訓練」をしてるからさ。俺と山ちゃんだとあり得んのよ、こういうことは。
春日　普通だったら問題になるけど。
若林　特別な訓練をしてきたからね。逆の礼儀っていうか。明日『スッキリ』[※8]の見守りで言うと思うぞ〜、「若林ー!!」って。あとね、もうひとつ、春日がびっくりするかもしんないけど、水ぐっちゃん、番組を結構いろいろ一緒にやってきたね、単独ライブもカメラ回してくれたディレクターですよ。
春日　10年ぐらいのお付き合いじゃない？

※8『スッキリ』
2006年から2023年まで日本テレビ系列で生放送されていた、朝のワイドショー・情報番組。山里は「山里亮太の親友」として、クイズのコーナーで「天の声」というナレーター役を務めていた。

若林　水ぐっちゃんに電話したのよ。「22日に入籍したのよ」って言ったら、「いや俺だよ！」って言われて。

春日　え!?

若林　**「いや入籍、俺もしたよ！」**って。

春日　何やってんだよ〜。

若林　水ぐっちゃん、昨日入籍したんだって。言っていいかどうかは確認してないけども。

春日　わからんぞ、言っていいかどうかは。あの男がどういうプランで周りに出していくのか確認したほうがいいぞ。まあ世間に発表するような立場の人じゃないから大丈夫だろうけど。

若林　「春日に言ったの？」って聞いたら、「言ってない」って。

春日　聞いてないよ。

若林　ふははは（笑）。

春日　今知ったよ。あの男だから、私を驚かすみたいのもあったんでないの、わかんないけど。

若林　でも、令和元年婚のリーダーじゃないですか、やっぱり。

春日　やめてくれよ。

若林　みんな同期だから。

春日　続くなよ、って思うよね。何続いてくれてんだよ、なんか多いわ！

若林　ベッキーもそうだし、（滝川）クリステルもそうだしね。

春日　壇蜜くんとかね。

若林　サトミツに言ったのは結構前で。タリーズで、ふたりで宿題かなんかやってた流れで、「指輪をね、渡したのよ」って言って。

春日　うん。

若林　「正式に結婚することになったわ」って言ったら、**むせぶように号泣し始めて。**

春日　何してくれてんだよ。帰れ帰れ！

若林　「ひっく、ひっく」がもう響き渡っちゃうくらい。店も混んでたのよ。仕事終わりみたいな女性がたくさんいるのに、おじさんがおじさんにパワハラしてる、説教してるみたいな絵面で。全然泣きやまねーで、泣くっていう想像がつかないから、ちょっと電話かかってきたふりして席外しちゃってさ。ホットドッグ買ってカウンターで1本食い終わるまで時間置いてさ、席戻ったら、**まだ泣いてんだよ。**

春日　帰れよ！

若林　「あんなさぁ、20代のときのさ、久我山のどうしようもねーヤツがさ……」って、お前そんなふうに見てたのか！（笑）「（自分には）6歳の子供がいるからさ」って、41歳のおじさんだぞ、俺！　はははは！（笑）

春日　まあ佐藤ミツは泣くだろうなぁ。場所はちょっと良くないけどね。

若林　ハライチの澤部（佑）にもお世話になってるから電話したわ。お世話になってる人にはさ、連絡してるんだけど。

春日　ショックだよね。

若林　春日と、Hi-Hiの岩崎（一則）さんには連絡してないんだけど。

春日　なんでだよ！　岩崎さんにはしなくても別にいいけどよ。

若林　澤部に電話したら、びっくりしてたね。

春日　そらびっくりするだろうよ。

若林　「これドッキリですよね!?」って言ってたね（笑）。「急に結婚するやーつ！」みたいな。これはちょっと加工しすぎたけど。そんな仕事オンにしないよね、あいつは天才だから。

春日　そんなやらないね。

若林　澤部といえばミスター個室ビデオだから。

春日　その称号をほしいままにしてるよね。

若林　「澤部に個室ビデオの行き方習わなきゃいけねーわ」って言ったら、「行き方なんかないっすよ～。**ただ、初めは90分からですよ**」って言ってたから。はははは！（笑）

春日　あるじゃねーか（笑）。

若林　だんだん12時間になる。

春日　まだ刺激が強いと。体慣らさないと。ははははは（笑）。

若林　時間がなくて、まだ電話できなかった人もいて。バー秀さんに電話してないのよ。

春日　バー秀さんは別にいいでしょ。私に連絡ないんだからさ。バー秀に比べたらお世話になってるだろう、私に。

若林　連絡しないと失礼になっちゃうからね。これは礼儀だから。

春日　まあまあ、一応先輩だからね。

若林　大先輩よ、一番影響受けてんだから、俺らは。喜んでくれるかな。ちょっとドキドキだけど。（電話をかける）

バー秀　**大ドカンアーイ！**

（ガチャ切り）

春日　いや、報告するんじゃないのかよ！　いつもの電話と一緒じゃねーか。

若林　おめでとうの上だね。「おけまる水産」みたいな言葉よ。

春日　え？

若林　おめでとうの上！

春日　何が？「大ドカンアーイ！」が？　いつものやつじゃないかよ。なんのおめでとう感もなかったよ。

若林　ビトタケシにも報告しないとな。

春日　ビトさんはしたほうがいいよ。

若林　でもさ、いろんな人に電話して、すごい喜んでくれるから怖くなって、ちょくちょく入籍しに行ったときの写真見ながら電話してたわ。

ビト　はい、もしもし。

若林　（うっすら「大ドカンアーイ！」が聞こえる）あ、radikoでちょっと遅れてんのか。

（ガチャ切り）

春日　一緒にいるのかと思ったわ。ややこしい。

若林　ちょっとすいません、radikoのディレイで、ちょうどビトさんが出たときに「大ドカンアーイ！」が流れたんで切りました。

春日　そんなことある？　ショーパブの楽屋で一緒にいるのかと思った。

若林　お前、そのほうが怖いだろ。電話切られたあと、AIみたいにずっと「大ドカンアーイ！」「大ドカンアーイ！」「大ドカンアーイ！」って止まらなくなってたら怖いよ。ビトさんには丁寧に報告したかったけど、これにてということで。そういうことなんでね、情報解禁の前にリトルトゥースの皆さんにはお伝えしたくて、発表させてもらいましたので、今後ともよろしくお願いします。

（若林のトークゾーンで）

春日　さかのぼるとよ、あれはいったいなんだったんだ、っていうね。会ったのはいつだったのかとか、やっぱり聞きたいじゃない。

若林　大丈夫？　聞きたい感じ出すの苦手だろ？　ハスりたいだろう？

春日　ハスりたいとか言ってる場合じゃないんだよ、もう。こうなった以上！

若林　CM中に全員に怒られてたじゃん。石井ちゃんと青銅さんとサトミツに囲まれて「**リスナーが聞きたい、かゆいところに手が届く質問ってできないすか？**」だって、あんたはフライデーのとき助けられてたんだよ、そのお返しをするときだよ」って。それが聞こえてくるのはやめて。ははははは（笑）。

春日　私だってびっくりしたよ、ブース出た途端に怒られたんだから。何も言ってないのにさ。「これ聞いてくださいね」って。

若林　ちょっとハスってたからね、オープニングで。それもあるんじゃないの。

春日　ハスっちゃないよ、オープニングはずっとびっくりしてたから。

若林　落ち着いて聞いて、春日。**びっくりしたっていう気持ちをそのまま外に出せないのは、お前の課題だよ。**

春日　いいんだよ、私の話は。存分に出してたよ、オープニングで。相当動揺してるんだよ。

若林　ははは～！（笑）

春日　いやね、やっぱり私だって気になるわけよ。いつからご結婚を意識したのかとかさ。

若林　はいはい。最初に会ったのは、作家の栗[※9]ちゃんね。武道館終わったあと、心配って感じじゃないんだけど、「若林さん、もう結婚しましょう！」みたいな。そのときの俺はほぼほぼ（結婚を）諦めてるというか、もうしないんだろうな、みたいな感じよ、テンションは。

春日　はいはい。

若林　でも、一緒にお茶してると栗ちゃんが「結婚結婚結婚！」って言ってくんのよ。それに対して、「俺はもういいのよ、できないのよ」って言うのに、「結婚結婚結婚！」って乗ってくるくだりを毎回やってて……それはいいのよ、今は。

春日　それはもうおふざけだから。

若林　で、栗ちゃんの知り合いの知り合いとかさ、そういう人を呼んで食事を2回ぐらいしてたら、だいたい28〜29歳くらいの方が来てくれるんだけど、「何歳まで（が恋愛対象）？」って聞くと、「33歳まで」みたいな。帰り道に**「もう〜やめよう」**と思って。ははははは（笑）。

春日　なんかちょっときついわな〜。

若林　そんな流れのときに、たまたまもう1回（食事に）行って。3月の末ぐらいじゃなかったかな。でも、（相手は）15歳離れてんのよ。

春日　下？

若林　下、下。

春日　ふひひひひ（笑）、それはわからないから。そりゃありえるよ。

若林　そうだよね、わかんないよね。ごめんごめん。で、「26か。いや〜、そういう感じじゃないよな」って俺もハスってて。

春日　ハスってんじゃないよ〜。行け行け、積極的に！

若林　3月に会って、8月までは**「俺は40だからさ」**ってずっと言ってた。

春日　しょうがねーなぁ！

若林　はははは！（笑）メシを食っては、

※9 作家の栗ちゃん
元番組作家の栗坂祐輝。

「俺は40だからさ」の期間だね、8月までは。

春日　なるほどね、そのときはお付き合いまでは行ってない。

若林　そうだね、言葉としては言ってないね。

春日　それが8月に何があったの？　「40だからさ」がなくなったのは？

若林　「40だからさ」って、自分では無意識に気にしてんだろうね。

春日　大いに気にしてるよ。

若林　向こうに言われたよ、**「めっちゃ自分の年言いますよね」**って。ははははは！（笑）

春日　向こうとしたら、「いい、いい、いい、関係ない！」って思ってるからでしょ？

若林　そうそう。

春日　何かあったわけ？　「40だからさ」がなくなったのは。それはずっとあったわけでしょ。

若林　そういうのがなくなってたんだろうね。年の差とかじゃなくなってくるっていうか。

春日　あー、だんだんね、何か埋まってったわけだ。

若林　そうそうそう。それで、8月に付き合うことになったね。なんか「いや、かっこいいな」って言われちゃうかもしんないけど、**「ダラダラ付き合うつもりはないんだ。かなり本気で、俺と付き合ってくれるか」**ってのは言ったよね。

春日　……ちょっとかっこよくはないですかね。

若林　ふふふふ（笑）。

若林　お前、結婚発表でスベらすなや！　お前次第だぞ、今んとこ！

春日　こっちだって全然用意したよ、「かっこいいな」っていうのは。もう言う気満々だったわ。

若林　受け取り方に悪意あるわ。そんなん若いときのやり方だわ。相方がピンで売れるのはイヤだからって、そういう受け方良くないわ。

春日　潰そうって？　そんなことないわ、全然。用意してたけど、あり得る範囲というかさ。

若林　「ダラダラ付き合うつもりはない」と。

春日　うん。
若林　「付き合ってくれ」つって。
春日　カカカカカ！（笑）
若林　お前、スベらすな！　乾いた笑いで！
春日　もっと何か劇的なさ、かっこいいやつかと思ったよ。40だし、まあ言いそうだなって。
若林　「付き合ってください」だったしな。
春日　はははは（笑）。ダメよ、そこ盛っちゃ。
若林　「ダラダラ付き合うつもりはないんです、付き合ってください」ぐらいだった。
春日　めちゃめちゃ頼んでんじゃない、ははは、お願いしちゃってる（笑）。
若林　そうそう、それが8月かな。
春日　その時点でご結婚を前提に、みたいな？
若林　そうそう。
春日　向こうさんもお願いしますと。
若林　そうそう。
春日　3カ月ぐらいで、早いっちゃ早いね。やっぱりあったわけですね、ビビビが。
若林　お前、ビビビはあったの？
春日　全然あったよ。もう11年前だよね。
若林　お前はだいぶ付き合ったもんな、お互いをわかるまで。
春日　そうね、11年かかったけどね。ミツと渋谷の居酒屋で会ったときに、もうビビビがあったからね。
若林　ビビビか〜。
春日　やっぱりビビビがあるんだな、とは思ったもん。あったんでしょ、決め手が？
若林　あったっちゃ、あったね。
春日　相手のどこが好きなの？　やっぱり若林さんがね、ビビビとくる女性なんて、そんなにいないじゃない？
若林　なるほど、そうやって見える。
春日　やたらめったら女性を好きになるタイプではないじゃない。**精査するでしょう、自分の中で。**
春日　ふははは（笑）。
若林　お前、聞こえ悪いだろ！　人間、全員そうだろ。

春日　いやそうだけど、年も年だしね、「40だから」って言ってる男の心が溶けた。

若林　あんまそれ言うな、恥ずかしい。お前好きだな、俺より強い立場のプロレス！

春日　ガチガチに固まったさ、厚い氷に覆われた心がさ。

若林　お前、どういうふうに見てたんだよ、ウォーズマン[※10]じゃねーか！

春日　ファイティングコンピューターがさ。

若林　やっと出たのか、胸のコンピューターに「結婚」って！　でもやっと出たな、そういえば（笑）。

春日　煙をシューシュー出しながらさ。

若林　イジってんじゃねーぞお前、殺すぞ！　ははははは！（笑）

春日　何が決め手だったか聞きたいよね。

若林　うーん、たくさんあるけど。

春日　まあ、ひとつじゃないだろうけどね。

若林　今思い出して、最初に「おっ」て思ったんだけど、伝わるかどうかわかんないよ。ごはん食べに行ったときに、店員さんにオーダーするじゃない。俺、そのときに隣の人の両腕をうしろからつかんで揺らすのが好きなのね。

春日　頼んでる人を？

若林　そうそう。「（声が震えて）ジンジャーエールとぉ〜」みたいになるじゃない。これを笑った人は、今までひとりもいないのよ。でも、「それなんですか？」って笑ってたね。

春日　そういうのでかいな〜。笑わないよ、女子なんか特に。怖いよ。ははは！（笑）　そんなの目の前でやられたら、「何これ？」って怖がるよ。そういう価値観みたいな、感覚が似てるみたいなところなのかね。あー、それはでかいよ！　結婚するなら、それは一番でかいよ。

若林　すごい上から来るな。

春日　やっぱりある程度、我慢してるか、して

※10 ウォーズマン
漫画『キン肉マン』に登場する超人。機械の体を持つロボ超人で、「ファイティングコンピューター」の異名がある。

ないかわかるからな。

若林 誰が言ってんだよ！ すげえ我慢させたヤツが。

春日 クゥ～！ 私のことはいいのよ。

若林 いや、このツッコミしなかったら、リトルトゥース的に嘘だよ。それで、一時期、ハマると中毒のように動画を観るクセがあって、[※11]「ネタギリッシュ Night」のジョイマンのネタを2時間おきに観ないと、体が保てない1カ月があったのよ。「はい、もうジョイマン切れたな」ってふたりで言って、2時間おきぐらいにジョイマンのネタを観てる1カ月が。

春日 謎の1カ月あるよ、そりゃ。

若林 同じ回数観てたかな、向こうも。珍しい人だなと思って。

春日 笑いのツボが合うって、それも大事だよ。

若林 お前、MCこいてんじゃねーぞ。

春日 はははは！（笑） だって先輩だもん、こっちは半年。

若林 前からうすうす思ってたんだけどさ、**すごく結婚に自信持ってるよね。**

春日 それは半年やってんだから、こっちは。

若林 そういえば、教えてくれよ、同じハネムーンのコース辿ろうと思ってるから。

春日 ふはははは！（笑）

若林 なんだっけ、あの島？

春日 あの島はいいぞ、フィリピンのエルニド。最高だぞ～。

若林 同じとこ行くから、クミさん送ってね～。

春日 なんで同じとこ行くんだよ。すごくいいけどね。あ、そう。今はもうご一緒に住まれてるってこと？

若林 住んでる。

春日 あー、だから引っ越しをされたってことね？

若林 そうだね。

春日 はあ、なるへそ～。だから、ちりばめられてたんだな、ここ半年ぐらい。

※11「ネタギリッシュNight」 「ネタギリッシュNight」は、テレビ番組『ゴッドタン』（テレビ東京系）の企画で、女性が笑えるちょうどいい下ネタで競うネタバトル。ジョイマンが参加した回を観た若林は、高木晋哉のラップ「踏み出そう～、一歩、二歩三歩、チンポ」に爆笑したと語っている。

若林　春日より勘がいいよね、93番のほうが。

春日　それも言ってた。「急にこの時期に引っ越しするのも、ちょっと怪しいわねぇ。何かあるわよっ！　本当に、踏んづけてやるっ！」

若林　いや、そんなしゃべり方じゃねーだろう。ナジャ・グランディーバじゃねーか。あとさ、おすぎとピーコから更新してよ、お前。「踏んづけてやる」って絶対言うじゃない。

春日　やっぱり、私の中でトップよ。

若林　今日はそんな話はいいのよ。

春日　じゃあ、新居に住んでどう？　まだ2週間くらいか。

若林　いや、1カ月ぐらいじゃないか。「たりふた」（「さよならたりないふたり」のライブ）の前ぐらいからだから。「たりふた」の漫才のオチが、「『ゼクシィ』を買って帰る、さらばだ」っていうセリフだったと思うんだけど、**本当に『ゼクシィ』買って帰ったからね。**早くできる指輪調べて。

春日　は〜、なるへそ。

若林　お店に指輪取りに行ったとき言ってたよ、店員さんが「工場にも一切名前は明かしてないので、ご安心ください」って。

春日　できるね。プロだな。プロ同士のやり取りだな。

若林　春日と同じとこじゃないよ。なんか気まずかったから。

春日　確かに、コンビ揃って、っていうのはね。

若林　あと、もう1個理由はあるんだけど。

春日　いやいや、それはいいじゃない。私の話はいいんだよ。

若林　ははははは（笑）。

春日　いわゆるプロポーズをしたわけでしょ？　指輪を渡したシチュエーションよ。それはちょっと気になるよね。

若林　あれって聞きたいんだけどさ、みんな全く何も前触れなく言うの？　（相手は）看護師やってんのよ。忙しいじゃん、夜勤もあるし、早番もあるし。
春日　忙しいよ～！
若林　あ、そうか。21歳頃、付き合ってたもんね、看護師と。
春日　ふふふふふ(笑)。そんな話はいいんだよ。
若林　だって、お前からしてくんだもん。
春日　自分からは言ってないだろ！　相づちだろうが、今のは！
若林　お前がコーン置いたから、俺はくるっと回らなきゃいけないのよ、そこで。
春日　別に折り返さなくていいんだよ！　ストレートで走っていけばいいんだよ。まあ、忙しいというか不規則だよね。こっちもそうだけど、向こうもそうなるわけで。
若林　うん。それで、全然会えないってなって。なんならそれも8月とかかもしんないな、「引っ越そうか」って。
春日　ずいぶん早いのね。届を出す直前じゃなくて。
若林　会えないから、一緒に住もうってなったわけ。それで、場所を探してたときに、**「俺、ヤバい人間に見えるでしょ？」**って聞いて。
春日　うんそうだね、当たり前の質問だけどね。
若林　イラッとするけど。「1年ぐらい、どんな人間か確かめたいよね？」って聞いたら、「いや、確かめなくても、大丈夫です」って。
春日　えぇ？　ギャンブラーだね、ずいぶん。
若林　**「え？　確かめなくてもいいなら、結婚ということになりますよ？」**って言ったのよ。
春日　なんで急に敬語なんだよ。
若林　さっき石井ちゃんと話しながら思い出してたら、石井ちゃんにめっちゃ怒られた。
春日　なんて？
若林　**「プロポーズは理詰めじゃないんですよ」**って。めっちゃかっこよかった。理詰めになっちゃったのよ、なんか将棋みたいに。
春日　まあ流れだよね。劇的な感じではない、いわゆるショーアップはされてないけど。

若林　春日みたいにモニタリングのクルーがついてないからさ、俺は。ゆずさんもいないしさ、ピアノの練習もしてないし。
春日　リアルでいうと、みんなそうなんだろうね。もうなんなら自然の流れでみたいな。
若林　うん。
春日　向こうさんの「確かめなくてもいい」ってのは、なんだろうね。怖くなかったのかな。
若林　ははははは（笑）。お前、普通に失礼だぞ！
春日　だって、お付き合い始めたのが8月ぐらいだから、お付き合い始めて1カ月も経ってない頃じゃない？
若林　まあ、そうだけどねー。
春日　出会ってから半年も経ってないじゃん。それで、若林さんが「1年ぐらい」って自分から申し出たわけでしょ？　それを断るなんて、何が良かったんだろう。
若林　お前は昔からさ、すごい俺を下に見てるよな。
春日　いや、下とか上とかじゃなくてさ（笑）、やっぱり（若林さんって）**簡単な人間じゃないじゃない。**
若林　いや、それなんだけど、自分の家族に会ってもらったときに……。
春日　ご挨拶ね、両家の。いい料理屋さんとかでやった？
若林　そうなのよ。個室の中華料理屋でさ。うちは結構家族が多くて、母ちゃんと姉ちゃん、ふたり来てさ。親父が隠れてるからさ。まあでも、親父も同席してたけどね、その場に。
春日　まあ、そうなんだろうね。
若林　親父の形見の時計してるから、俺が。親父も同席してて。コース料理の人数には入ってないんだけど。うふふ（笑）。
春日　そうだね、もうひとつ用意されると、ちょっと怖い（笑）。
若林　お前、笑ってんじゃねーぞ。

春日　笑っちゃないけどね。

若林　そいで、うちの母ちゃんが、すげーミスリードするんだよ。**「お若いしね、こんなおじさんじゃなくて、同世代のかっこいい男の子がね……」**って、もうホント、目の前のフカヒレでぶっ叩いてやろうかと思ったもん。

春日　やめなさい、べちょべちょになるだろう。

若林　すげーミスリードするんだよ。「こんな気難しい男で大丈夫？」とか、「子供のときから今日まで、ずーっと下ばっか向いて、トボトボトボトボ歩いてる男なのよ」って。

春日　やっぱりお母さんとしたらね、「こんなおじさんもらってくれて、ありがたい」って気持ちもあるし、「本当にいいの？」っていう心配な気持ちもあるから言うよ。

若林　「いいんです」って言ってくれんのよ。

春日　いい女だね。

若林　あんまりその言い方良くないね。「素敵な女性だね」とか、時代に合わせろ！

春日　素敵な女性だね。

若林　それで最後、個室のコース４人分のお金を会計してたら、うしろで俺の背中見ながら母ちゃんがさ、「お会計してる姿が、もうホントおじさんね」って。

春日　いつまで言ってんだよ！（笑）

若林　俺、姉ちゃんに電話したのよ。「姉ちゃん、俺はきついよ。こんなめでたい日にね、お仕事もさせてもらってお金払えて、その背中を『おじさんだね』って言われるのは。姉ちゃん、俺はつらい」。そしたら、姉ちゃんが「いや、あれはね、お母さんなりの応援なのよ」って。

ははははは！（笑）

春日　わかりづらいな（笑）。「おじさん」の連呼が？　で、いわゆる結婚までの流れみたいなのは、全部やったってことだね。

若林　やった。向こうのご家族にも温かく迎え入れてもらえて。向こうのお父さんがさ、ほんわかした温かい感じの人で助かったんだけど。

春日　うんうん。

若林　結構話も弾んで。「僕はね、若林くんのネーミングが好きなんだよね」って。

春日　ネーミング？

若林　オードリーっていうコンビ名かなと思って、よくよく聞いてたら、『激レアさん』の「ラベリング」のことだったんだけど。

春日　ああ、ラベリングをネーミングってね。

若林　でも、それは言わないよ、俺は。「ラベリングです」とは言わないよ、野暮だから。

春日　でも、言ったほうがいいんじゃない？「それはネーミングじゃなくて、ラベリングなんすよ」って。

若林　言えるわけねーだろ。

春日　そうしないと、やっぱお父さんずっとね、恥ずかしい思いをすることになるから。

若林　春日も言われたんだよね、姪っ子に。椿[※12]山荘で「トシくん、緊張してる」って。

春日　普段と様子が違うからね、イジられて。

初めて姪っ子に怒りを覚えたよね。

若林　ははははは！（笑）緊張してるときにイジられると、受け身取れないよな。

春日　余裕がないから。それに緊張してるし、それをズバリ言われるとね。

若林　母ちゃんもミスリードしてたけど、（妻と）2～3回会うとめっちゃ仲良くなってて、もうふたりのほうがよくしゃべってるわ。

春日　はー、それは大事だね。それは大事よ！

若林　すごい回り込んでくるね。

春日　一番いいパターンのやつだね。

若林　LINEしてるわ、勝手に。

春日　あー、いいねいいね！　抜きでやってくれたらそれはいいよ。

若林　勉強させてもらいます、先輩だから。

春日　そうね。困ったことあったら言って。結婚ってのは、1日でも早かったら先輩だからね。

若林　ははははは（笑）。芸歴と一緒だ。

春日　一緒、一緒。結婚と芸事は一緒だから。

※12 椿山荘
春日はクミさんとの結婚に際し、両家の顔合わせを「ホテル椿山荘東京」で行った。

若林　そうすると、春日、山ちゃん、俺の順番だ。

春日　そりゃそうよ。

そばチャン

【第524回】2019年12月21日放送

若林　春日語[※1]って、いろいろ崩して呼ぶじゃないですか。
春日　はい。
若林　クミさんとの間で、春日は俺の奥さんのこと、春日語で呼んでたりすんの？
春日　いやー、呼んではないかな。
若林　呼んではない。じゃあ、ないのね？
春日　ないかな、「ＴＶ（ティーヴィー）」とか、そんなふうには言ってないね。
若林　もし春日がテレビで俺の奥さんの話をするときは、なんて言うの？
春日　なんて言うんだろうな。「若林さんの奥方」とか、そんな感じじゃない？
若林　「奥方」って（時代的に）いいの？　それ。
春日　奥様の呼び方でさ、バチッと、しっくりくるのもあんまないのよ。
若林　そういえば「クミさん」って言ってるもんね。
春日　クミさんは「クミさん」って言えるから。「嫁」とかも違うじゃない。あと何？「カミさん」とかさ。
若林　今はジェンダーのあれがあるから、意識しないといけないしな。
春日　それもあるしね、ちょっとパシッとくるのが……「ワイフ」ってのも違うしね。
若林　（ビビる）大木さんだけだもんな。
春日　そうだよ、そうなのよ。だいたいもう持ってかれちゃってんのよ。
若林　あー、そうかそうか、だって歴史があるもんね、いろんな言い方するのは。

※1 春日語
春日が、主に佐藤満春との会話で使用する独自の言葉。「魚」（春日のこと）、「ヘイタク」（了解）など、意味のあるものもあるが、「ごんすな～TV」「オブです」「アピス」など、ほとんど意味はなく、春日のノリで使用法が決まるワードも多い。「スマートフォン」（スマホ）、「ロケーション」（ロケ）など、独自の言い回しは番組放送中にも使われる。

春日　「女房」が良かったんだけどさ、フルーツポンチの亘《わたり》（健太郎）くんが使ってんだよな。女房、いいよな～。

若林　**女房はとり合うもんじゃないでしょ。**

春日　女房、すごいいいな～と思ったんだけど、だいたい持ってかれてんだよね。

若林　それで、この間アンケートに「家族に嘘をついてること」っていうのがあって、なんかあるかなと思ったらさ、うちの女房がさ。

春日　おいおい！　それ亘くんのやつだぞ！

若林　じゃあ**「ニョボ林」**はどうかな？

春日　オリジナルだな！

若林　あはははは（笑）。

春日　ニョボ林、オリジナルだわ。その手があったか！

若林　あはははは（笑）。ニョボ林がね、そばアレルギーなんすよ。

春日　あら。若林さんはそば好きなのに。

若林　俺、そばが食べもんの中で一番好きなわけ。

春日　おっしゃってますわな。

若林　ニョボ林は、そばがめちゃくちゃ好きなの。だけどアレルギーなの。

春日　あーー、それはなんか、大変だよね。

若林　なんか、「死ぬ前に一回は食べたいなー」みたいなこと言ってんのよ。

春日　あー、もう全然ダメなんだ。しょうがないよね、体に出ちゃうから。

若林　でも、俺は一番好きなわけ。だから、たまにお昼に富士そば的なところで、そばとミニカレーみたいなのを頼むときに……。

春日　最高だよな。最高！

若林　家帰って、「お昼、何食べたの？」って聞かれたときに、**「カレー」**って答えてるの。

春日　いや、そこ気を遣うの？　それは別にいいんじゃない？　そんなんでニョボ林はさ、「え!?　ちょっと若林！」とならないでしょ。

若林　いや、言わないと思うんだけど。

春日　あー、ちょっと残念そうな感じにはなるのか、「あー……」みたいな。

若林　いや、別になんないと思うんだけど、なんか0・01ミリぐらい、なんだろうな、まあサガミオリジナルぐらいは「ちょっと食べたいな」って思わせちゃうじゃん。

春日　薄いね、いいね。0・01だな。

若林　それがなんか申し訳ねえなっていう意味で。カレーは嘘じゃないし。

春日　まあそうだね、うん。

若林　だから、必ずそば食べるときはつけてんの、ミニしらす丼とか、ミニ親子丼とか。やっぱ嘘はつきたくないから、俺は。**お前みたいに。**

春日　ふっはっはっはははは!!（笑）

若林　予期せぬときに来るだろ?

春日　来るねーー!　もらっちゃう、見えないパンチだね。もらっちゃうよなー!

若林　んで、そばチャンス、通称**「そばチャン」**っていうのが俺ん中であって。

春日　何が通称だよ。

若林　婚姻してからね。土曜にラジオあるじゃん。で、日曜日、（妻は）看護師として勤務が多いわけ。

春日　はいはいはい。

若林　（ラジオは）3時に終わるじゃん。で、毎回言うけど、やっぱなんだろうな、**グルーヴしちゃって、脳が。**寝れないんだよね、すぐね!　オールナイトのあとって。

春日　ダセぇな。

若林　ふふふふふ（笑）。

春日　ダセぇ!「寝れない」だけでいいじゃないの。まあまあ、興奮状態にあるからね。

若林　興奮状態にあるから。5時とか6時に寝て、12時過ぎぐらいに起きる、みたいなのが多いわけよ。で、ニョボ林はもう勤務行っちゃっていないわけ。病院行ってるから。

春日　なるへそ。

若林　そばチャンなわけよ。

春日　なるへっそーーー！　それ、でもあるな。そういう「なんとかチャンス」っていうのは。

若林　お前の言ってるチャンスはさ〜……。

春日　私はある、ＶＲチャンスがあるからね。まさに私が言うところのＶＲチャンスよ。

若林　でも春日、あれなんか中学生に戻るな、人間と住むと。

春日　戻る！　やっぱ本当に野良だったよね、今までね。自由に勝手にやってたよ。

若林　今まではさ、全然平気だったわけよ、『報道ステーション』観ながらね、ｉＰａｄでエロ動画観てるなんてことは。

春日　ふははは（笑）。まあ報道ステーションに限らずね。

若林　その話じゃないのよ、今日は。そばチャンの話してるの。

春日　ふへへへへ（笑）。違うの？　結婚したらいろんなチャンスあるよね、っていう。

若林　俺ね、毎日、３食の内の１個がそばでもいいぐらいのペースでそば食ってたのよ。

春日　へえ〜。まあ今までは自由だからね。

若林　そうそう、そのぐらいそばが好きなんだけども、週１ぐらいになってきてるわけよ。

春日　かぁ〜〜！

若林　俺、そばを食べに行くときに、車で行きたくないのよ。ストロークがほしい。やっぱりそばという目的が、だからタピオカ、タピる子たちと一緒なんだと思うね、「ソバる」というか。

春日　全然略してねーじゃねーか。

若林　ホントだ！（笑）

春日　なんだよ、ソバるって。ダセぇな。ふははは（笑）。全然タピると違う。あれはタピオカを略してるんだから。

若林　電車に乗ってね、『孤独のグルメ』的なナレーションを頭で流しながらそば屋に行くっていう、なんかその時間がたまらないわけよ。

春日　ははははは（笑）。孤独のグルメじゃない、完全に。

若林　ははは！（笑）

春日　てんてん、ててん♪

若林　電車で3駅ぐらいのところに、いつも行くそば屋があって。日曜の下りだったりするから、混んでないね、その電車に乗ってるのが良くて。なんでこんなに電車に乗ったりしてる時間がいいんだろう。俺、ドトールとかタリーズとか、ひとりでいる時間が結構必要な人間で。それはね、こないだ芸人以外の人としゃべってたんだけど、その人が**「すごいよね、芸人さんって。あんまり仲良くない人と会って、めちゃくちゃ仲いいようにしゃべる毎日じゃん」**って言ってて。

春日　はははは！（笑）　確かにそうだね。

若林　役者さんとかから見たらそうなんだよ。「初めて会った人ともあんなに仲良くしゃべる毎日なわけでしょ、あんな世界にいたら。それは若林さんもドトールとかに1時間いるよねー」みたいな話になったわけ。

春日　なるへそ。

若林　なるほど、と思って。なんか、俺の知り合いの夫婦でいるのよ、脱出ゲームとかイベントとかパーティーとかクリスマスとかって、テレビと同じようなことしてるヤツらが……。

春日　**やめてくれよ!!**

若林　どうしたのよ。

春日　どうしたのじゃないよ！

若林　ふははは！（笑）　そいつはなんでプライベートでもバラエティみたいなことできるんだろうと思ったら、俺はわかった。**バラエティを本気でやってないからだ**と思って。

春日　やってるわ！　本気で。

若林　ドトールでコーヒー飲むみたいにバラエティやってるから、ドトールとバラエティが逆になっちゃって。

春日　ははは（笑）。そんなことないわ！　だいたいひとりでしか体験しないから、クミさんも一緒に、ということでしょ。やる人によって変わってくるからね。本気でやらしてもらってますよ、そんなもんは。

若林 でもね、横にいてそれは感じる。**「あ、こいつ本気だな」**っていうのは。

春日 やめてくれよ！ そっちも。

若林 どっちなんだよ！

春日 そっちの褒めもやめてくれよ（笑）。

若林 で、（そば屋に行く）その時間が本っ当に楽しみなの。なんか昭和のそば屋で、テレビが置いてあって、日曜だから競馬が流れてて、『あぶさん』とか『タッチ』の単行本が置いてあるようなさ。手書きのメニューがバーッて（並んでいて）、なんかそういう店なわけ、狭めの。

春日 ちょっと小綺麗な流行りのそば屋さんとかじゃなくて、街のね。いい。

若林 そういうおそば屋さんなんだけど、おいしくて、俺が好きなそばがあるとこなの。

春日 最高じゃない。

若林 で、もう毎っ週、少年野球のコーチ6人が打ち上げみたいなことしてんのよ。

春日 なるへそ！

若林 もう俺がつく頃は、だいたい2時過ぎ。めちゃくちゃ少年野球のチームについて激論してんのよ、6人が。「強いチームになるにはこうしたほうがいいんだ」って。もうそば屋の外に停まってる自転車と原付も覚えちゃったぐらい。「あ、いるな。今日もまだ帰ってないな。あの原付とあの自転車だったら」って開けたら、ウインドブレーカー着てユニフォームのままのおじさん、40代後半から50代が4人。で、誰かの奥さんが1人。で、20代のコーチが1人。この6人編成なんですよ、毎回。

春日 だから、午前中練習して、昼メシ食べに行きながらいろいろね、「今後を話そうか」って言ってる人たちってことでしょ？

若林 そう、6人。毎回、同じメンバー！

春日　いや最高だな、それな。

若林　んで、めっちゃ激論なの。仲いいというよりは、「本当に強いチームを作ろう」と。

春日　真剣なんだね。

若林　相当。ビール飲みながら。枝豆の皮もなんかパリパリになってるのね。でね、もう覚えてきちゃって、選手の名前を。本当はゆっくり食べたいなと思いながら、毎週横で食って聞いちゃってる。小学校の高学年のチームだと思うんだけど、クロキはね、プレッシャーに弱いから、ランナーが溜まってるとスイングが小さくなるから、4番じゃなくて3番のほうがいいんじゃないか。

春日　うん。

若林　いや、クロキを4番として心も育てていくほうがいいんだ。……「**お前ら毎週言ってんな！　それ！**」って。

春日　クロキ、全然成長してないじゃん！　ふははは！（笑）

若林　クロキを4番にして成長させるのか、3番で自由に伸び伸びやらすのか決めろや！「先週も言ってましたよ」って、何度言おうと思ったか。「クロキはプレッシャーに弱いからな」って、それを話し合ってんじゃねえのかよ。

春日　全然良くなってないじゃん。ははは！（笑）

若林　「俺、司会やりてえな！」と思って。（『朝まで生テレビ！』の）田原総一朗の位置で、クロキ3番派、クロキ4番派、理由をフリップに書かして。俺にまとめさせてくれと。

春日　なるほど。

若林　で、毎週毎週、クロキのメンタルは成長さしてくれと！

春日　そうね、話がまとまってないからクロキも成長してないしね。なんにも変わってないってことでしょ。

若林　俺だけだよ、あのそば屋で毎週成長してんの。

春日　へへへへ（笑）。やっぱりクロキのこと考えるから、ちゃんとね。

若林　ピッチャーのスギヤマとさしてくださいたんだけど、スギヤマかスギサキか忘れたんだけど、スギヤマとさしてください。

春日　まあまあ、なんでもいいですよ。

若林　スギヤマはオーバースローより、スリークォーター[※2]のほうがコントロールが良くなるけど、球のスピードは遅くなるんだって。でも、すごくコントロールが良くなるから、スリークォーターにしろと。一番若い20代がピッチングコーチなんだよ、どうやら。「スリークォーターを完成させろ」っていうのを、もう先週も言ってたぞと。

春日　それも決まってないの？

若林　スリークォーターに決まった週があったの、1カ月ぐらい前。球速は弱まるけど、やっぱりフォアボール出すよりはいい、ってまとまったんだから早く育てろよと。でも、なんかうまくいってなくて、まだコントロールが。コントロールを定めるためにスリークォーターにしたのに、**「『コントロールが定まってません』じゃねーんだよ！」**と思って。

春日　仕事してないじゃないかと、コーチがね。

若林　それで、立場的に真ん中辺のコーチがね、冬になると寒くなるから、体操のあとキャッチボールで、ベースランニング、みたいな順番なのを、ベースランニングを先にしたほうがいいんじゃないか、肩が冷えてるから、みたいな話を、**みんなに無視されてたけどね。**

春日　なんでだよ！　それはそっちのほうがたぶんいいと思うよ。

若林　あと、**ニシムラが受験するから抜けるらしいのよ。**

春日　誰なんだよ！

若林　左。唯一の左ピッチャー。

春日　中学受験するから？

若林　「中学受験するから、ニシムラが抜ける。痛いなー」っつってて。俺、「ニシムラが抜けた

※2 スリークォーター
真上から投げるオーバースローと、真横から投げるサイドスローの間ぐらいの角度で投げる投球方法。

分、早くスリークォーターのスギヤマを育てろや！」と思って。あとね、これが一番引っかかってんだけど、一番発言権がある人がね、「今の子は、褒めて伸ばしたほうがいい」って言うのよ。

春日 あー、はいはいはいはいはい。

若林 でも、同じぐらいの立場の人が、「それはわかるんだけど、基本、叱るっていうベースで褒めるから、子供たちに入るんじゃないか」みたいな。

春日 なるほど、アメとムチみたいなね。

若林 「いや、褒めるほうがいいんじゃないか」。その話も、もう3週間前に言ってたぞ。

春日 決まんねえなあ。

若林 俺は「人によるだろう」って思うわけよ。

春日 なるほど。チームの方針にするんじゃなくて。

若林 「今の子は」って言い方やめようや。やめようよ。やめようよー！　って思うのよ。MCで入りたいのよ。明らかにクロキは褒めて伸ばしたほうがいいよ、そんな、ランナー溜まったらスイング縮こまるヤツは。

春日 怒ったらまた縮こまる可能性あるからね。

若林 俺ね、週ごとにイライラするようになっちゃって。

春日 そりゃ良くないよ。

若林 毎週楽しみのそばが。クロキがもうぜんっぜん決まんないのよ、3番か4番か。あと、あと！　ひとりだけ、どのコーチの子供かわかんないんだけど、ユニフォーム着たまま、（ニンテンドー）スイッチとかやりながら座ってんだけど、**「子供に流れてるからな、ここで話してること」**って思うわけ。スイッチやりつつ聞いてるからぁ！

春日 まあそうね。うーん、可能性はあるな。

若林 もう毎週、「ゆっくりしたいんだけどな」と思いながら。先週、またそばチャンがあって。電車に乗ってさ……お前なんか笑ってんな。なんで笑ってんの？　俺がひとりでそば食いに行って。テキサンズ[※3]の上下のジャージ着て。

春日　いや、笑っちゃいないよ、わかるっていう話よ。向こうにも思われてるぞ、「テキサンズのジャージのヤツ、毎回いるな」って。

若林　一回、トイレですれ違ったときに、コーチのひとりに言われたけどね、「スティーラーズ[※4]好きなんですよ」って。

春日　ふはははは！（笑）

若林　それはいいのよ。あんま話しかけないようにしてくれてるからありがたいんだけど、そんで、そば屋に向かって歩いて。「今日もいるかな？」と思って。

春日　**もう楽しみになってるじゃない、コーチたちのことが。**ふははは（笑）。そばじゃないじゃん、目的が。

若林　そばをゆっくり食べたいなってことよ。

春日　いや、そばじゃなくなってる、目的が。

若林　なんかね、そば屋が遠くに見えてきたんだけど、活気がないわけ。自転車停まってない。そば屋の真ん前行ったらさ、シャッター下りてて、張り紙よ。「12月15日（日）は、都合により臨時休業させていただきます」って。……**「いや、クロキはどうなったんだよ！」**と思って。

春日　もうそばじゃなくなってんじゃないかい。「そば食えない、残念だな」だろ、そこは。

若林　「クロキが4番に入ったのか聞かしてくれよ！」と思って。

春日　もうコーチになったらいいよ、そこの。

※3 テキサンズ
アメリカのプロアメリカンフットボールリーグ・NFLのチーム「ヒューストン・テキサンズ」。

※4 スティーラーズ
NFLのチーム「ピッツバーグ・スティーラーズ」。

スペシャルインタビュー

成田 凌

「永遠の憧れであり、決して立ち入れない聖域」

若林が放送中、「成田凌さんの顔が世界で一番好き」と宣言したことは、多くのリトルトゥースの記憶に新しい。そんな若林の突然の「告白」を成田本人はどう受け止めたのか？　また、ラジオへの愛、オードリーへの愛を、成田に初めて語ってもらった。

成田 凌（なりた・りょう）

1993年11月22日、埼玉県生まれ。2013年に『MEN 'S NON-NO』の専属モデルとしてデビュー。翌年には俳優デビューも果たし、以降、ドラマ・映画・舞台・アニメの声優など、ジャンルを問わず活躍している。2021年には第44回日本アカデミー賞優秀助演男優賞を受賞するなど、今最も注目を集める俳優の一人。同年、『成田凌のオールナイトニッポン』で、初めての「オールナイトニッポン」、初めての2時間ひとりしゃべりに挑戦した。

それは、人生を変える出会いだった

――コーディネート[※1]がラスタカラーですね！

成田 ありがとうございます。今回のインタビュー、お引き受けするかどうか、正直、すごく迷いました。

――なぜですか？

成田 もっと長く、ずっと番組を聴かれている方がたくさんいると思うので、僕のような新参者のリスナーには恐れ多すぎて……。でも、ご依頼いただけてとても嬉しかったので、自分なりに『オードリーのオールナイトニッポン（以下、ANN）』への想いをお話しできればと、まずは、私服からラスタの組み合わせを選んでみました。

――ありがとうございます、とても素敵です。『オードリーのANN』はいつ頃から聴き始めましたか？

成田 武道館のすぐあとなので、ここ5年くらいだと思います。

――きっかけは何だったのでしょう。

成田 理由は単純で、リトルトゥースの友人にすすめられて聴き始めたら、すぐにハマってしまったんです。「僕はなんでもっと早く聴いてこなかったんだ……」と激しい後悔に襲われて。それこそ、若林さんで言うところの「新しい頭痛薬に出会って人生変わった」くらいのレベルで、僕の人生も変わりました。

――長年片頭痛に悩まされた若林さんが、ある頭痛薬に出会ってその痛みが劇的に軽減した話、ですね。オードリーのANNでのたとえ、とてもわかりやすいです（笑）。

『オードリーのANN』は、どの番組よりも雑談しているのが心地いい

成田 ありがとうございます（笑）。主に移動中に聴いているのですが、移動の車内では常にラジオを流しています。オードリーさん以外のラジオも聴くようになってからは、ラジオが聴きたいから、移動時間が長い方が嬉しいくらいです。

――それほどラジオに、特に『オードリーのANN』に惹かれたポイントは何だったと思われますか？

成田 これは、僕よりもリトルトゥース歴が長い兄貴がポロっと言った一言で、思わず膝を打ったのですが、「『オードリーのANN』って、どのラジオ

よりも雑談してるよな」と。時事やその週に合うトピックを話すわけじゃなくて、あくまで自分自身に起きた出来事を話してくれる。

――確かに、2時間のうちでも特に、オープニングは「雑談度」がより高くなります。

成田　そうですよね。仲が良い二人の会話を、ファミレスの隣の席で聞かせてもらってる、みたいな感じがとても心地良いです。そういえば、今回お話をするにあたって、自分がまだ聴けていない放送を聴こうと、「オールナイトニッポンJAM」[※2]で2009年の初回放送から聴けるところまで聴いてみたのですが、話すテンポが速いこと以外は、基本、今と変わらなくて。やっぱりずっと「雑談」していて、それがやっぱりすごく心地良くて……。15年経ってお二人に様々な出来事や変化があっても、芯の部分が変わっていないことに驚きました。でも、だからこれだけ多くのリスナーから熱い支持を受けているんだと、納得もして。聴けていない回がまだたくさんあるから、人生の楽しみが一つ増えた感じがしています。

同級生に戻る瞬間に、幸せと儚さを感じる

――ラジオのオードリーの魅力について、「雑談」という言葉が出ましたが、具体的にどんなトークが印象に残っていますか？

成田　僕、岡田マネージャーのファンで、若林さんが頼んだあんパンを絶対に買ってきてくれない岡田マネの話、最高でした。

――収録の合間にあんパンで糖分を補給したい若林さんに、なぜか月餅などを買い続けてきた話ですね。

成田　若林さんって、春日さんに対し

てもそうですが、近くにいる人の「ちょっと変わったところ」を的確に言語化して伝えてくれますよね。その人たちの言動を純粋に楽しんでいる様子に、僕も彼らを好きにならずにはいられない。あ、食べ物といえば、助六寿司の話も大好きで、僭越ながら共感もしちゃいました。

――「助六寿司を与えておけば若林は喜ぶだろう」と、スタッフに思われている気がする、という。

成田　そうです。僕も、車で移動するときいつも、マネージャーさんが決まったおにぎりと飲み物を用意してくれるんですね。それが、最近新しいマネージャーさんに代わったところ、僕からは頼んでいないのに、それら一式が置かれていて。「成田が喜ぶものリスト」が引き継ぎ事項にあったのかなって一瞬モヤッとしつつ（笑）、実際に喜んで食べるから、とてもありがたいんですけどね。

――春日さんのトークではいかがですか？

成田　やっぱり、春日語かなぁ。「コンビニエンス」「マクドナルド」「スマートフォン」。春日さん独特の言い回しが、心地よい「雑談」のふとした瞬間に投げ込まれると、ポンっとアクセントが加わって一瞬の高揚を感じられて。なんだろう、たとえば普段は標準語の方から不意に関西弁が出る、あの特別感と似ているかもしれません。

――春日語に、若林さんがすかさずツッコむやり取りも恒例ですよね。

成田　あと印象的だったのは、「グレゴリーボム」[※3]！　結婚されてから、クミさんという新たな客観的視点ができて、春日さんについての情報量が増えましたよね。春日さんの到らない点を追及されることも増えて、それがまた面白くて。それと、春日さんのトーク

を若林さんが巻こうとするのも、大好きなパターンです。

――「で、買ったんだろう?」とかですか?

成田　そうです！　誕生日プレゼントとかもそうだし、春日さんがフィンスイミングの日本代表になったときの話でも、「それでスタートしたんだろう?」ってどんどん巻いていく。これは、若林さんにしかできないトークだと思います。それに、若林さんの「これね、言うと生意気だなって言われるかもしれないですけど」って前振りを入れてからしゃべる、あの流れも大好きで、飲んだときたまに真似しちゃいます。意味をわかってくれる人がいないとできないんですが（笑）。

ふたりが同級生に戻る瞬間は誰も立ち入ることができない聖域

――春日さんが「生意気だな！」とツッコむまでがセットの。

成田　ああいうやりとりは、おふたりが同級生に戻る瞬間でもあって、ぐっときちゃう。おふたり以外、誰も立ち入ることができない瞬間、聖域ですよね。それがうれしくもあり、でも、ちょっと寂しくもあって……。

――寂しさも感じるんですか？

成田　内輪ネタでも、おふたりはもちろんリスナーに分かるように話してくれていてそれに笑わせてもらっているんですが、同時に、どうしたってそれは永遠に共有することはできないことでもあるから、儚さも感じます。学生時代からの友達コンビだからこそ、いや、オードリーさんだからこそのものですよね。いやー、やっぱり魅力しかない番組です！

僕の中の若林さんが見ているから

――若林さんとはテレビで共演されたご経験があります。

成田　僕、「若林さんに嫌われるような人生は歩んじゃいけない」って常に意識していまして。

――というのは？

成田　お天道さまが見てるから悪いことはできない、と同じように、「僕の中の若林さんが見てる」から、若林さんが嫌うようなことはしたくない、という感覚かな。たとえば、以前若林さんが放送で話された、タクシーを止めるときに車道に大きく飛び出して止めている人に対しての憤りは、若林さんがよくツッコミとして発する「視野がせめえな！」からきていますよね。あれを聞いて、「あ、やばい。僕もやっちゃってるときあるかも」って、正直焦りました。

――なるほど。リスナーにもそう考える人、多いかもしれません。

成田　それと、若林さんのトークで、ひまわりを種から育てた話は、今でもたまに思い出します。出てきた芽を、[※4]芸人の生き様にたとえていて、感動すら覚えたというか……。

――ひまわりを育てるだけなのに、その行為に人の生き方の本質みたいなものを見出していましたよね。

成田　たぶん若林さんは、常に本質というものを見ている、見るようにしていて、その向き合い方に僕は惹かれているんだと思う。自分のこと、世の中のことをずっと考え続けている方……とにかく憧れの存在です。

――東京ドームライブについてはいかがですか？

成田　僕からすると、夢として抱くにも壮大すぎて、意味が分からないくらいすごいなって思っています。しかもお二人の場合、バンドマンがいつか東京ドームでライブしたいと願って、結果、ついに実現できた、みたいな話とはまた違うじゃないですか。だから余計にすごい……。想像しただけで涙が出そう。当日、客席で泣いちゃうリスナーが多いだろうなぁ。僕も楽しみです、本当に楽しみ。

――最後に、今後の番組やオードリーに期待されることがあれば教えて下さい。

成田　ただただ、お二人が健康でいてくれたらそれが一番うれしいです。番組が続く限り、僕はお二人を追いかけ続けます。「自分の中の若林さん」に見られながら（笑）。

※1 コーディネートがラスタカラー
取材当日の成田の服装は、黄色地に赤色の文字がデザインされたTシャツと、緑色の上着というラスタカラーの組み合わせだった。本書の電子版ではカラーで見ることができる。

※2 オールナイトニッポンJAM
オールナイトニッポンの過去放送が聴けるサブスクサービスのこと。

※3 グレゴリーボム
機嫌が悪いとき、春日は、若林からプレゼントされた愛用のグレゴリーのリュックを、激しく投げつけるように置く。それが周囲の人間を怯えさせていると若林やクミさんから指摘された。

※4 ひまわりを種から育てた話
本書P295に収録。

スペシャルインタビュー

向井慧（パンサー）

「いちリスナーとして番組を見守りたい」

ラジオ愛溢れるパーソナリティとして、多くのラジオ番組を担当している、パンサーの向井慧。リスナーとしてもさまざまなラジオ番組に触れてきたという向井に、オードリーのオールナイトニッポンの魅力や、「ラジオのオードリー」について聞いた。

向井 慧（むかい・さとし）

1985年12月16日、愛知県生まれ。NSC東京校11期。2008年、菅良太郎と尾形貴弘と「パンサー」を結成。トリオとして『有吉の壁』（日本テレビ）などに出演しているほか、個人でも『王様のブランチ』、『よるのブランチ』（ともにTBS）や、『DayDay.』（日本テレビ）などのテレビ番組に出演。また、『パンサー向井の＃ふらっと』（TBSラジオ）、『パンサー向井のチャリで30分』（ニッポン放送）、『#むかいの喋り方』（CBCラジオ）など、ラジオパーソナリティとしても多くの番組で活躍している。

同級生ラジオに対して抱いてきた圧倒的な憧れ

――普段はどのようなタイミングでオードリーのANNを聴かれているのでしょうか。

向井　基本的には、リアルタイムで聴いています。朝[※1]のラジオを始めてからは、夜11時に寝ちゃうんですけど、木、金、土だけ、夜更かしできるので。

――すごい、リアタイ派なんですね。番組を聴くようになったのは、いつ頃からでしょうか。

向井　僕、聴けるラジオと聴けないラジオが、その時期によってあって。オードリーさんがオールナイトを始められたときは、M-1で準優勝されて、テレビにいっぱい出始めた時期だったと思うんです。その時期って僕自身、生意気にもトガっている時期だったりして、先輩なのにおこがましいんですけど、オードリーさんは「戦わなきゃいけない人」みたいな。そういう人のラジオってなかなか聴けなくて。

――ちょっと聴いてみようかな、と思ったのは、どんなタイミングだったんですか？

向井　同期でラジオ好きの好井まさおから、「向井の名前、出てたで～」って言われて。若林さんが、次の世代のテレビの回し役みたいな言い方だったのかな、ハライチ澤部（佑）、三四郎小宮（浩信）、向井っていう名前を出してくれてたと知って、聴いてみた、っていう感じだったと思います。

――聴いてみたら、ハマった。

向井　僕、ラジオが昔から好きで、中でもナインティナインさんのオールナイトとか、くりぃむしちゅーさんのオールナイトとか、高校時代の話をするような同級生のラジオがすごい好きなんですね。自分は幼馴染とコンビを組んだけど、解散してしまったから、圧倒的な憧れがあるんですよ。

――オードリーのANNも、学生時代の話がよく出てきますよね。

向井　そうですね。その流れでオードリーさんも「この感じ良いな〜、面白いな〜」って思ったのと、あとは若林さんの、「たりないふたり」につながっていくような、なんか芸能界になじめない感じ。そのたりなさを面白く話しているのって、あんまり聴いたことがなかったというか。外に向けた思いや怒りだけじゃなくて、自分の内側に向いた葛藤をしゃべっていたのが衝撃的でしたね。

——中でも記憶に残っているエピソードなどはありますか？

向井 やっぱ、春日さんがMVSを獲って、若林[※2]さんは獲れなかった話が、僕の中で一番残ってるんですよね。パンサーでトークライブやるときも、絶対に僕がトークを持って行ってしゃべってるのに、結局、テレビでハネていくのが尾形さんで、「なんなんだろうな、これ？」みたいな。腹が立つわけでもなくて、なんとなくモヤッとしたものを感じていたんですけど、「まさにこれだ！」みたいな。

——一方で、そのように自身に引き寄せることなく、いちリスナーとして楽しんでいるときもあるのでしょうか。

向井 基本的には、いちリスナーなんです。何か考えながらオードリーさんのラジオを聴く、っていうのはあんまりないですね。ただただ、面白く聴いてる感じです。

最初は「戦わなきゃいけない人」だと意識して なかなか番組が聴けなかった

——ラジオの春日さんに関してはどうですか？

向井 DJ松永[※3]さんもおっしゃってるんですけど、まあ勝手ながら、春日さんがノッてない時期みたいなものは、気になっちゃいました（笑）。相槌とか、ひとこと足すとか、なんでしないんだろうな、って思った時期もありました。コンビの関係性がどうしても反映されるものだと思うので、今の春日さんの、結婚されて、お子さん生まれて、いろいろ経ての相槌もあるし。やっぱりそれも、ある種ドキュメントというか。でも、若林さんがずっとそこを許してないのも、僕はすごく面白い。

——決して逃さない。

向井 「お前、今さら相槌打ってきてるけど」って、たぶん僕だったら言えないところなんです。そこを逃さないのは、僕の〝良心〟だったらできない（笑）。でも、そこを逃さないのが、やっぱ若林さんの、若林さんたる所以《ゆえん》というか。もちろん、関係性による信頼もあってのことなんでしょうけど。ただ「安心して聴けるね～」なんてラジオじゃないんですよね。

——聴いている側も、ちょっとピリッとするというか。

向井　はい。結婚されて、お子さんも生まれて、昔とはしゃべってる内容が変わる部分もある。そりゃ若いときのほうがヒリヒリすることとか多いんですけど、じゃあ今そうじゃないかっていったら、全然そんなことなくて。むしろ、そこがクセになるというか。

——スペシャルウィーク[※4]の企画で、春日さんの気持ちに緩みがないか検証していたのも、まさにそうですよね。

自分の内側に向いた葛藤を語る若林さんの話は衝撃的だった

向井　だから、そこが若林さんの特色というか、完全に信頼している人こそ、刺しにいくっていう。それは「たりないふたり」の山里（亮太）さんに対してもそうだし、春日さんに対しても、春日さんの奥さんのクミさんに対してもそうで。「そんなこと言うんだ！」っていうようなことをおっしゃるのって、むしろ全部腹を見せてる人に対してなんじゃないかと思います。

——中でも、クミさんに対する踏み込み方は、絶妙にライン取りされている気がします。

向井　若林さんのそのあたりのバランス感覚は、本当に飛び抜けてると思いますね。

若林さんになら全力で球を投げられる

——番組にはパンサーとしてゲスト出演されたこともありますが、それまでは断られていたそうですね。

向井　そうですね、何度かお断りはしましたね。本当に、自分が出ているのを聴きたいと思わないっていうだけなんですけど。聴ける回が1回減っちゃうっていう。

——出てみて、どうでしたか？

向井　めっちゃくちゃ楽しくて。自分が投げられる球ってすごく限られてるんですけど、その球を全力で投げたときに、わかってくれているキャッチャーの方がいると、すごくいい音を鳴らして捕ってくれるっていう。

——安心して全力を出せる。

向井　「こいつはこうやって受けてあげたほうが、いい音がする」って、若林さんがわかってくれるので、パンパンパンパン、球を捕ってもらっていたなあ、という印象ですね。
——向井さんの球種を、若林さんが理解している部分も大きいんですね。
向井　ありますね。結局、面白いヤツが勝利、っていう世界なので、誰かに対するカウンターとか、圧倒的に強い人には勝てないっていう弱者の叫びとかって、勝ち続けてる人には、「何言ってんの？」っていう話なので。たぶん、若林さんは負けてきた経験もされているから、「なるほど、そういう球ね」って受けてくれるんじゃないかと思います。
——そんな若林さんと春日さんが、東京ドームでライブをやりますが、「4万5千、埋まりますよ！」と、若林さんに声をかけられたそうですね。
向井　そうですね。もちろん、やる側からしたら、「わかんないよ、埋まるか」っていう気持ちになるのもわかるんですけど。フジテレビのメイク室で若林さんとお話してたときに、若林さんより少し上の芸人さんから「なんか東京ドームでやるんやろ？」って聞かれたら、若林さんが「いや〜、全然大したことじゃないんで」「ラジオのイベントなんで」みたいに謙遜されてたんですよ。本人にもお伝えしたんですけど、後輩としては『やるんすよ！』ってかましてくださいよ！」って思いますね。それを言わないからできるトークが、若林さんにはあるんですけど。
——なるほど。あと、この本は番組15周年記念の本でもあるんですけど、オードリーのお二人が15年もラジオ番組を続けていることについては、どう思われますか？
向井　結果でしかないんだろうなと思いますけどね。続けようと思って、続けられるもんじゃないし。1週間、アンテナをビンビンに立てて、なんとかその週しゃべることをかき集めて、放出して、またゼロに戻って。もうその繰り返しで精いっぱいというか。オードリーさんも、それを繰り返していった結果の15年、じゃないかっていう気はしますね。

――聴く側としては、それが当たり前になってしまいますが、改めて考えるとすごいことですよね。

向井　でも同時に、僕もそうだし、若林さんもきっとそうなんだろうなって思ってるんですけど、めっちゃ気軽に聴いてほしいんですよ。そんな大変なものだと思われたくない。

――確かに、正座して聴くようなものではないというか。

向井　これって、ぐるぐる思考が回ってしまう人の特徴なんですけど、本当のことをしゃべりたいんですよ、ラジオって。で、本当のことをしゃべっていくと、結局、「トーク集めるのが大変」っていうことが本音なんで、そこをしゃべっちゃうんですけど、そこをもう1個、ぐっと進んでいくと、「でも、こんなに大変だってことは、しゃべりたくないな」って思うんですよ。普通に聴いてほしいから。

――なるほど。

向井　最近の若林さんからは、「全てしゃべっていく」っていう覚悟みたいなものを感じますけど、また何年かしたら迷うのかもしれないし、ひとつのところにとどまらず、思考をかき混ぜ続けてるんじゃないかと思います。

――では最後に、番組やおふたりに期待されることなどはありますか。

向井　いや、そんなことは……ただ番組を続けてほしいっていうだけですね。

――また番組に出たいという気持ちは……？

向井　いや〜、もういいですね（笑）。いちリスナーでずっといたいです。

※1 朝のラジオ
『パンサー向井の#ふらっと』（TBSラジオ）は、月曜から木曜の朝8時30分から放送している。

※2 若林さんは獲れなかった話
2015年、春日は『人志松本のすべらない話』（フジテレビ）で、MVS（Most Valuable すべらない話）を受賞。ラジオでは毎回オープニングトークと自分のトークを用意してきた若林にとって、目の前で春日にMVSを獲られたことは、ディレクターにトークゾーンの順番を春日先行に入れ替えてほしいと願い出るほどショックだったという。

※3 DJ松永さんもおっしゃってる
DJ松永は、結婚前の春日について「(ラジオに対して)あんまりやる気がなかった何年間がある」と語っている。

※4 スペシャルウィークの企画
2023年10月21日に放送された「春日の気持ちをもう一度引き締めようSP」。

傑作トーク2020

春日の家族トークが増えていく一方で、若林は変わらず抱え込んだ感情を爆発させるなど、「武道館以降」のかたちを模索していた2020年

キン肉マン酒場

【第527回】2020年1月11日放送

若林　あの〜、ディレクターの水ぐっちゃんなんだけど、年も明けて、久しぶりにちょっとメシ食おうや、みたいな感じになって。で、「店どうする？」って、昼間LINEでやりとりしてて、「あ！　そういえば、『キン肉マン酒場』行く？」「ああ、めっちゃいいねぇ。キン肉マン酒場行こうよ」みたいになって、そいで行ったのよ。

春日　え!?　行ったの？　ちょっと待ってくれよ。私も行こうって言ってたんだよ、水口Dと。

若林　フフ。それは俺は知らないよ。水ぐっちゃんと話してよ。

春日　ええ!?　ちょっといい？　電話して。ははは（笑）。いや、結構前からよ。何、先に……！　いや、若林さん悪くないよ、別に。

若林　でも水ぐっちゃん、言ってたよ、**「やっぱあいつホント、イヤんなるなー」**って。

春日　はははは（笑）。何がだよ。

若林　新日本プロレス、今年は東京ドームで、1月4日、1月5日とね、1・4と1・5とやって、1・4を春日と行ったんですって。そしたら、号外みたいな特別バージョンのスポーツ新聞が売ってて。コンビニの外にテーブルを出してね。「買おうや〜」つってたら、春日が店員さんに「これ、店の中行ったらレシートもらえますか？」って聞いたんですって。で、お店の中に入っていって。もう行列ですよ、ドームで試合始まる前だから。それに並んで、レシートだけもらうので5〜6分待たされたと。

春日　ふふふふふ（笑）。

若林　140円のね、レシートもらうのに。
春日　言うなよ、それを～。
若林　そういうのがバンバン起きると。だから、「あいつとはもうキン肉マン酒場行きたくないんだ」って。
春日　ちょっと待ってくれよ！　いつ行こうかすり合わせててさ、その東京ドームのあと……。
若林　まあ今のはね、ボケですけども。
春日　どこがボケなんだよ！
若林　あははは（笑）。
春日　ホントのドキュメンタリーだよ、今のは。別にボケじゃない。真実を、起きたことを報告しただけじゃないかよ。なんだよぉ。
若林　それで、俺と水ぐっちゃん、めちゃめちゃ世代で好きだから、キン肉マン酒場に行ったのよ。そしたらさ、もう店に入る前の通路から、いろんな超人が壁にバーッと貼られてて、**「こんなにテンション上がるのか！」**って思ったほど上がったね、俺は。
春日　この年で。
若林　この年で。
春日　なるへそ～、いいね。
若林　で、中入ったらさ、キンケシのガチャガチャがあって、グッズとかが売ってて、壁にドーンとキン肉マンのイラストが描いてあって。ちょっとリングのセットみたいになってるところに、ゆでたまご先生ね、中井（義則）先生と嶋田（隆司）先生が、等身大パネルで握手してるパネルが置いてあって。そこの後ろにキン肉マンだ、ロビンマスクだ、ウォーズマンだ、っていう超人たちのパネルが並んでんのよ。
春日　へえ～、結構本格的だね。
若林　「水ぐっちゃん、これ最高だな」つって。自分でも、もうドキドキしてきちゃって。「こんなテンション上がんの？」って。
春日　そりゃあテンション上がるよ。
若林　席に通してもらったらさ、ガラスケースになってて、中にキン肉マンが連載されていた当時の『少年ジャンプ』が全部あんのよ。で、自由に取り出して読めるようになってんだよ。

春日　すごいねそれ。貴重なジャンプじゃない？　それを自由に出して読めんの？

若林　うん。それ読んでたら、俺さぁ、なんか泣けてきて。少年ジャンプを初めて知ったときの感動があるじゃない、子供のときに。

春日　あるねぇ～。

若林　だってさ、今さ、Netflixで新しいシーズンがなんだって、ないもん。ほぼ仕事のために観るだけ。自分で好きで観るもんなんてないよ。だから、25歳までだなと思った、人間って。

春日　何がよ。

若林　**新しいものにドキドキできるの。**

春日　へへへ（笑）。そんなこともない……いやぁ～そうかもしれんなぁ。新鮮に、ってことね。

若林　そう、新鮮に。

春日　でもなかった？　ゴルフ初めてやったときとかさ。楽しいっていうか、こんなおもしろいものがあるのか、みたいな。

若林　**いやホント、ラジオのためだね、あれ。**

春日　ふははは（笑）。寂しいこと言うなよぉ。いやでも、まあわかるな。

若林　それだって感動しなくなってきて。テレビの仕事に。充実はしてるよ、毎日。これだけ言わして、**充実はしてる。**

春日　かっこよくないよ、別に。

若林　いいツッコミ入れんねぇ、しかし。

春日　ツッコミではないのよ、感想だよ（笑）。

若林　ちょっと俺、全然トーク進んでないんだけど（笑）。

春日　だから感動したってわかるよ、ジャンプを初めて見たときのね、「こんなものがあるんだ」っていう感動を思い出したってことでしょ。

若林　うん。それで、「今いらねぇだろ」って言われちゃうかもしれないけど、武道館のライブは感動したねぇ。

春日　いや、今いらねぇだろ。

若林　武道館にリトルトゥースたちが360度、集まってて。こんなとこでお笑いライブができるんだ、漫才ができるんだ。ははは（笑）。**あれはジャンプなんてもんじゃなかった。**

春日　喜ばねーよ。武道館来たお客さんも今ので「は〜良かった！　うれしい！」とはならねーよ。それでこの話はどうなるんだよ（笑）。

若林　それで、モニターにアニメのキン肉マンが映ってんのよ。でさぁ、4年なんだってね、キン肉マンってテレビでやってたの。

春日　え!?　そんな短い？

若林　そうなんだって。俺たちが小学生ぐらいだったんじゃないの、ちょうど。

春日　ずーっとやってた気が……。小学校を卒業するぐらいまでやってた気はするけどね。

若林　俺、少年野球びっちり、小2から小6ぐらいまで日曜日、朝6時半から始まる練習やってたから、テレビアニメ観れなかったのね。で、唯一観れるのが雨で中止になった日だけで、とか思い出すじゃん。

春日　なるへそ。

若林　それがオヤジになって観れる……とか思ってたらさ、なんか水ぐっちゃんがスマホ見ながら「うわっ！　あ〜、マジか！」みたいな。「嶋田先生が今から来るって」つって。

春日　えぇ〜。どういうこと？　なんで？

若林　なんか水ぐっちゃんが、（嶋田先生の）知り合いの人に「キン肉マン酒場行くんですよ」って言ったら、「えぇ、そうなんですか、若林さんもですか」ってなって、それを嶋田先生に言ったら、嶋田先生がたまたま外でごはん食べてて、近くだったから「行こうかな」って。

春日　えぇ〜、すごいね。

若林　それでさぁ、嶋田先生がね、ダッフルコートと、あの、NEW ERAの帽子かぶって。

春日　それはいいけど。

若林　俺の真横に座んのよ。**そこそこうれしく**

て、俺！

春日　「そこそこ」ってなんだよ！　飛び上がんなさいよ。嘘でもね。フフッ。

若林　いや、一回対談したことあったから（笑）。

春日　そんなことは関係ない、別に。サプライズっていうかね、わざわざ来てくれて、うん、それはうれしいでしょうよ。

若林　そっからはもう質問攻めよ。キン肉マンを18歳から始めてると。「じゃあ、あれ描いたときはいくつですか？」みたいな、ミーハーな質問ね、させてもらっちゃってさ。

春日　まあしょうがないよ。

若林　で、嶋田先生さ、結局ね、めちゃくちゃ酔っ払って。

春日　酒場で？

若林　もうね、**自分が描いた漫画の店で潰れてんのよ。**ははは（笑）。俺、もうすっごい、尊敬なんてもんじゃないじゃん？

春日　まあそうだね。

若林　なんだろ、もう神様に近い感じだよね、正直。子供のときから。

春日　そらぁそうですよ！

若林　それがベロベロに酔ってさ、「大丈夫ですか？」って聞いても、「ああ〜、はい、はい」とかなっちゃって。そしたら「あああぁっ！」って、急に嶋田先生が言って。

春日　うん。えぇ？

若林　**「はっ、まだキン肉マン酒場か。3軒目ぐらいに行ってんのかと思った」**みたいなこと言って。そしたら俺が言うわけよ、「いや、クロノスチェンジじゃないんだから」って。

春日　フフフ。

若林　ペンタゴンっていう超人が時間を操る「クロノスチェンジ」って技があるんだけど。

春日　位置が変わったりするね。

若林　そしたらもう、水ぐっちゃんも嶋田先生も酔ってるんだけど、爆笑。

春日　ふふふふふ（笑）。

若林　「さすがですね」みたいな。全部キン肉マンでツッコミ入るから、「嶋田先生帰れますか？　ブラックホールがいればねえ、四次元に突っ込めるんだけど」みたいなこと言ったら、もう俺の顔指さして、爆笑。はははは！（笑）

春日　ご機嫌だなあ。**ただの酔っ払いじゃねぇか。**

若林　嶋田先生が「若林さん、写真撮りましょ〜」って千鳥足で歩いてんだけど、お客さん、誰も気づかないのよ。

春日　なんで気づかねぇんだよ。顔はわかんないもんなのかな。そこにいるとは思わないのか。

若林　思わないのかもね。で、40周年の中井先生と握手してる自分の等身大のパネルに、ベロベロの本人が肩組んで、「若林さん、写真撮りましょうよ〜」って。あはははは！（笑）

春日　それ、気づかれなくてよかったわ。気づかれてたらもう、がっかりされるから。

若林　で、ほかのお客さんがいるイスのところにガシャガシャガシャー！　とかって、ははは、入ってっちゃったりさあ。あははは（笑）。

春日　最悪だなあ。いつそんな酔ったんだよ。楽しかったのかなあ。はははは（笑）。

若林　でさ、嶋田先生がトイレから帰ってこなくてさ、迎えに行って「ベンキマンに流されたんじゃないすか？」とか言ったら、俺の顔指さして笑ってんのよ。「ラジオで話してください」つって。**「話すかよ！」**みたいな（笑）。

春日　あははは（笑）。

若林　もう最後のほう、「話すかよ！」って言ったから。それでさ、俺と水ぐっちゃんで嶋田先生を両脇から抱え上げてさ。あははは（笑）。

春日　今、そこまで酔ってる人ってあんま見なくないか？　フフッ、飲み方わかんなくて酔っちゃってるとかはわかるけどさ。いいおじさんがそこまでベロベロって、すごいね。

若林　それで、俺はガチャガチャやりたくて。財布見たら、１００円玉が４００円分だけあった。

春日　うんうん。

若林　お金入れてさ、1回目回したら、ロビンマスクです。

春日　おぉ、もういきなりいいじゃん。

若林　俺は悪魔将軍が欲しかったのね。次、「悪魔将軍、来い！」と思って、また200円入れて回したの。

春日　うん。

若林　そしたら、ロビンマスク出たんですよ。

春日　また？

若林　うん。まあロビンマスクをカバンに入れて帰って。で、嶋田先生もね、あの、**タクシーにぶち込んで。**

春日　フフッ。まあその表現が一番正しいんだろうな。確かにそうだな、そこまで飲んでたらもう「ぶち込んで」んだな。「乗せて」じゃぬるいもんね。「ぶち込む」だな。ふははは（笑）。

若林　うん。「ラジオで話してくださいね」「話すかよ！」って、最後タクシーのとこで。

春日　もう話してるけどね。ははははは（笑）。

若林　ははははは（笑）。で、次の日、『潜在能力テスト』だったのね。フジテレビで。

春日　うん、うん。

若林　ずーっと頭の中、「悪魔将軍欲しいなぁ」って。お台場のダイバーシティにキン肉マンショップあんのよ。キン肉マンショップだったら、ガチャガチャあるだろうな、って思って。

春日　はいはい、同じやつが。

若林　そうそう。で、『潜在能力テスト』終わって。6階の駐車場に車停めて入ってったら、6階にもガチャガチャがあるんだけど、そこは海外の旅行者向けのお寿司が入ってるガチャガチャとか、ドラゴンボールとかがバーッてあって。そこに両替機があるから、もう2000円分、全部100円玉にして。

春日　おぉ、もう出す気だね。

若林　10回はガチャガチャできる。100円玉

20枚入ってるから、もう財布パンパンよ。
春日　うん。本気だ。
若林　で、1階のキン肉マンショップ行って。ガチャガチャが6個あったんだけど、キンケシが1個もないのよ。
春日　えっ!?　キン肉マンショップなのに？
若林　俺もそのまま「えっ!?」って言ってたよ。
春日　中身はどうなってんの？
若林　全部、超人たちの顔のマグネットなの。もう大声出しそうになって。20枚になってるからさあ、100円玉が。
春日　まあそうだね。
若林　マジかぁ……。もう「マジかぁ!!」って思ったね。
春日　言ってはいないのね。
若林　うん、言ってはないけど。で、「20枚、重いんだけどなぁ」って思ったら、ゲーセンに、バスケットボールをいっぱい入れるゲーム。
春日　あ〜、なんかあるねえ。
若林　とりあえずちょっと100円玉減らそうと思って、マスクして帽子深くかぶって、バスケットボール入れるやつをやってたの。バンバンバンバン。ワンプレー200円よ。それもちょっとムキになってきて。でも、マスクしてるから苦しいよね。無呼吸で結構な運動だから。それで半分くらい減らしたの、100円玉を。
春日　おぉ、結構やったね。
若林　で、また6階のね、最初見たガチャガチャのとこ、「まあ、ここはキン肉マンねぇだろうなぁ」と思って見てたの。そしたらあってさ。
春日　そこに!?
若林　「いや、ここじゃねぇだろ！」って思ったね。お店の人聞いてたら気分悪いだろうけど、これはキン肉マンショップだわ！
春日　ふふふふふ（笑）。
若林　ガチャガチャって、透明になってて中が見えんじゃん。見たら、カプセルが4つ。
春日　おぉ、だいぶ減ってる。

若林　もうめちゃめちゃ顔近づけてて。後ろに子どもとかいんだけど。何してんのかっていうと、悪魔将軍が見えたらやろうと思ったわけ。

春日　なるへそ。4つのうちにね。

若林　「っぽいけどな～」って思うんだけど、ちょうど見えなくなってんのな、中が。

春日　まあ、うまいことできてんだろうね。

若林　それで、まあやろうと思った。

春日　それはやったほうがいいよ。

若林　回したら、**ロビンマスク出た。**

春日　あはははは！（笑）　ロビン多いのかな。たまたまなのか、なんなのかね。また？

若林　俺、ロビンマスク大好きなんだけど、「いや、またお前かよ！」と思って。

春日　へへへへへ（笑）。

若林　まだあったから、100円玉。もう一回やろうってガチャガチャ回したら……**ロビンマスク出たの。**

春日　また!?

若林　「腹立つわ～、ロビンマスク」って。

春日　あぁ～。そんな出る？

若林　ロビンマスク4つあんだぜ？　それで、もう全部なくなるまでやろうと思って。

春日　そうだね、そこまできたらね。

若林　次、200円入れて回したんですよ。ガラ～ッて出てきて、「またロビンマスクじゃねぇだろうな？」と思って見たら、悪魔将軍だったんですよ。

春日　**ロビンマスクじゃねぇのかよ！**

若林　あはははは（笑）。

春日　なんだよ。出てんじゃないよ。

若林　悪魔将軍が出たんですよ。

春日　なんであれ、最終的に出たからよかった。

若林　俺、これはもう言ったわ、「出た！」って。

春日　声に出して。

若林　声に出して。もうご機嫌で家に持って帰ってさ。

春日　そうだよねえ、念願のねえ。

若林　そうそう。家にもキンケシいっぱいあんだけどさ。それで、次の日起きて、家出る準備してたの。靴履いたんだけど、「あ、忘れ物した」っつったら、まあN林、ニョボ林が。

春日　あ、ニョボ林。

若林　まあN林、言いやすいから。

春日　今週からそうなる。

若林　うん、今週から。ごめん、**変わってくから、若林語って。**

春日　フフフ、どっかで聞いたことあるようなセリフだな。

若林　で、俺が、悪魔将軍のカプセルを……（笑）、手に取ってバッグに……なんか持っておきたいのよ、うれしいから（笑）。

春日　忘れ物として？　忘れ物ってそのことか。もう大事なものになってんだ。

若林　**いや、そんぐらいテレビがつらいんだよ、俺は！**

春日　ああ、今も。ははは（笑）。

若林　人間がやる仕事じゃねーからさぁ、テレビは。この悪魔将軍のカプセルを持っておきたいのよ、お守りみたいなもんだよ。

春日　安心するってこと？

若林　テレビという、超人じゃないとできない仕事をするために、超人のキンケシを持っておきたいの、俺は。そしたら、N林が「それが忘れ物？　なんでそんなたくさんほしいの？」って。「いや、たくさんほしいわけじゃないんだよ」つって。「だってこれ、全部一緒じゃん？」って。

春日　ん？　うん。

若林　俺が「いや、よく見てみてよ、全部一緒じゃないでしょ！」つったら、あのー、**ロビンマスク、4つ同じの並んでたのを指さしてたんだよね。**あはははは（笑）。

春日　あぁ、それだけ見たらそうだね。何をそんなに大事にしてんだって（笑）。

若林　ごめんね、長々。

エロパソチャンス

【第534回】2020年2月29日放送

春日　この間ね、家で寝ておりまして。まあ結婚しておりますからね、ダブルベッドで、クミさんと同じベッドで並びで寝てるわけですよ。
若林　まあまあ、寝てんじゃねー、っていうのはあるけど。
春日　寝るだろうがそれは。なんでずっと起きとかなきゃいけないんだよ。寝させてくれよ。
若林　まあまあまあ。
春日　うん、寝てたのよ。でね、パッと目が覚めたの、夜中に。時計見たら3時ちょい過ぎぐらいでさ。うんで、**「これはチャンス！」**だと思ってさ。
若林　なんのチャンス？
春日　パソコンに向き合うチャンスなんですよ。
若林　ああ。
春日　これはね、もうラッキー。若林さんもわかると思うけどね。結婚してる身だからさ。
若林　うんうんうん。
春日　やっぱりパソコンに向き合う時間がなかなか取れない。前から言ってるけども、むつみ荘みたいに自分の好きな時間にパソコン開けない、という話をしてたじゃない？
若林　うん、うん。あれさ、本当になんか中学生に戻るね、結婚すると。
春日　戻る。うちのクミさんが起きるのが9時とか10時ぐらいだから、その前に起きて。
若林　起きんじゃねーよ、ってのもあるけど。
春日　起きるだろうが！　それは。
若林　ちなみにさ、昔から聞きたいなと思ってたけど、パソコンでどういうの観てるの？

春日　まあ、サンプル動画だよね。
若林　今、春日の中で流行ってるのがあんの？「豊満ババアプロレス」[※1]とか観てたじゃない？　そういうブームが来るわけ？「こういうのが好き」って。
春日　あ〜、シリーズね。そうだね、今はね、**「初撮りシリーズ」**だね。
若林　何？　初撮りシリーズって。
春日　なんつうのかな、初撮り熟女シリーズってあるのよ。「初撮り四十路」とかさ。
若林　ああ、作品に初めて出るっていう。
春日　そうそうそうそう。それがね、もうすんごい数出てんの。
若林　フッハッハッハ（笑）。
春日　初撮りだけを集めた「初撮り年鑑」っていうのがあんだけどね。まあそれはいいのよ、別に。私の今のブームの話は。
若林　うん。
春日　いつでもできたじゃない？　今はこういろいろとね。まあ別に見つかったからって、現にラジオで話してるし、現場を押さえられない限りはまあまあいいとは思うのよ。
若林　あー。だって、ラジオ聴いてんだもんね。
春日　聴いてるし、向こうだって子供じゃないんだから、「まあ！　不潔！」とか、そんなことは言わないと思う。
若林　わかってるわけね、春日が隠れてそういうものを観てることは。
春日　まあ、だからその現場はさすがにさ、こっちも見つかりたくないし、向こうもヤでしょう、発見するのはさあ。
若林　うんうん。
春日　だから、それさえ押さえられなきゃいいとは思いつつも、まあ、そんなにアタシだけが家にいることはないから、隙を見てさ、あの〜、行動を起こすじゃない。
若林　なんの話してんだよさっきから！　バカか、お前。

※1「豊満ババアプロレス」
2017年ごろ、熟女好きの春日が海外ロケのお供に駆け込みで購入しようとするも、リトルトゥースに遭遇して買い逃してしまったアダルトDVDのタイトル。

春日　で、この間もパッと目が覚めたときに3時過ぎぐらいで、「これはチャンスだ」と。

若林　ああ、パソコンチャンス？

春日　パソコンチャンスだね。でもなんつうの、目覚ましかけると、クミさんが結構起きるのよ、気づく人だからさ。

若林　あー、なるほど。

春日　だから、自然と目が覚めるときは、ほんっとにもう、**天からのプレゼント**というかね。

若林　ああ～、目覚めのプレゼント。

春日　ホント、「神様ありがとう」みたいな（笑）。

若林　それはお前、もう「できれば起きたいなー」と思って寝てんじゃないの（笑）。

春日　はっはははは（笑）、その思いがね。

若林　自分のタイマーがあるんじゃないの。

春日　あるのかもしれないけど、そのときもパッと目が覚めて、「ん？」って思って。3時過ぎで、向こうが起きんのは9時ぐらいだから、変な話、6時間ぐらいね。本気出したら6時間、「これいけるな」って思ったね。で、もうゆっくりさ。

若林　やっぱ音立てちゃいけない？

春日　ベッドの揺れとかでも起きる可能性あるからね。

若林　へえ～。

春日　ちょうどクミさんが逆側向いてたのよ。春日じゃないほうを向いてたから、「よしよしよしよし！」ってゆっくりね。で、チャチャも掛け布団の上に乗っかってるわけ。

若林　チャチャも起こしちゃいけないんだ？

春日　そらそうよ、あなた。

若林　え、起きるでしょう、犬は。

春日　布団の上で丸まって寝てたからね。息を殺して、ゆっくり出てさ。んで、寝る部屋から居間に行くまでの間に、チャチャが外に出れないように柵があるのよ、（柵の留め具が）カチャンっていう。あれもちょっと上にあげてさ、こう外して。

若林　あー、音がしないように。
春日　それも、カッチンっていうから、もうホントゆっくり、クッチン……ぐらいの。
若林　ゆっくり開けて。いや、もう脱獄だね。
春日　でね、まあ出てさ。幸いにもクミさんも起きないし、チャチャも起きないで。
若林　**結婚生活からの脱獄だ。**2回目だね、お前の脱獄。
春日　2回目とか言うな！　1回目は結婚前なんだから。気をつけてくれよ。結構重要だから。結婚前と結婚後ね。
若林　俺、あんまそれ言われても変わんないと思うけどな。
春日　ほいで、一回トイレ行って。いきなり春日の部屋だと、もう〝そう〟だから。一回トイレ行って。んでまあ、して。
若林　もう大をして。
春日　大はしねえわ（笑）。しても別にいいけど。
若林　モリモリの大をして（笑）。
春日　モリモリのさ、ズドン！　つって（笑）。
若林　起きて大する人、珍しいぞ（笑）。
春日　ははははは（笑）。まあ用足して、一回戻って、寝室にね。
若林　ああ、それで確認するんでしょ。寝てるかどうか。
春日　そう、確認。見えんのよ、柵越しにさ。チャチャとクミさんの様子が。
若林　はいはいはい、寝てるかどうか。うわー、これチャチャが怖いわ、どっちかっていうと。
春日　そうなのよ。でも、チャチャも丸まってるし、クミさんも気づいてないから、「よしよしよしよし……」って。「これはもういける」と。チャンスだと思って、パーッと（部屋に）行って。んで、パソコン開いてね、立ち上げてさ。
若林　**亀頭認証**で、亀頭をピタッとくっつけて、パスワード開けるわけね（笑）。

春日　ふっふっふ（笑）。

若林　裏スジ認証で（笑）。

春日　（画面に）当ててね、スッと引いて。

二人　ふっはっはっはっは！（笑）

春日　手前にこう、スッとスライドさせて。

二人　はははははは！（笑）

若林　パスワード開いて（笑）。

春日　うん、ロックを開いて（笑）。

若林　あはははははは！（笑）

春日　そいで、「さー！　いろんなサンプル動画を見倒してやるぞー」と思ったらさ、居間の台所のほうから「ワンワンワーン！」って。

若林　うーわー！

春日　うぅーーっわ！

若林　バレてんじゃん。

春日　うわ、なんだ？　っていうか、チャチャよ。たぶん、ちょっと柵が開いてたんだろうね。

若林　なるほど。

春日　閉めるときにカチャッてやらないといけないんだけど、ブルッて、そのカチャまでいけなかったの、たぶん。音が出るから。

若林　なーるほど。

春日　んで、部屋から出たらさ、チャチャがいたんだけど、あの～、**ベトベトになって動けなくなってたのよ。**台所のところで。

若林　え？　どういうことよ？

春日　いやそれはね、台所にネズミ捕りを仕掛けてたの、何日か。

若林　えー、ネズミがいたの？

春日　ネズミはいないと思うんだけど、前からチャチャが夜中ね、なんか天井を向いて吠えたりとかさ。あと、熊の置物が下に落ちてたりとかしたたから。

若林　うーわっ。

春日　もしかして（ネズミが）いるかもしれないから、ちょっと仕掛けてみようと。とりもちみたいなやつ。

若林　はい、あるよね。

春日　普段はチャチャが寝室から出てくる前に全部片づけて、チャチャを入れてたんだけど。
若林　うっわー、ヤバいね、それ。
春日　ヤッバいよ。まず、バレるって思うしね。
若林　バレるでしょ、もう。
春日　うん。でまあ、チャチャもえらいことになってるっていうことで、もう見た瞬間に体動いてるぐらいの感じでさ、バッて行ってとりあえず確保して。チャチャとそのネズミ捕りを。
若林　もう体にくっついちゃってんの？
春日　くっついちゃってんのよ。
若林　どんな感じで？　結構がっつり？
春日　もうなんかこうベターッてなってんだけど、服着てるからね、チャチャは。服を着てるじゃない？　だから服についてるのよ。
若林　ああ〜、まだよかったかもね。
春日　うん。赤い、「**California**」って書いたさ。
若林　関係ねーだろ！
春日　ふふふふふ（笑）。
若林　バカ野郎。
春日　真っ赤な洋服。
若林　関係ねーじゃねーかよ、チャチャとカリフォルニア。行ったこともねえくせによ。海外かぶれしやがって。
春日　別に、行ったことなきゃ着ちゃいけないわけじゃないだろうが。
若林　ダメだよそんなん、関係ねーんだからよ。
春日　関係ねーってなんだよ？　別にいいでしょ、デザインなんだからさ（笑）。ほいで、とりあえず確保してね、ネズミ捕りごと部屋に持ってきて。で、こうやって見てさ、クミさんを。したらね、幸いにも動きがなかったのよ。
若林　チャチャはまだ吠えてんの？
春日　チャチャはもうなんか、尻尾振ったりとかしててさ。
若林　遊んでる感じになっちゃってる。

春日　喜んではいないだろうね、えらいことに、こうピターッてなってるから。
若林　うーわ、どうすんのそれ。
春日　とりあえず服だけについてるから、まず胸のところのボタンがポチポチポチッてなってるのをパーッて開いて、チャチャだけをこうね。
若林　うわー、開くんだ。でもよかったね。
春日　「あぶだぜ」[※2]って。
若林　それで、チャチャどんな感じなの？
春日　全然元気だったから、まあ大丈夫だろうって思ったんだけど、よくよく見てみると、**尻尾とさ、後ろ足がもうベトベトだったのよ。**
若林　なるほど、助けたはいいけど。
春日　うん、「これはバレるな！」って。だって、いつもはチャチャが来る前に全部片づけてるし、絶対に夜中に出て行かないんだから。そのガチャ（柵）が開かないと。
若林　そうだよね、出ていけないから。
春日　うん、それで私のせいになるし。エロパソは「ただトイレに行っただけだ」で乗り切れるかなって思ったのよ。んで、とりあえずベトベトを落としゃなんとかなるでしょ。これ落とそうと思ってさ。もう夜中よ。でも、どうも取れないのよ。ウェットティッシュとかだと。
若林　取れないだろうなぁ。
春日　もうベトベト。まあ（ネズミを）捕まえるもんだからさ、取れないのよ。どうしたもんかいのー、と思って。聞くのはもうさあ、佐藤ミツしかいないのよ。
若林　深夜に？
春日　深夜に。もう4時近くにさ。
若林　でも、そんなのわかる？
春日　なんか汚れを落とすのとか詳しいじゃない。それで、「とりもちのベタベタを取るにはどうしたらいい？」ってLINEをしたのよ。したらもう、すぐ電話かかってきてさ。出たら、**「電話のほうが早いと思ってさ」**つって。で、「いや、今大変なのよ」って言ったら、な

※2「あぶだぜ」
春日語の一種で、「危なかった」という意味。おそらく、北陽の虻川美穂子にちなんで「北陽あぶちゃんだったぜ〜」などと言っていたのがもとになっている。

んだっけな、なんとかなんとかナトリウム？

若林　はいはいはい。

春日　なんとかナトリウムを高い温度(のお湯)で溶いて、キッチンペーパーに浸して、1時間ぐらい待てば大丈夫よ、なんて言われて。ないじゃん、なんとかナトリウムなんて。

若林　普通ないよな。

春日　ないのよ。「じゃあ、職人魂シリーズの、あの油」って。「いや、ないのよ。あの、チャチャなのよ」つって。

若林　自分じゃなくてね。

春日　そうそうそう、「床がどうとかじゃなくて」つったら、「うーん、ちょっとそれわかんないわ」って言って。

若林　そうだろうな。

春日　**なんの役にも立たなくて。**

若林　んふふ(笑)。いや、教えてもらって、そんな深夜に。

春日　うん4時近くに電話。こっちはさぁ、メッセージで聞いてんのに電話かけてきやがってさぁ。で、開いてたパソコンで調べて。やっぱね、ちょうど開いてたからさ。

若林　なるほど。

春日　したらなんかね、いろいろあったのよ。サラダ油で小麦粉をどうたらこうたら、とか。んで、クレンジングオイルが一番いいと。

若林　なるほど。

春日　お肌にも優しいしね。クミさんのがあるからさ、「じゃあクレンジングオイルだ」って。

若林　いやー、高いと思うぞ、クミさんが使ってるやつ。**セレブ妻**なんだから。

春日　いや、そんなことないわ。庶民的だよ。たぶん薬局で買ってたよ。よく見るメーカーのやつよ。

若林　そう？

春日　うん。それでやったら、まあまあ、ちょっとは落ちるのよ。だけど、家にある量じゃたぶん賄えないぐらい、賄えたとしても、すんげえ減っちゃうなと思ってさ。

若林 なるほどね～。

春日 これでバレるじゃん？　クレンジングオイルを（使ったとしたら）、私しかいないじゃない。だから、急いでコンビニエンス行って、3本ぐらいクレンジングオイルを買ってきてさ。

若林 深夜に？

春日 そうよ、あーた。ほいで、風呂で落としてね。尻尾と後ろ足なんだけどさ、触られるのイヤなのよ、チャチャは。すんごい噛むのね。

若林 ああ、飼い主も？

春日 飼い主も関係ないよ。だから、左手でおやつをあげながら、ちょっとずつ、ちょっとずつさ。

若林 うわ～。エサで気を引きながら。

春日 気を引きながら、ちょっとずつ、ちょっとずつクレンジングオイルで。それで、ちょっとクミさんの様子も窺いながらさ、ちょっとずつ、ちょっとずつ……。

若林 そうだなぁ、でも吠えないんでしょ？

春日 吠えないの。

若林 うん、まだ大丈夫？

春日 そうそう。吠えるのもケアしないといけないから、ものすごい作業が遅いのよ。

若林 頭3個使わなきゃいけないもんな。エサあげんのと、クレンジングで落とすのと、クミさんと。

春日 うんそうね、そういうことよ。

若林 あと、将来のこともあるしな、自分の。

春日 将来のことは考えないでしょ（笑）。

若林 ああ、そうかそうか、ごめんごめん（笑）。今のいらなかった、これはごめんなさい。

春日 将来のこと考える余裕なんかないんだから。今、その場をどうするかっていうね。

若林 **「いまを生きる」**だ（笑）。

春日 いまを生きる（笑）。目の前のことに全力で。

若林 集中して（笑）。3つあるからね。

春日　フフッ、3つあるからね。で、ちょこちょこちょこちょこやって、まあまあ落ちたのよ。
若林　ああ、よかったじゃん。
春日　うん、時間かけて。「ああ、ようやく落ちたわー」と思って、チャチャを（寝室に）帰してさ。時計見たら、**もう8時ぐらいなの。**
若林　そんな時間経ったの？
春日　めちゃめちゃ時間経ってたのよ。
若林　え？　4時間ぐらい経ってんじゃん。
春日　4時間ぐらい息を殺して、集中してやってるからさ。
若林　ああ、そっか。でも、よくじっとしてたね、チャチャも。
春日　いやそうよ。チャチャも頑張ったのよ。私も頑張った。
若林　うんうん。春日も頑張った。
春日　だからまあ、自分へのご褒美？　ということで、**その残りの1時間、もう全力でエロパソやってさ。**
若林　そっからやるんだね、やっぱり（笑）。
春日　ははは（笑）。いや、だってもう。
若林　クミさんも、もしかしたら寝たふりしてくれたのかもな。
春日　気づいてて？
若林　ふふふふ（笑）。そんなことない？
春日　そんなことないだろうな（笑）。
若林　パソコンは、初撮りシリーズ観たの？
春日　初撮りシリーズ、ちょっと観ちゃったね。
若林　やっぱりなんかこう、普段より盛り上がった？
春日　いや、盛り上がったね、うん。
若林　で、9時前にまた戻って。
春日　9時前にスッとまた寝床入ってね、何もなかったように。
若林　ふっはははは（笑）。

オウムを飼いたい

【第539回】2020年4月4日放送

若林 先週、「眠れない」っていう話したんだっけ。先々週もしたか。瞑想のYouTubeを聴いてるっていう。

春日 はいはい。で、「私もそうなんですよ」みたいな人によく話しかけられた、みたいなのは先週いただきました。

若林 そうそう。あれ不思議だけど、やっぱ何もしてないと、頭の中、その日の収録のこととかでぐるぐるしてさ。

春日 うん、おっしゃってましたな。

若林 でも、（瞑想のYouTubeを）聴いてると眠れんだよね。いろいろ試したら。で、**最近、YouTubeにハマっててさ、俺。**

春日 いやいや（笑）、うん。なんかさ、ハッハッハハハ（笑）。

若林 YouTubeって、おもしろいぞ、あれ。

春日 「お前知ってる?」みたいな感じで言われてもさ（笑）。

若林 あれ、来るぞ。

春日 全然遅いからね。それはもう私だってね、よく観ますよ。

若林 最初は瞑想の「睡眠しやすくなりますよ」みたいなのとか聴いてて、なんかいろいろハマってきちゃって。心を穏やかにする瞑想。

春日 はいはいはい。

若林 先週のはさ、「公園かもしれないし、公園じゃないかもしれません」[※1]。でも、**もっと心をリラックスさせるのは、もっと酷いよ。**

春日 「酷い」って言っちゃってんじゃん（笑）。もっと大雑把ってこと?

※1「公園かもしれないし、公園じゃないかもしれません」 若林がお勧めされた、眠れない人に瞑想を誘導してくれるYouTube動画の語りの一節。子供時代に戻るイメージの誘導では公園の様子などが語られるが、想像に幅を持たせるため、あいまいな表現が使われているらしい。

若林　「ピンクのふわふわした、綿あめのような、雲のような、それは、あなたにとって一番気持ちのいい素材でいいのかもしれません」。もうめちゃめちゃおもしろいのよ（笑）。

春日　「かもしれない」って、もう……フフフッ、すごいなぁ、うん。

若林　想像力に期待して訴えかけてくるから。心地よくなきゃいけないから、例えは出してくるんだけど、委ねられるのよ、最後は。**「あなたにとって一番気持ちのいい素材でいいのかもしれません」。**はははははっ（笑）。

春日　はっきり言っちゃうと、確定が出ちゃうからってことでしょう？

若林　そうそうそう。これ、あんまりよくない……勧めてるわけじゃ全然ないけど、ハマっていっちゃって。どんどん子供のときに戻って、お母さんの胎内まで戻ったら前世まで戻れるみたいな、いかがわしいのとかさ。

春日　若林さん的には、ちょっとハマってるってことでしょ。

若林　うん、ツッコんでるというか。「前世になんか戻れんのかな？」みたいなのはあるんだ。まあ、戻れなかったんだけど。

春日　えへへへへ（笑）。みんながみんな戻れるわけじゃないってことね、うん。

若林　したらなんか、「コイツ、心を穏やかにするのを観るな」って、アルゴリズムっていうの？　AIがお勧めしてくるじゃん。

春日　あー、同じような動画がバーッと出てくるっちゅうことね。

若林　そうそう、俺の年齢的にかどうか知らないんだけど、心が穏やかになる昭和のファミコンのゲームミュージックとか。

春日　ピコピコの電子音なんかでしょ。うわ、最っ高だね。

若林　「うわっ、『エキサイトバイク』[※2]じゃん」とか。

春日　最高じゃねーか、ちきしょーめが。

※2「エキサイトバイク」
1984年に発売された、モトクロスを操作するレースゲーム。

若林　「これなんだっけな？　『アイスクライマー』[※3]か！」……全然寝れないのよ、興奮しちゃって。で、なんか親父のこととかも思い出してさ。親父が元気だった頃の「正恭〜！」（と声をかける場面）とか、なんか家庭の一場面とかを思い出し……**笑ってるのか、お前？**
春日　いや、笑っちゃないけどね。
若林　お前、いい加減にしろよ。
春日　いや、笑っちゃないけど、そんなグッと乗り出されてもね。
若林　そいでさ、「わっ、『チャレンジャー』[※4]」じゃん。これ『チャレンジャー』ってタイトルだったよな」とか。なんか「うわー、懐かしい」と思ったら、寝れるみたいな。
春日　なるへそ。いいねえ、それ。
若林　そのあと、ものまねになっていくわけ。
春日　ネタってこと？
若林　ファミコンのあのゲームの負けるときの音、とかのものまねしてる人がいて。
春日　なるへそ。関連動画みたいな。
若林　それを観始めて、そこから「ドラゴンボールのミスターポポのものまねの人」とか観たら、ドラゴンボール読みたくなっちゃって。実家から取り寄せて、全部読んだりして。
春日　広がってくね、いろいろと。
若林　それで、今はなんの YouTube に行き着いたかというと、**「言葉をしゃべるオウム」**ね。
春日　ほう。
若林　ヨウムとかオウムとかインコとか、しゃべる鳥の動画にハマってて。なんかね、ツッコんでるうちに寝れるのよ。（言っていることに）脈絡ないじゃん？　それを聴いてるのが、すごくよくて。
春日　「オハヨー」とかじゃないの？
若林　再生回数が多いのはね、「アーイソガシイ、アーイソガシイ、アーイソガシイ」とか。
春日　何でだよ。どういうことだよ。
若林　ホントそうなの。「いや、なんでだよ！

※3「アイスクライマー」　1985年に発売された、雪山が舞台のアクションゲーム。
※4「チャレンジャー」　1985年に発売された、考古学者が世界を冒険するアクションゲーム。

籠入ってるだけだろ。でも、お前にとって忙しいのかよ。何回も言うなあ」と思ってたら、寝てんのよ。

春日　ははははは（笑）。あ～、寝入りまでが、今までで一番早いんじゃない？

若林　「アーイソガシイ、カワイイネェ、カワイイネェ」

春日　何がだよ。

若林　お前、向いてると思うよ、たぶん。

春日　普通に思うじゃん。そっか、（飼い主が）よく言ってんのか、覚えさせたんじゃなくて。勝手に覚えてしゃべったりするよね。ちびっこの頃いたわ、近所にそういうの。

若林　いた？　なんてしゃべってた？

春日　いや～、なんか「コンニチハ」とかじゃない、「なんでそれ言ってんの？」みたいな。「オイシイ！」とか、そんな感じじゃない？

若林　結構長くしゃべったりするんだよね。

春日　ひとことぐらいじゃないの？

若林　「モシモシー、アノー、オイソガシイトコロ、◎×#▼%～」。後半ちょっと鳥の声で。

春日　なんだよ、それ。どっかの事務所で飼われてたの？

若林　覚えきってない。（『となりのトトロ』のメロディで）「トナリノト……」。トで止まったりする。「いや、もうちょい！」とか、頭の中でツッコんでるうちに、結構笑顔になっちゃったりして。「トナリノト……アーイソガシイ、アーイソガシイ、オーイ」

春日　なんなの、その……。

若林　「カワイイネェ、カワイイネェ、モシモシィー、オイソガシイトコロモウシワケナインデスケド……。トナリノト……」

春日　うるせえな！

若林　ははははは（笑）。

春日　で、なんだっつーんだよ、その動画観て。

若林　いや、勇気出して言ってみたのよ、ニョボ林に「オウム飼いたい」って。

春日　あ〜、思い切ったね。

若林　あの、**いろんな人と絡んだけど、オウムが一番おもしろいなと思って。**やっぱり何がいいって、フリがないのがいいよね（笑）。

春日　フリなんて概念ないからね。

若林　フリがしっかりしてる漫才、あんま好きじゃないのよ。「ちゃんとしてんな」って思っちゃうから。

春日　なるほどね。丁寧すぎると。

若林　「学校みたいだな」って思っちゃうから、あんまり好きじゃないんだけども。

春日　ちゃんと基本に忠実で、みたいな。

若林　だから、飼いたいなと思ってんだけど。

春日　おー、そう。言ったんでしょ？

若林　うん、言ったんだけど、やっぱ小学生のときの親と同じこと言われたのね。「本当に責任持てます？」って。「あんまりおうちにいる時間もないじゃないですか」とか言われて。

春日　うん、確かに。

若林　うん、「タシカニネー」つって、俺も。

春日　そりゃ、怒られるだろ。

若林　あはははは（笑）。だから、春日んちでオウム飼ったら、春日んちの家庭のよく出てくるワード覚えると思うな。**「パワーセックス？」**。あははは（笑）。

春日　はははは（笑）。別に口には出さないわ。うん、行われてたりするかもしれないけども。

若林　で、ずっとツッコんじゃう。好きでしょ？　オウムにツッコむの。

春日　ちょっともう、その動画観たくてしょうがない、今すぐ（笑）。

若林　「パワーセックス」と鳴く。

春日　鳴かない、そんなヤツいない。しゃべるオウムの鳥の動画。

若林　「オウムが新ネタを覚えました。なんと、パワー……」というタイトルだね。あはは（笑）。

春日　ふははは（笑）。動画のタイトル？

若林　おもしろいよ、YouTube って。

春日　いや、知ってるよ。

若林　知ってる？「パワーセックス？」。

春日　それはないだろうって、まだ。

若林　**「チャチャノスタンプ、モウカルナ。チャチャノスタンプ、モウカルナー」**

春日　そんなこともしゃべんないよ。「儲かるな」なんて言わないから。

若林　「チャチャノユーチューブモ、ヤッテミヨウカナァ？」

春日　あははは（笑）。

若林　クミさんが食卓で言う言葉を覚えるから。

春日　言わないわ、そんなこと。

若林　「チャチャノスタンプ、モウカルナー」

春日　そんな金儲けの話ばっかしてないわ。

若林　「ウハウハダナ」

春日　ははははは（笑）。

若林　「キョウモ、ウーバーイーツデイイ？」

春日　ははは（笑）。ちゃんと作ってくれるよ。

若林　**「Tバックシラナイ？　ワタシノ」**

春日　Tバックなんか、持ってないわ。

若林　「ワタシノTバックシラナイ？　ユーチューブハ０・１パーノシュウニュウハイッテクルンダヨ。ヤリタイナー。チャチャノユーチューブヤリタイナー」

春日　カネ、カネ、カネだなー。やらないよ。

若林　「トナリノト……」

春日　それは違うやつじゃないか。おい。

若林　「アーイソガシイ」

春日　それは違う家の鳥だろう。

若林　「キョウモ、ウーバーイーツデイイヨネー」

春日　あははは（笑）。いや、だから（普段の会話が）バレるってことだよね。ベタな話さ。

若林　「カブカミテチョウダイ。キョウノカブカミテチョウダイッ」

春日　いや、株とか興味ない。カネ、カネ、カネだな。
若林　「Tバック、ドコイッタカシラナイ？」
春日　カネとTバックの話しかしてねぇじゃねえか、家でよぉ。
若林　家の会話が増えるからさ（笑）。
春日　そんなわけないだろうよ！
若林　「パワーセックス。キョウモパワーセックス？　アスハテクニカルセックス？　キョウモパワーセックス。パワセノオトコー♪」
春日　ご機嫌だな（笑）。**パワセの日、ご機嫌だな、クミさんは！**
若林　ははははは（笑）。
春日　言うかそんなこと。「パワセノー♪」って（笑）。節をつけるなよ、節をよ。
若林　「ゴハンニスルー？　パワセニスルー？　ゴハンニスルー？　パワセニスルー？　パワセニスルー？」
春日　一択しかない。
若林　「テクセニスルー？　アーイソガシイ、アーイソガシイ」
春日　忙しいだろうな（笑）。パワセを楽しみにしてるから。その前に全部終わらせとかなきゃいけないからな。それは忙しいわ。
若林　「カワイイネー」
春日　違う。それ違う家のとこの。
若林　家でずっと「カワイイネー、カワイイネー」って言ってたのよ、俺が。
春日　若林さんがまねして、ってこと？
若林　「カワイイネー」って。なんかまねしたくなっちゃって、オウム飼えないから、自分で言うしかなくて。「カワイイネー」ってなんの説明もなく言ってたの。奥さんはパソコンでなんか仕事してて、本読みながら、俺が食卓の誕生日席の位置に座って、「カワイイネー」って。
春日　うん、うんうん。
若林　奥さん、ちらっとこっち見て、すごい笑顔になって、また仕事に戻ってて。

春日　なんの笑顔なの？
若林　なんか、「カワイイネー」って、俺が顔を見ながら言ってると思ったっぽいのよ（笑）。
春日　なんだそれ。
若林　紅茶飲みながら「カワイイネー」ってずっとやってたら、奥さんがちらっと見てニコッとして、また仕事に戻ってんの。で、そのあとに「アーイソガシイ」とか言ってたら、「なんか仕事たまってるんですか？」って聞かれて、「あ、違うのよ。YouTube のインコの鳴き声なのよ」って言って。俺、ずっと「アーイソガシイ」とか言っちゃうのね、家庭内で。
春日　うん、まあ好きだからね、ものまねが。
若林　（コロナ禍で）今、家にいる時間長いしさ。したら、**「本当に頼むからやめてください」**って言われて（笑）。
春日　そりゃヤだろう。だって勘違いもされてたみたいだし。
若林　インコと大江千里が交互に来るのよ。「かぁっこわるぅーい♪」[※5]と、「アーイソガシイ」が俺の部屋から聞こえてくるから、奥さんが「ちょっと、やめてもらえますか？」って。だから、俺にはもうインコができるのが、お風呂でシャワー浴びてるときしかないのよ。シャワー浴びてるときは（外に）音がしないから、そこで全部出せる。もう言いたくてしょうがない、喉のここまで、「アーイソガシイ」がのぼってきてるから。「トナリノト……」までね。
春日　あー、聞こえない状況でね。
若林　「チャチャノスタンプ、モウカルナー」
春日　いないんだよ、そのインコは。
若林　ははは（笑）。「パワーセックススル？　オフロニスル？」がのぼってきてるから。
春日　飼いたすぎて、おかしなことになっちゃってるってことね。
若林　そうそう。で、シャワー浴びてるときに、動物園にいるオウムの鳴き声をやってたの。
春日　そりゃ、別にいいじゃない。

※5「かぁっこわるぅーい♪」
大江千里の代表曲「格好悪いふられ方」の歌い出し。この時期、若林は大江千里にもハマっていたらしい。

若林　「オーイ、ダレカー」って言うんだけど。
春日　いるの？　その鳥が。
若林　「オーイ、ダレカー。オーイ、ダレカ〜」
春日　誰呼んでんだよ、動物園で。
若林　って言ってたら、（ドアが）ガチャッて開いて。ビクッとしたら、**「ど、どうかしたんですか!?」**って奥さんが。「『ダレカー』ってずっと言ってるから」って。
春日　いや、もう怖いだろう。
若林　「オウムなのよ」って言ったら、「いや、ホントにやめてください」って。
春日　いや、本当だよ。何かあったかと思うよ。
若林　あははは（笑）。そうでしょ？　なんか、「アーイソガシイ」って、たぶん動物園の飼育員の人が言うと思うんだよね。「あー忙しい」って言いながら。
春日　ああ、動物園の鳥なんだ。言いそうだね。
若林　「仲間だよ」っていう意味で、同じ鳴き方をするみたいね。だから、春日んちのインコも「パワーセックスー」って言うんだと思う。仲間だろうと思って。そうなると、**もう3Pになってくるけどね。**あははは（笑）。
春日　バサバサバサッて、すぐ後ろから肩にとまられても困るわ。
若林　首をこう曲げながら聞かれる、「パワーセックスー？」。
春日　したら、こっちも「そうだよ！」って言ってさ、肩をグッとやって飛ばすわ。ふははははは（笑）。なんの話なの？
若林　「オーイ、ダレカー」「トナリノト……」「アーイソガシイ。カワイイネー、カワイイネー」「モシモシ？　ヤブンオソクスイマセンケドモ〜」「アー、パワーセックスー」
春日　最後のヤツはいないんだよ。いるヤツだけにしてくれよ、ものまねは。
若林　あははは（笑）。「ウンチシチャッタ、ウンチシチャッタァー」……。

春日俊彰、第二子誕生

【第545回】2020年5月16日放送

春日　あのー、ちょっと先週の話になっちゃって申し訳ないんだけども、今週、そのことよりもでかいことが起きなかったからさ。
若林　んふふふ（笑）。別にそれ言わなくていいけど。今週っぽくしゃべりゃいいんだよ。そういう人多いと思うよ、ラジオ。
春日　あ、そう。やっぱそこは正直にね、今週トピックスがなくてさ。
若林　確かにな。**お前から「正直」取ったら何も残んねえもんな。**
春日　ふははは（笑）。そんなこと言うなよ。ちょっとは「おもしろい」も残ってるよ。
若林　んふふふ（笑）。
春日　先週の金曜日、5・8だな。ちょっとあのー、**春日ね、父になりましてね。**
若林　えっ!?　そうなの？
春日　父というか、ダディね。
若林　ビッグダディなの？
春日　ビッグダディではない。いきなりドーンはできない。
若林　なんで先週しゃべらなかったのよ？
春日　先週はリモートロケのほうがでかいトピックスだったから。
若林　リモートロケの話したっけ？　覚えてないわ。
春日　いや、リモートでさ、ストリートビューで店に行くっていう。
若林　あの話なんか全然潰れるぐらいの話じゃん、それ。
春日　金曜だったのよ、5・8ね、父になったのが。だから、（ラジオがある）土曜だとまだ会えてなかったりとかね、情報が何もないのよ。
若林　確かにな。立ち会ってないわけ？
春日　立ち会いもできなかったわけ。このご時世でさ。もう1カ月ぐらい前からダメなのかな。そこは予告されてたのよ。もちろん立ち会いもしたかったけどね。
若林　それはずっと病院にいるってこと？
春日　いやいやいや。流れで言うと、木曜ですよ。予定は5月の終わりぐらいだったのよ。で、余裕かましてたわけ、「どうしたもんかいの～」つって。「何が今揃ってないんだ？　着る服はあんのかい？」とかさ。はははははは（笑）。
若林　いや～、そういうことになるよね。
春日　「乳母車も買わなきゃいけないな」なんて言ってる状況で、前の日の朝にさ、クミさんがなんかバタバタしてたからね、「なんじゃい？」つったら、「いや、もしかしたら、もう生誕かもしれない」みたいな。「とりあえず病院電話して、行ってみる」なんつって。夕方はほら、『モニタリング』のロケあったからね。
若林　あぁ～！　あの日か！
春日　そうよ！　あの日の朝よ。朝9時とかそれぐらいね。で、とりあえず病院行って話をしに行こう、って。（電話したら）「とりあえず来てください」と向こうは言うわけですよ。でも、こっちのイメージだとさ、もう動けなくてね。
若林　そういうイメージあるよ。
春日　全然。「あれ？　もしかしたら……」って（いうぐらいの感じで）、とりあえず病院に行くんだけど、もしかしたら長くなるかもしれないから「とりあえず朝ごはん食べよう」って、ふたりでパン食べてさ。ふはははは（笑）。
若林　そういうことはまだ大丈夫なのね。
春日　大丈夫でね。いつもと様子は違うけども、「大丈夫そうだ」なんて言うから。で、病院行ってさ。いちおう入院する用意とかはしてあったのよ、カバンにいろいろ詰めてね。

若林　なるほどなるほど。

春日　必要なものは置いてあって、いつなんどき何があっても、っていう。それをとりあえず持って病院行ってさ、そしたらもう入れないわけよ。総合病院だったんだけど。

若林　あー、ご時世でね。

春日　そうそう。ご時世で、病院の中には入れるんだけど、産科のところに自動ドアがあって、（そこから先は）もう入れないから、つって。看護師さんにね、「こちらでお待ちください」って丸イス出されてさ。ベンチとかじゃない、丸イス。その丸イスに座って待ってたら、15分ぐらいして看護師さんがバーッと来て、「このまま入院になります」って。その時点でクミさんと会えてないわけ。自動ドアの向こうで荷物渡してね、「ちょっと入院かどうかもわからんけど、とりあえず話聞いて診察してもらってくる」なんて言ったきりだよ、今のご時世だから。

若林　すごい話だな。

春日　ほいで、私はひとりで帰ってきてね。それが木曜の昼間ぐらいよ。もう何もできないからね。ちょこちょこ連絡は来るんだよ、「いきなり切羽詰まった状況になってない」とか、「今、昼ごはんを食べる」とか、「そんなに激しい痛みはまだ来てない」とか、「まだちょっと時間かかりそうだ」とかね。で、モニタリングのロケ行ってさ。やっぱプロだよね、春日もね。

若林　まあ、アマだよ。

春日　ははははは（笑）。「トゥース！」なんて画面に近づいてさ、やってたけども、内心では早く病院に行きたくてしょうがないわけ（笑）。

若林　情報は入ってこないもんね。

春日　入ってこない。でもね、いきなり分娩室、産む台みたいなとこじゃなくて、時が来たらそこに移るから、分娩室の隣の部屋みたいなとこにずっといて、連絡とかはできる状況。だから、ロケ終わってすぐ連絡して、「まだっぽい」なんつって。でも、夜中に急に来るかどうかわからんから、なんつって。
若林 なるほどね。
春日 こっちもやれることはないからね。お見舞いとかも行けないわけよ。だから帰って、私とチャチャの写真送ったりとかさ。
若林 スマホはできるの？
春日 スマートフォンはできる。だから、状況はなんとなくわかるんだけどね。
若林 すぐ送るでしょ。何秒おきに。
春日 そうね。あと、ビデオ電話とかもできたから、顔見てる限り、そんなに切羽詰まった感じではない、普通の感じだったから、「大丈夫なんだな」って。でも、夜中どうなるかわかんないから、「時が来るまで休んどきなさい」って。
若林 チャチャの顔とか見せたりしないの？
春日 チャチャをずっと撮りながら、（春日の言葉を）チャチャが言ってるみたいなさ。ふはははは（笑）。私が映るよりもいいじゃない。
若林 そっちのがいいのね、そういうときは。
春日 チャチャの上から回り込んで、スマートフォンを出してさ。
若林 『Ted』[※1]みたいなことになってるわけね。長いんでしょ、やっぱり？
春日 長いのよ。結果、看護師さんにも驚かれたって言ってたけど、23時間何分かかったって。
若林 うーわぁ～！　そうなの!?
春日 ずっと「ふーん、ふーん……」（といきむ感じ）ではなかったから、まだよしだったけど。
若林 春日は、寝ないでずっとスマホとにらめっこ？
春日 でもほら、あんまりやりすぎてもさ、急に来ても困るから、休めるときに休んどかないとね。本番っていうかさ、大一番が待ってるわけじゃない。
若林 そうだよね、いつ来るかわかんないんだもんね。

※1『Ted』
2013年日本公開のコメディ映画。命を吹き込まれたが、年を重ねて中身は自堕落な中年になったテディベアの「テッド」が主人公。

春日　そうよ！　クミさんも「じゃあちょっと、寝れるときに寝ときますー」って、寝て。

若林　なんか、さっきごめんな、**「（クミさんが）エプロンの下、ランジェリーで夕飯作ってんの？」**とか言って。気遣いもできず。

春日　いや本当だよ。「今はできないだろ！」と思ったからね。今後は……ね、ちょっとわかんない、**頼む可能性もあるかもしんない。**今はね、できる状態じゃない。

若林　申し訳ない。

春日　あんときは言えなかった。でも、今後の参考にはなった。あれはいいプレゼントでした。ほいで、朝連絡したら、「まだ来てない」って。私も『どうぶつピース!!』があるからちょっと出なきゃいけない、つってさ。

若林　『どうぶつピース』の日か。

春日　そうよ。ちょこちょこ連絡は来るのよ。あんまり長くそういう状態でも母子ともに悪いからって、促進剤とか入れて、そっちの（産む）方向に持ってくらしいと。

若林　はいはい、23時間だからね。

春日　そんなのが、『どうぶつピース』のリモート収録やってる間にちょこちょこあってさ。で、番組の中で、子犬が産まれた話みたいのやってたじゃない。

若林　やったやったやった。

春日　あれもプロだからこらえたけどね、涙を。

若林　オーバーラップするもんね。

春日　うん、あそこで泣いたら意味わかんないでしょ、「春日が泣いてる」ってなったら。

若林　確かにな、どうしたんだろうと思うな。

春日　大政（絢）くんを困らせるからさ。

若林　だったら大丈夫だったけどね、『どうぶつピース』は別に。

春日　なんでだよ、私がいなかったらダメだろ！　でもすごいよね、女子は強いのかなんなのか。15時ぐらい、『どうぶつピース』の2本目を撮る前ぐらいに連絡来てね。今から本格的に産む方向に取りかかるらしい、みたいな。

若林　それはクミさんから来たの？

春日　クミさんと、お医者さんとも相談して。「そういうもんなの？」と思ってね。こう見守りながら、流れで本番が来るんじゃなくて、舞台上がるみたいなさ（笑）。**「今から本番です」**みたいな。はははは（笑）。客入りで始まって、もう開演が近いです、みたいなね。

若林　へぇ〜〜。

春日　その状況でもまだまだ（連絡）できたのが、やっぱすごいけどね。

若林　だからか！　2本目の写真の大喜利スベってたの。

春日　そんなことないわ！　それがなくてもだよ。あれは全力でやらしてもらったよ。

若林　そうかそうか、そこはあんまり関係ないからな。いや、でも2本目いなくても大丈夫だったけどね、そういうことなら。

春日　なんでだよ！　春日いなかったら大変なことになってるだろう。

若林　ふははは（笑）。

春日　それでね、2本日中に本番になるらしいから、「何もできないけど、応援してますよ」って、チャチャちょ、「チャチャと」つってね。

若林　ん？　多くなかったかな、「チャ」が。チャチャチャ？　チャチャチャチョ？

春日　「チャチャと」って言って。

若林　お子さんのお名前じゃないですよね？　チャチャチョ？

春日　なんで犬と同じ名前つけるんだよ。

若林　「チャチャチョ」っていう名前なのかと。

春日　チャチャをひねらないだろう。犬からもらった名前なんかないだろう、あんまり子供に。

若林　それで生まれて。

春日　いや早えなあ！　え？　急ぐなよ！

若林　気が気じゃないね、2本目。

春日　2本目前に「応援してます」ってチャチャの写真を送って、2本目終わって帰ってきたら、既読になってなかったのよ。
若林　はいはいはいはい。
春日　「おやおや!?」って思うじゃない。でも、何もできないからさ、震えながら移動してさ。
若林　は〜、そこから！
春日　そうよ、そこから。ケイマックス[※2]だよ、日向坂のね。
若林　収録してる間に、本格的に取りかかってたんだ、クミさんは。
春日　取りかかってる最中かもわかんないからさ、ケイマックス着いてね、控え室で着替えて、ちょうど日向坂の番組で着てる、刺繍のついたピンクベストを着たあとに連絡来て。
若林　うおー！　本番前ってこと？
春日　本番前。連絡来て、**「今、生まれました」**つって、リモート報告よ。
若林　うわー!!　そこで！
春日　そこでだよ。
若林　じゃあ、そのあと本番やってたんだ。だから、いつもの「待たせたな！」[※3]ってやるときさ、手の動きがこう、（かき分けるように）「待たせたな！」ってやってたもんね。
春日　なんで世に出てくる感じなんだよ。手でかき分けて。
若林　今度から変えたら？　手の形。
春日　いやいや、あれはサングラスを外してやるやつだから。
若林　あ、そう！　でもそれ、よく本番のとき言わずに我慢できたね。
春日　いや、それ言ったらおかしいじゃない。それこそまだね、ご懐妊したっていうのも言ってない状況なわけだからさ。
若林　そうかそうか、そのときはね。
春日　いきなり言うのもあれだ、つってね、言えるほどの情報がないし。で、終わってからすぐ病院行って。本人と子には会えないけどね。
若林　じゃあ、『どうぶつピース』の2本目の間と、日向坂の本番始まる前にクミさんが頑張

※2 ケイマックス
オードリーがMCを務める『日向坂で会いましょう』（テレビ東京系）の制作会社。

※3「待たせたな！」
コント赤信号のリーダーこと渡辺正行による、1980年代に一世を風靡したギャグ。暴走族コントで「兄貴！」と呼ばれて登場したリーダーが「待たせたな！」とサングラスをとると、目元にラメがちりばめられている、というもの。『日向坂で会いましょう』のオープニングでは、毎回春日がこの「待たせたな！」をオマージュしている。

ってたってことだ。これはもうテレ東に金一封を……。

春日　なんでテレ東なんだよ、クミさんにくれよ。テレ東はなんもしてないよ！

若林　俺はちょっと金一封を持っていかないと、お礼を。

春日　なんでだよ、うちのクミさんになんかくれよ。たまたまね、（ともにテレビ東京の番組という）つながりだっただけで。んで、結局そこから入院っていうか、ある程度回復するまでさ、帰ってこれないわけなんだよ。

若林　それは何曜日だったたっけ？

春日　それがだから金曜よ。5・8ね。誕生日は5・8。いい日に生まれたなと。やっぱ調べるじゃん、「誕生日、誰が一緒かな？」って。

若林　誰、誰？

春日　**曙とデストラーデね。**[※4]最っ高だなと思って。

若林　え、男の子、女の子？

春日　女児だけどね。

若林　ははははは（笑）。

春日　曙とデストラーデとはいい響き。

若林　**お母さんばりのスラッガー**[※5]に育つかもしれないね。

春日　私のシズエね。ふはははは（笑）。

※4　曙とデストラーデ
曙太郎は、元大相撲第64代横綱の、プロレスラー、格闘家。オレステス・デストラーデは、春日が愛する西武ライオンズに1989年から1992年と、1995年に所属し、西武黄金期に活躍した元プロ野球選手。

※5　お母さんばりのスラッガー
春日の母は学生時代、ソフトボール部のキャッチャーで4番打者だった。パワフルなお母さんで、近所で火事が起きた際には水をかぶって現場に突入し、小さなタンスをかついで戻ってきた、といった武勇伝がある。

表参道のトイプードルとカバーニャ要塞のビーグル

【第552回】2020年7月4日放送

若林　結構反響[※1]あるんですけどもね。

春日　そうね。ありがたいね。

若林　春日のネタ作りうんぬんの話はもうね、何年ぐらい前か忘れたけど、7～8年ぐらい前かな、もうしゃべんのやめようと思ったのよ。こんなにも伝わらないなら。あの、かなり不利なんだよね。

春日　不利？

若林　つまり、ネタ書いてないはずのヤツが責められるべきだと思っているにもかかわらず、言えば言うほど負けるのよ、書いてないヤツに。この戦いってなぜか。

春日　なるへそなるへそ。

若林　それを経験上知ってるから言うのやめてて、俺は自分がさも大人になったかのように思ってた。大人になったから、春日に対して腹が立たないのかなって思ってたんだけど、あれは封印してるだけなんだよね、魔封波[※2]みたいに。

春日　なるへそ！　誰かが札取っちゃったんだな。

若林　岩井が札を取ったんだけど。

春日　**しょうがねぇなー、あいつよぉー！**　そしたら飛び出てくる、大魔王がよぉー！　がははは（笑）。

若林　溢れでちゃう。封印が長いから、俺もなくなったもんだと思ってて。でも、封印が解けたらもうね、当時よりもパワーアップして出てきたもんね。

春日　閉じ込められた分ね。世界が、私と澤部が、恐怖のどん底に落とされたから。

※1 結構反響ある
『あちこちオードリー』（テレビ東京系）のハライチの岩井勇気と澤部佑をゲストに招いた回が、ネタを書いている側の若林と岩井が、書いていない側の春日と澤部を糾弾する展開に。ネタを書いていない側は漫才師ではなく「ネタ受取師」である、といった主張まで飛び出し、大きな話題となった。

※2 魔封波
漫画『ドラゴンボール』に登場する技。魔族の王・ピッコロ大魔王は、この技によって電子ジャーに閉じ込められ、ジャーに貼られた札によって封印されていた。

若林　オンエア観てたらさ、あんだけ言ってるから溜飲が下がるかと思いきや、もうさらにムカついてきて、ふたりの顔見てて。「いや、早く謝れや！」と思って。「ニヤニヤしてんなよ！」って。もうテレ東電話しようかなと思った。

春日　なんでだよ。

若林　**「割烹着を着ている男性は、なぜ謝らないんですか？」って。**

春日　なんで名前言わないんだよ。「春日」でいいだろ、そこは。

若林　俺ね、ひとつ言いたいのは、30になってテレビの仕事してから今日までは、春日のことをもうすっごい感謝してんの。もう春日のおかげでオードリーっていう今のね、ギャラクシー賞ギリギリ逃す[※3]まで来れたなって。

春日　そう、なかなか行けないよ、ベスト8までなんて。

若林　**くれよ！　ギャラクシー賞よぉ！**　ここまで来たら！

春日　なんでなんだよ。取れなかった理由を聞きたいね。それを踏まえて次、頑張れるから。

若林　これ、石井のせいなんじゃねえか？　石井がわけわかんないタイミングで「それ大丈夫っす、やっぱり」って、ギャラクシーに言ったんじゃねえか？

春日　そうだよ、「僕外れるんで、別に大丈夫です」って言ったんじゃねえか、あいつは。あいつのせいだろう。ふはは（笑）。

若林　だから、30から41までの春日にはホントに感謝してるから、この年表に関しては「まるでネタ書かない」って一切思ってないの。俺が言いたいのは、なあ、サトミツ！　20代の話。サトミツちょっと来てくれ！　これは絶対俺が言ったら負ける戦いっていうのはわかってる。

春日　佐藤ミツが代わりに言うってこと？

若林　サトミツは俺たちのことを一番知ってるだろ？　しかも20代の話を。

※3　ギャラクシー賞ギリギリ逃す
「さよならむつみ荘」の回が、第57回ギャラクシー賞ラジオ部門に入賞したが、惜しくも大賞、優秀賞には至らなかった。

春日　まあそうだね。代わりにミツが語るってこと？

若林　俺が語ったら勝てないんだよ。

春日　語らせるのもおかしいじゃない。わざわざ呼び込んでさ。

佐藤　こんばんは。

春日　「こんばんは」じゃないよ。

若林　お前、今日も魔封波を開けたな？

春日　いや、私が自分で開けて、恐怖のどん底に落とされてんの？

若林　お前、ジャーを開けたぞ、今。俺は30から41まではもう完全に、ロケとか、春日のスター性で、オードリーってなんとかここまでやってこれたから感謝してんの。俺が言ってんのは20代なんだよ。それをどっかのアホがよ、夫婦ゲンカに例えるだろ。「どっちが家事やってるかとかって、夫婦ゲンカを見せられてる」って言うヤツいるけど、違うんだよ！　共働きの夫婦がどっちが家事やるとか言ってっけど、**20代に関しては仕事も家事もしてねえんだよ！**

佐藤　ハッハッハ！（笑）それはホントそう。

若林　うん。それはこっちに言う権利あるだろ、っていう。共働きじゃないんだから、ライブしかないんだから！

佐藤　（仕事の）全部がライブの中で、全部ネタ作りだから。春日はゼロだからね。

春日　なんで入ってきたんだよ！　ふははは（笑）。

若林　ゼロだから。家事も仕事もしてないどころじゃないんだよ。家がないんだから。更地にスコップで穴掘って、俺は杭を打ってるときに、**（春日は）切り株に座って漫画読んでんだよ。**

佐藤　ははははは（笑）。

若林　でも、これもうね、絶対伝わらないっていうことを経験上知ってんの。なんでだと思う？　ホント悲しいお知らせですけど、この理由ね、春日がスターだからなんです。

佐藤　悲しいお知らせだね、これは。

若林　春日さんの例の事件、いわゆる「春日事件」、あれが「なんで春日だけ許されてるの？」みたいな話になんだけど、これ、理由簡単です。春日がスターだからなんだよ。

春日　ふははははは！（笑）

佐藤　悲しいお知らせだなぁ。

若林　俺ね、春日がスターだから30から今日まで持った、このことは本当に春日のおかげだなって思ってんだけど、俺が言ってんのは20代の話なんだよ！

春日　聞いたよ、さっき。

佐藤　この件においてさ、「春日がなんかすごい」みたいな結論になんのは、俺もすごくイヤなの。

若林　それはお前が言えやもっと!!　お前がそういう話をブログとかにあんま書いてねーから、こういうことになんだよ！

佐藤　俺が!?　俺のせい？

春日　いいよ、書かなくて。へへへ（笑）。

若林　お前しかいねえだろ、20代のあの仕事も金もクソも、なんにもなかったオードリー知ってんの。**お前がブログに書けや！**『あちこちオードリー』のオンエアの直後にぃ!!

佐藤　あはははは（笑）。俺のせい？　なんで俺が責められんのよ。

春日　ミツのせいだな。怒られてるぞ。

若林　お前、なんか春日寄りなんだろ。だからブログに書かないんだろ。『あちこちオードリー』がオンエア終わった瞬間だよ。「僕が知ってる20代のオードリー」っていうタイトルで書かないっていうことは、お前だな。あと飯塚もだよ。お前、俺らの25〜26の単独ライブに入ってたくせに、なぜブログにもツイッターにも書かないんだよ！『あちこちオードリー』のあと、「確かに春日さんは、家事も仕事もしてませんでした。そもそも家がなかったところを、若林さんが杭を打って、春日は切り株で、西武のメガホン持って西武を応援してました」って飯塚が書かねーからだろうが!!

佐藤　なんでこっちが責められなきゃいけないの（笑）。

春日　すまんな。すまん。

佐藤　書かなかったことが悪い、みたいになってるけど。

若林　それはふたりの責任もあるよ。知ってんのに書いてないんだから。あんだけ揉めてんのに。それは恥ずかしい話だと思ってほしい。

佐藤　あ、書いてないことを？

若林　春日寄りなのか？　お前らも。

佐藤　いや、そんなことない（笑）。

若林　こんなこと言っても、こっちがどんどん言えば言うほどちっちゃくなってくる、不思議な話なんだよ。あのね、スターのヤツはもう聴かなくていい、このラジオは。スター側の人間はもういいんだ、この話は。スターなんだから。俺はね、春日さんも一緒にやってる動物番組で思うんすよね。春日さん、ビーグル犬が空港で大活躍してるじゃない。

春日　はいはいはい、検査犬みたいな。

若林　俺はビーグルの大ファンになったわけ、あれを見て。頑張ってるからよ、ビーグル。もう警察犬というか、職業犬っていうか。もし犬飼えるようになったらビーグル飼いたいな、とか今思ってて、こないだ人気の犬種ランキング見たんだよ。**20位以内にも入ってねえじゃねーか、ビーグルがよぉ!!!**

佐藤　あはははは（笑）。

春日　それはしょうがないじゃん。今、誰に怒ってんの？

若林　ビーグルが選ばれてねえことだよ、ベスト20に、人気の犬種の!

佐藤　すごいできる犬なのに、ってこと？

春日　あんな頑張ってんのに、ってこと？

若林　ビーグルはあんな一生懸命、トランクで何重にもなってる、持ち込んじゃいけない肉とかを見つけてんのに、ちょっとお手したら、

「あ〜、かわいい〜」って言われてるトイプードルを、**ビーグルはどう見てんだよぉ!!!**

春日 ビーグルに自分のことを置き換えてらっしゃるんですよ。

佐藤 これをブログ書いたほうがいいの?

若林 お前書け、ブログに! 春日はもうゴールデンレトリバーであり、トイプードル、スター犬ですよ。「ちょっとネタ覚えました」ってお手して、「かわいい〜」って言われて。こっちはふんふんふんふん空港嗅ぎ回ってなんとかネタ書いても、別に頭もなでられやしねえ。ふはははは (笑)。

春日 やっぱ、もうそれ書いたほうがいいね。

若林 これはスターだからしょうがないんだよ。スターだから、ってだけの話だから。恒星だから自分から光れる。スター。こっちは衛星だから、太陽の光ないと輝かないの。たいしたもんだよ、それで3位だってよ。衛星なのに。

春日 (テレビ番組) 出演本数ランキングね、上半期の。

若林 俺は封印してたのよ。それ開いちゃったの、『あちこちオードリー』で。

佐藤 開いてたねぇ〜、開いてた開いてた。

若林 でもなんか、「早く謝れよ」と思って。「もう恨まれるのは仕方ない、20代、そうでしたから」って全然言わねえだろ、お前。

佐藤 そうだねえ。言わなかったねえ。

春日 そうだねえ。

若林 俺はもう封印をしようと思って、完全に。お札貼ってくれ、本当に。大人になってなくなったと思ったら、もう当時よりパワーアップして出てきたよ。やっぱ揺らしたりしたらダメだよ、ジャーを。一生根に持つんだよ、俺は。それはもう仕方ないと思うだろ?

春日 まあそうね、消えるものじゃないからね、やっぱガチガチに封印してね。でもなぁ、また愚か者が剝がすんだよね、急にね。

若林 俺はびっくりしたよ。やっと一軒家が建って、ここからだよ、家事の分担。家がなかったんだから。家建ててね、なんとかしたら、「この家、いろんなことがあっても崩れない自信ありますか?」って今田さんに聞かれたら、[※4]**「なきゃこんなしっかり立ってない」**って、切り株に座って漫画読んでたヤツがさあ。

佐藤 若林くん、あれはね、俺も超ムカついた。

春日 なんでだよ。ふははははは(笑)。

若林 知ってるからねえ。お前、それブログ書けよ!!

佐藤 なんで俺、怒られんだよ(笑)。

春日 それは怒られるわ。書かないと。

若林 この話はもう終わり。どうせこっちが聞き分けの悪いヤツにしか映らねえんだよ。お札貼ってな、もう封印。もう二度と開けないでくれ。また出ちゃうから。

佐藤 うん。岩井くんだな、そうすると開けちゃうのは。気をつけないと。

若林 いや、開いたね〜。岩井がほら、魔人ブ[※5]ウだろ? 閉じ込められてるのが、俺なんてレベルのじゃない……うははは、やっぱ一発一発が重いしさ。ははは(笑)。

佐藤 重いしね。だからいいよね。

若林 澤部も眠れなかったってね、あの日。はははは(笑)。

春日 そうだね。澤部なんかは言われてこなかったんだろうね。初めて聞いたみたいな顔してたもんね、やっぱね。ふははははは(笑)。

若林 岩井、言わなそうだからな。ラジオではやってるけどね。これ絶対伝わらないのもわかってるから、もうホント封印。これだけはもう開いちゃうから。

佐藤 開いちゃうよね。

若林 開いちゃうときってさ、「どうにでもなれ」って思っちゃうね。普段すっごい言葉を選んでテレビ出てるけど、もう自分の好感度なんかビター文気にしない、「もう嫌えよ!」と思ってしゃべってるから。あれは怖いね。ああな

※4 今田さんに聞かれたら オードリー躍進のきっかけとなった、2008年の『M-1グランプリ』(朝日放送テレビ・テレビ朝日系)の決勝で、司会の今田耕司に自信のほどを聞かれた春日は、「なきゃ立ってないですよ、ここに」とコメントしていた。

※5 魔人ブウ 漫画『ドラゴンボール』に登場する最強の魔人。

っちゃうとよくないよね。魔王が出てくるから。

春日　いろんな都が吹き飛んでたからね。ふはははははは（笑）。焼け野原になってたぞ。

若林　なんか俺ね、申し訳ない気持ちもあんのよ。30から41までを考えると。春日のおかげだから。ただ、20代は一生許さねーぞ、お前。

春日　書いてよ？　ちょこちょこブログでね。

佐藤　ちょこちょこ書かないといけないの？

若林　佐藤は書けよ、ブログに！　バカ野郎！

春日　書くことによって、ちょっとずつ拡散されるからね。

若林　自覚はあんのか、**「オードリーのルポライターだ」**っていう。

佐藤　あはははは（笑）。いやいや、その自覚はないよ。

若林　名刺に書けや！　放送作家の横に「オードリーのルポライター」って。

佐藤　ハッハッハ（笑）。ヤだよ、そんなの（笑）。

春日　で、**「お仕事ください」**って書いとけ！

ふははははは（笑）。

若林　なかなかないだろうけどな。

春日　そうね、ないだろうけど。

若林　全然話さねーな、ふたりとも。知ってんのに！　20代のあんときだよ！

佐藤　知ってるけど、勝手に書くもんじゃないじゃない？

若林　勝手に書けよ！

春日　いいんだって、本人が言ってるんだから。すぐだとやらしくなるから、しばらくたったらね、「トイプードルとビーグル」っていうタイトルでさ。ちょっとぼやかしてね。

若林　**「表参道のトイプードルとカバーニャ要塞のビーグル」**[※6]だよ。バカにしてんのか、お前！！！

佐藤　俺、何も言ってねえよ。自分で自分の著作イジってんじゃねえか。ははははは（笑）。

若林　お前、ここはラジオ日本じゃねえんだ[※7]、出てけよ。

※6　表参道のトイプードルとカバーニャ要塞のビーグル　キューバを旅した若林の旅行記は『表参道のセレブ犬とカバーニャ要塞の野良犬』（文春文庫）。

※7　ラジオ日本じゃねえんだ　佐藤は、ラジオ日本で『佐藤満春in休憩室』、InterFMで『佐藤満春のジャマしないラジオ』というレギュラー番組を持っている。

佐藤　あっははははは（笑）。なんなんだよ、呼ばれたから来たんだよ。

春日　のこのこ入って来やがってさ。

若林　「InterFM です」みたいなツラでしゃべってんじゃねーぞ、お前。

春日　ニッポン放送だぞ。

若林　もうこれは封印ね、封印。この気持ちはジャーに封印して。春日、そのお札にはなんて書く？

春日　なんだろうな……「20代のこと」。

若林　何考えてんだ、お前。20代サボってるからそんなことになるんだ。あれはホント封印。見栄えがよくない。俺たちはな、**普段仲良くて、楽屋でチュッチュチュッチュチュッチュしてるのに、**あんなケンカしてるところ見せたら。

春日　ショック受ける人がいる。

若林　俺たちは仲いいからね〜。

春日　そうだねぇ、うん。

若林　俺たちって仲いいよな。

春日　仲良しコンビ。これが普通なんだけどね。別に意識してるわけじゃないから。

若林　仲良くて、お互い信頼し合ってたからよかったんだけどね、『あちこちオードリー』は。「本当は仲いいくせに」って思いながら俺は観てたけどね。……冗談じゃないよ、ホントに。

1回だけデートした女性

【第568回】2020年10月24日放送

（17年ぶりにディズニーランドに行ったという若林が、17年前、1回だけデートした女性と行ったのがディズニーシーだったという話から）

若林　春日はいる？　1回しかデートしたことがない女性。

春日　ああ、今その話聞いてて思い出したよ。

若林　どういう経緯で1回しかデートしなかったの？

春日　あのね、としまえん[※1]に行ったのよ。

若林　ひゃははははは（笑）。

春日　ふははははは（笑）。

若林　としまえん、1回だけのデートだったの？（笑）

春日　1回だけ。

若林　なんでよ？（笑）

春日　わからないねぇ。

若林　春日が、あんまり好きにならなかったとかっていうわけでもなくて？

春日　じゃなく……別になんか、そんなに……それもね、何回目にお会いしたのかもわからんけど、まあ初対面じゃないね、もちろんね。

若林　うんうんうん。

春日　覚えてんのは、えーとね、**なんか、ねづっち[※2]さんの知り合いだった……。**

若林　にゃははははは（笑）。

春日　ははははは（笑）。……ってことだけは、なんか覚えてんのよ。

若林　ちょっと待って。ねづっちさんの知り合いの女の子と、としまえんに1回だけデート？

春日　1回だけ。飲み会みたいなことしてたの

※1 としまえん
東京都練馬区にあった西武グループの遊園地。２０２０年8月31日に、惜しまれつつも閉園した。

※2 ねづっち
即興なぞかけを得意とする芸人で、元相方が木曽さんちゅう。

かな、わかんないけど。
若林　飲み会かなんかやったんだろうね、1回。そのあと、デートしたんだよ。
春日　でも、そんなねづっちさんと飲み仲間でもないからさ。
若林　どっちかっていうと木曽さんちゅうのほうだもんね、お前が飲み仲間だったのは。
春日　いやいや、そうでもないよ（笑）。木曽さんちゅうさんのほうが、そんなでもないよ。
若林　あははは（笑）。それで、どっちかからLINEかなんか……電話か、そのとき。
春日　もうだから相当前よ、十何年前。
若林　メールかなんかして、「としまえん行こう」ってなったんでしょ？
春日　なった。
若林　それ、なんで俺に言わないのよ？
春日　言わないでしょ、別に。
若林　「実はさ、ねづっちさんの知り合いの女の子と、としまえんにデートに行くんだよ。何着てったらいいかな？」って、なんで俺に相談しないんだよ（笑）。
春日　なんで服の相談すんだよ（笑）。
若林　そしたら俺は答えるよ、**「迷彩の7分丈のズボンはいて行こう」**って（笑）。
春日　ふはははは（笑）。
若林　そんなのはいてたじゃん。
春日　はいてた。「いつもはいてるやつじゃねーか」っつってね、うん。
若林　その子と魔法のじゅうたん[※3]とか乗ったってこと？
春日　魔法のじゅうたん……うん、まあいろいろ乗った……。なんかねぇ、**かりんとう持って行ったの覚えてるなぁ。**
若林　かりんとう持ってったの!?　デートに！
春日　はははははは（笑）。
若林　気持ち悪っ！　気持ち悪っ！
春日　うん。たぶんそういうので引かれたんだろうね。フライングパイレーツ[※4]のさ、向かいの

※3 魔法のじゅうたん
正式には「フライングカーペット」。『アラビアンナイト』に出てくる「魔法のじゅうたん」をモチーフにしたアトラクション。

※4 フライングパイレーツ
吊り下げられた大型船がスイングする、バイキング型の絶叫マシン。

とこにいっぱいイスとか並んでるの。そこでお昼に、向こうは焼きそばかなんか買って、私は持ってきたかりんとうを……フフッ、金ないからさ、かりんとうとか、みたらし団子とか食べてたじゃん。

若林　食べてた。でも、あのときのお金のなさだったら、ちょっと理解できる。かりんとうしか食べられないんだよね。

春日　そうそうそう。

若林　としまえん行くなよ、かりんとうしか持っていけないのに。それか、俺に言ってくれればさ。「実は今度、ねづっちさんの知り合いの女の子とどしまえん行くんだけど、お金がなくてホットスナックが買えないから、お金貸してくれない？」って言ったら、「うん、そういうことなら」って言ったけどね、俺。

春日　ははははは（笑）。いやいや、そこまでして……。

若林　それはさ、パイレーツに向かい合って座ってたの？　かりんとう食べたってことは。

春日　いやいやいや、乗りながらは食べてないよ。言ったよね？　フライングパイレーツのところにあるベンチ。

若林　船の中、かりんとうぶちまけたんじゃないかな。一番頂点、もう垂直ぐらいになったときに、**向かいに座ってる女の子に、かりんとうがバラバラバラーッて（笑）。**

春日　「キャー！」って（笑）。ふははは（笑）。乗りながら食べてないけどね。そうね、そういうので引かれた……そのあとはなかったからね。なんか流れで「行こうよ、行こうよ」ってなったのよ。飲んだ次の日だったかもしれない。

若林　なんか、意気投合はしたんだろうね。

春日　んで、ねづっちさんが、けしかけたのかもしれない。

若林　ああ、「ふたりでデートしたりすればいいじゃん」みたいな。

春日　うん、「行っちゃえばいいじゃない、としまえんとかさあ」なんて言われて、「うん、まあ、そうすかぁ?」なんて言って、行ったのかもしれない。覚えてないけど。

若林 でも、その女の子もつまんなかっただろうね。かりんとう食べてる25歳の春日とデートして。

春日 つまんなかっただろうね。

若林 そういえば、俺もあれだわ、(北野)武さんの映画『Dolls[ドールズ]』[※5]を1回だけ観に行った女の子いたわ。

春日 ぶははははは(笑)。菅野美穂さんのね。それもなんか盛り上がったんじゃない? 観たい映画みたいな話になって、「じゃあ一緒に行こう」なんつってさ。

若林 うん、うん。その子、なんか肩紐みたいなところがブチッと取れて、歩いてたら。

春日 えっ!?

若林 で、「ちょっと待ってて」ってコンビニ入ってって、ソーイングセット買って、肩紐とかバーッて縫ってたわ。

春日 おお、すごいね。

若林 それだけすっごい鮮明に覚えてる(笑)。『Dolls』の感想とかより、それだけすごい……。

春日 ふははははは(笑)。

若林 ははははは(笑)。

春日 そういうもんよね。「かりんとう」とかしか覚えてない。

若林 お前、かりんとう持ってとしまえん行ってたの!?

春日 ははははは(笑)。

若林 ははははは(笑)。

春日 いや、でも持って来そうだなって。違和感ない。その発想はあるね、今でも。謎だなぁ。

若林 あははははは(笑)。急にお金できないもんね、その飲み会の次の日にね。

春日 うん。だから入園料とか、もしかしたら払ったのかもしれない、アタシがね。

若林 はいはい、女の子の分をね。

※5『Dolls[ドールズ]』
2002年に公開された、北野武監督の映画。菅野美穂、西島秀俊らが出演。

春日　うん。一応かっこつけたいじゃない。

若林　まあ、そうだろう、さすがにな。

春日　うん。年下だっただろうから。でも、イヤだよね、入園料払ってもらって入ったらさ、そいつがかりんとう食ってんだもん。

若林　その子はたぶん、**それ鉄板としてしゃべってると思うよ。**

春日　ふははは（笑）。

若林　「私、売れる前の春日と、としまえんにデート行ったんだけど、かりんとう持って来て食ってた」つって。

春日　カカカカカ（笑）。

若林　「ええ!?」ってなってると思う。毎回、何回話しても。

春日　そうだね。かりんとう食って水飲んでたもんな、うん、としまえんで。

若林　「あのパイレーツのところでかりんとう食べながら乗ってた」って。

春日　いや、それは乗ってないんだけどな。それは盛っちゃってるけどな。ふははっ、そこまでの話になっちゃってたら、まあいいけど。

若林　「ウォータースライダーから、かりんとう流してたんだ」ってさ、言ってると思うよ。

春日　「アイツ、としまえんにかりんとうぶちまけに行ってた」って言ってね（笑）。

若林　あはははは（笑）。「メリーゴーランドの馬に食べさせてた」ってね。

春日　あははははは（笑）。そこまでの話になってたら、たいしたもんだわ。

若林　「食べさせたら、あの上下するのが止まった」みたいな、言ってると思うけどな、俺。

春日　あはははは（笑）。

娘の予防接種

【第577回】2020年12月26日放送

春日 前にね、お話ししましたけど、インターネットでいろんなものを買うのに凝ってるって。

若林 言ってたねえ。

春日 そうそう、その流れで買ったビデオカメラがあるのよ。結構いいやつ買って、4Kのさ。友人の地獄カメラマン[※1]にね、プロだからさ、「何がいいですかね?」なんて聞いて。「これは家庭用でも結構本格的なやつだから、これがいいよな」なんつって、買ったのよ。

若林 娘の成長記録だ。

春日 まあ、娘撮ったり、あと、チャチャチャね。

若林 あ〜。あとあれな、あんまり時代にそぐわないかもしれないけど、**あの、夜の営みをね。**

春日 撮るかそんなもん! 時代関係ないよ。

若林 あんまり言いたくないけど、目先の笑い欲しかった。

春日 ククッ(笑)。確かにね。

若林 ブリーフ一丁で、4Kのハンディを担いでんだろ?

春日 **「カス西とおる」[※2]ね。**うん。

若林 奥さんも好きだからさ。

春日 「お待たせしました、お待たせしすぎたかもしれません」なんつって、寝室入ってってね(笑)。そんなんやらないから。でもね、村西監督くらいしゃべっちゃうね、撮りながら。

若林 え、もう届いたの?

春日 届いて、もうなんだったら、家帰ってずっと左手に持ってるぐらいの感じなんだよね。

若林 はははは(笑)。撮るのはやっぱおもしろいんだよ、楽しいっていうか。

※1 地獄カメラマン
春日が部族滞在ロケなどで出演していた、『なんでもワールドランキング ネプ&イモトの世界番付』(日本テレビ系)のカメラマン。春日をスタッフしか参加していない「地獄バーベキュー」に誘ったことから、「地獄カメラマン」と呼ばれている。

※2 カス西とおる
ブリーフ一丁でカメラを担いでいるアダルトビデオ監督といえば、村西とおる。

若林　なるほどなるほど。

春日　チャチャに「ボール取ってきな〜」とか言って投げてさ、それを撮って。「いいですよ〜、いいよ〜、うん、速かったね〜」とかね。

若林　なんかちょっと下品だね、言い方が。村西とおる入れてんの？

春日　入れてないよ、別に。

若林　ちょっともう一回ボール投げて。

春日　ボール投げて、「いいよいいよ、いいよ〜、速かったね〜、マーベラス！」とか言ってね。ハッハッハ（笑）。

若林　いや、もう寄せてきたじゃん（笑）。暑苦しいのよ、寄せられると。

春日　ははは（笑）。言うからよ。だって、別に普通じゃん、「いいですよ」とか。

若林　それでまあなんか、娘さん撮ってて。

春日　はえーなあ！　行くなよ、先に。**追い越すなよ、こっちのトークを！**

若林　ふふふふふ（笑）。

春日　で、撮りながらね、子も撮るわけよ。「離乳食だ〜」つって。へへへへ（笑）。

若林　声に出してんの？

春日　うん、なんかしゃべっちゃうんだよね。

若林　どういう風にしゃべってんの？

春日　「さあ、離乳食。うーん、今日のおかずは〜何食べるんですかっ？　おかゆですか？あ〜、いいですねぇ〜」なんつって。

若林　あははははは！（笑）なんだよ、暑苦しいなあ。寄せてくんなよ、気持ちわりぃ！

春日　ははははは（笑）。言うからよ。でも実際、やっぱしゃべっちゃう。「おいしいですか？　これなんですか？」なんつって撮って。その日の夜ね、レモンサワーを飲みながら、それを観るのが楽しいんだよ（笑）。観てると、やっぱちょっと気になるんだよね。下手で。それに文句言いながら飲むのが好きなのよ。

若林　カメラワークが。

春日　そう、「寄りすぎだな」とか、「切り替えが早いだろ」って。離乳食だったら、離乳食をしばらく撮るじゃん、プロなんて。で、5秒ぐらい撮ってから食べる。でも、すぐ顔を撮りたいからさ。「顔にいっちゃってんなあ。切り替え早いだろ」とか文句言いながらね。

若林　あー、言いながら飲んでんだ。

春日　だから変な話、「何か撮るネタないか」って常に探してるような状態。家の中で起きることってだいたい決まってるからさ、もう飽きてきたな、っていうね。そんな中で、こないだね、子が病院で注射打つんだなんて言うから、その日休みにしてもらってさ、行ったのよ。で、1回で注射3本打つっていうのよ。

若林　へー、そうなの。何と何と何?

春日　名前忘れちゃったけど、なんかと、なんかと、あとBCGね。BCGって、子が打つ注射の中でも結構なデカネタだと思うんだよね。跡が残ったりするから。

若林　ビッグイベントだよね。

春日　で、病院行ってさ。もう病院の前から撮ろうと思って、クミさんに病院の前に立ってもらってね、こう上から振り下ろしでさ。

若林　なるほど。まず病院の看板を映して。

春日　そう。クミさんにはね、「今日、予防接種に来ました。今から行きます」って言ってくれって、事前に言っといて。

若林　オープニングだ。

春日　オープニングから撮ろうと思って(笑)。振り下ろしでバーッっていって、「今日はね、病院にきました〜」つって、入ってったのよ。でも、「なんか違うな。急だな」と思って。

若林　入りが?

春日　そう!　だから、いったんクミさんに戻ってもらって、フフッ、**「病院の前、ちょっと10歩ぐらい歩こう」**って言って。

若林　あ〜、やっぱ歩き、やっぱ歩きっているんだね。

春日　やっぱ歩き、いるんだよ。歩きを正面からね、アタシが後ろ歩きしながらさ、病院に着くまでに「予防接種打ちに来ました、今から行ってきます」って言ってもらって。で、「そのまま入ってくれ。ちょっと一回車待とう」とか。

若林　うん。車通っちゃうからね。

春日　そうそうそう、車がはけて、撮るわけ。「スタート！」つって、バーッて撮るじゃない。ちょうど10歩目ぐらいで入っていったのよ。「おお、なかなかやるな」と。

若林　はいはい、うまいんだ。

春日　そうそう、で、病院の外観も撮りたいじゃない。入ったあとの何秒か押さえたいから。

若林　あ〜、そこ押さえたいんだ。

春日　うん、押さえてたらさ、中からクミさんが「何撮ってんの？」って出てきちゃってさ。撮り終わっても、春日が入ってこないからね。

若林　編集も考えてんだ、春日は。

春日　そうよ。構えながらカメラから顔を外してさ、（小声で）「いい、いい、入って！　入って！」って。「ああ」みたいな感じで入ってったんだけど、受付してたの、クミさんが。**「いや、ちょっと入るとこも撮りてえな」**と思って。

若林　あ〜、なるほど。病院に。

春日　病院に。で、受付ストップさしてもらって、クミさんにちょっと一回外出てもらって。中で受けるから。

若林　あ〜、先カメラさんパターンね。

春日　うん。ロケで「受ける」って言うじゃん。カメラマンさん、建物に先に入ってさ。受けるから、「7秒待って入ってきて」つって。

若林　あるよね。

春日　で、一応受付の方に「撮ってもいいっすか？」つって。したら、「いいですよ」って言うから、7秒経ったら入ってきてもらってさ。

若林　一応確認して。はいはい。

春日　そうそう。カメラで受けてよけて、そのままクミさんが受付をしている。で、その診察券を、こうブツ撮りしてさ。

若林　ああ〜、そこまで撮ってるんだ！

春日　うん。3、2、1、みたいな。

若林　わー、それは向こうの人にもちょっと協力（してもらわないと）、すぐサッて撮ってね。

春日　そうね。すぐ診察券取られちゃうから、左手でカメラ持っててさ、ブツ撮りしてるじゃない、保険証を。で、右手でこう、ちょっと制してて、受付の人を。

若林　ああ、「まだ取んないでください」って。

春日　そうそう。ほいで、一回カメラ止めて。中にいるのよ、患者さんとか、同じように予防接種を受けに来てる子とかが。で、待合室で「空いてるとこねえかな」ってロケハンしてさ。ほら、ほかの人が映っちゃうとダメじゃない。

若林　なるほど。抜けに欲しくないわけね、一般の人だから。

春日　そう、許可取らなきゃいけないから（笑）。

若林　どっかに放映するわけじゃないじゃん。大丈夫でしょ、プライベートなら。

春日　なんか一応ね、向こうもカメラを向けられたらイヤじゃない。そしたら、一番奥のプレイルームみたいなところの横のベンチが空いてたから。ベンチっていうか、イスがさ。そこにクミさんに座ってもらって、「一応、今の心境とかをちょっと聞きたいから」つって。

若林　なるほど。そこまで撮るんだ。

春日　うん。長イスで、横座ってさ、「今、どうですか？」つって。クミさんもね、落ち着いた感じで、「無事に注射が終わればいいと思ってます」なんつって。しばらく待ってたのよ、無言で。やっぱ緊張感欲しいからさ。

若林　あ〜！　イベント的には。

春日　そうそうそう。もうあんまり四の五の聞かない。あとは待ちの画だったり。

若林　なるほど、表情を撮りたいんだ。

春日　子の表情も撮りたいし、クミさんの表情も撮りたいし。**で、テメエも入りたいし。**

若林　出たがりだからね。ディレクターが。

春日　ふははははは（笑）。うん。結構、注射打ってる子の泣き声とか聞こえてくるの。それもなんかちょっと緊張感が出るじゃない。

若林　なるほど、演出として。

春日　しばらくしたら呼ばれて、診察室に入ってさ。お医者さんね、若い男の先生でしたよ。一応、「ちょっと撮ってもいいすかね？」つって。

若林　おお、言ったんだ。

春日　許可ないとね、ダメじゃない？　看護師さんにも「いいですか？」つったら、「ああ、いいですよ」って言うの。で、その先生も結構ノリがいいというか、明るい人で、「たまーにいらっしゃいます」って。ビデオ回してる人がね。

若林　なるほど、好きな人がね。

春日　「そうですか、すみませ〜ん」なんて言って、ちょっと離れてさ。お医者さんが診察、一応、子の状態を、首触られたりとかさ、それをぐーって撮ってね。

若林　撮ってんだぁ。

春日　うん。で、いよいよ、「大丈夫です。今日、注射受けられそうですね」なんつって、注射がね、並べてあるわけよ、机の上に。

若林　はいはいはい。うわ、なんか怖いな。

春日　怖いよ。私も3本打ったことあるからさ、1回で。アフリカ行くのに打たなきゃいけないから。一日3本はやっぱキツいのよ。大の大人でもキツいのにさ、子が受けるなんてね、ちょっと私も緊張してる状態よ。で、お医者さんが「じゃあ打ちますね」って言うからさ、「ちょっと待ってください」って言って。注射を一回撮りたいじゃん。しっかりと。

若林　なるほどね、押さえるわけね。

春日　うん。注射を何秒か押さえて、「どうぞ打ってください」って。まず1本目、腕に打つんだけどさ、泣くよな。そら泣くのよ。

若林　そうだよな、びっくりするもんな。

春日　うわーって泣いてさ、変な話、押さえたいじゃない。だから、ぐーっと顔に寄るんだけど、それ画面越しで見てて、なんかもうつらくなっちゃってさ。

若林 なるほど。痛いから。

春日 そうそうそう。**カメラ回しながら「フグッッ」って……。**

若林 泣いちゃったの？ 春日も。

春日 そう、なんかグッとくるものがあってね。「頑張れ！」っつって。だって、子の頑張ってる姿なんか見ないから。「国の決まりなんだ、これは！」と思いながら回してて、1本目終わってさ。まだ2本あるぜ、おい。で、2本目、太ももかなんかに打つのよ。

若林 へえ〜！

春日 「足か〜！ 足は痛えぞ〜！」っつって。私も太もものイボ取ったとき痛かったからさ。

若林 あ〜、そうかあ。足は痛いなあ。

春日 「頑張れ〜！」と思いながらさ、2本目打たれたのよ。そしたら、1本目よりも泣くのよ。こっちもさ、「カァ〜ッ！ キィ〜ッ！」って、もうギリギリ抑えて。

若林 子供が足に針刺されてるわけだから。

春日 もうね、しょうがないっていうか、子供の将来のために打ってるわけだけど、なんかそのお医者の先生のことが、ちょっとムカついてきちゃってさ。

若林 代わってあげたいぐらいでしょ。それで医者の顔も映しちゃってんじゃないの？

春日 映しちゃってるよ。**「つくっそぉ〜!!コイツよぉ〜！」**ってちょっと思って。何してくれてんだ、って。なんか「痛い思いをさせてるヤツ」っていう感じになっちゃうのよ。

若林 そうだよなあ、でもお仕事だから。

春日 そう、お仕事。もちろん、こっちも頼んでることだから、必要なことだからね。で、ついにBCGですよ、メインの。

若林 あれってどうなってんの？

春日 スタンプみたいなやつなんだけどさ。スタンプの押す面のところに、ちっちぇえ針がさ、ダダダダー！　ってあんのよ。

若林　あ、そうなの⁉

春日　そうなの。それを腕にスタンプするわけ。

若林　全部で何本入ってんの？

春日　9本ぐらいか。それを2カ所、1（ワン）回、2（ツー）回ぐらいプッシュするのよ。

若林　へえ～、そうなんだ。

春日　そう。そっちのほうが痛くないらしいんだけどね。跡はバッと出るけど、その跡が出るのがいいらしいのよ。1カ月後とかに、しっかりと赤い点々が出ると効いてる、みたいな。

若林　そうなんだね。

春日　そうそうそう。あれのほうが（針が）浅いんだって。そんな皮膚の深くまで刺さないらしいんだけど、でも見た目がさ、すごいから。

若林　かなりね。

春日　で、クミさんが後ろで押さえてるのよ。やっぱ暴れるからさ、子がね。看護師さんもクミさんの後ろにいて、ちょっと補助してるわけよ。総がかりよ、みんなで。

若林　なかなかだね！

春日　子は「ウワ～！」つって泣いてるわけ。

若林　もうわかるんだね。

春日　そうそう、もう2本打ってるから。しかも3本目、一番でっかいメインのやつ来てるから。私も「頑張れぇ～、頑張れぇ～」とか言いながら回してたら、お医者の先生が言うの、「そろそろよろしいですか？」なんつって。

若林　「もう行ってください」と。

春日　うん、もうなんか「行け」ぐらい。

若林　「打つなら打てぇ！」って。

春日　**「打てぇ、お前！」つって。**ちょっともうムカついてるから、お医者に。そしたら、「打ちますね～、すぐ終わるからね～」って打ちに行くんだけど、結構暴れるからさ、ちゃんと押さえて打たないと。ポンッて打つもんじゃないのよ、押さえてグッてやるから。動いちゃってさ、なかなか定まらないのよ。

若林　あー、怖いね。それはそれで。

春日　1本目、2本目よりも強く暴れてるし、定まらないしで、なかなか決まらなくてさ。「すぐ終わるからね〜、おとなしくね、大丈夫だよ〜」なんて言ってんだけど、こんな泣いてんだからさ、**「大丈夫なことあるかよ！」**つって。

若林　「いい加減にしろ」って。ははは（笑）。

春日　「いい加減にしろ、お前やれや、早く押せや！」つって。こんな泣いてんのに、フフッ。でもなんか、だんだんだんだん、カメラ回しながら「ん〜〜っ」って思ってさ。

若林　ははは（笑）。それ声出してんの？

春日　出してる出してる、フフフ、もうたまらんから。「ギャ〜！」って泣いてるから。私もさ、「ん〜、ん〜〜っ！」って思ってるからさ、カメラ外して、**「もうやめよう！」**って言って。

若林　あはははは！（笑）そうなの？

春日　うん、「今日はもうやめましょう！」って言っちゃって。「え？」ってなってさ、「いや、もう2本打ってるし、ワーッて泣いてるから、もうほかの日じゃダメなんですか？」つって。

若林　BCGだけね。

春日　そうそうそう。って言ったら、クミさんが「何言ってんの？」つって。「予約して、今日この日に、って注射も用意してもらってるから、それはダメでしょう」なんつって。で、お医者の人も「いやぁ〜、まあ、ね〜」って。

若林　普通打ちますよ、ってことだろうからね。

春日　期限があったりすんのかわかんないけど。封も開けちゃってるし。「いやぁ〜、やりますか、なんとか今日」とか言ってて。もう私は（不満げに）「ハンッ!!」とか言ってさ（笑）。

若林　もうやるしかないから。

春日　まあなんとかね、スタンプして。終わった感想も一応（撮って）ね。終わったらすぐ泣きやむのよ。ずーっとは泣いてないわけさ。で、最後また受付して、私が外で受けてさ。

若林　カメラ持って。

春日　そう、カメラ持って先に外に出て、クミさんが出てくるところを押さえて。「う〜ん、いかがでしたか?」なんて私が言って、「いや、なんとか無事に終わりました」みたいな。「次はまたいつぃつの注射です」つって。

若林　あー、まだあるんだ。

春日　うん。で、エンディング撮ってさ、家帰ってきて見直したのよ。そしたら、まあまあよく撮れてたわけよ。最初のオープニングの入るとことかさ。まあ編集はしなきゃいけないんだけど。余計な部分があるから。

若林　そうか。完パケにすんだね。

春日　そうそうそう（笑）。外観も入ったあとにつなげなきゃいけないし。で、見てたんだけど、肝心の注射のシーンがさ、**私が思ってた以上に泣いちゃっててさ。**

若林　あ、そう！

春日　めちゃめちゃ声入ってんのよ。「うぅ〜、頑張れぇ〜」って（笑）。すっげえブレてるし。

若林　はいはい。そのときは夢中だったから声の量とかわかんないけど。

春日　「やめましょう!!」もしっかり入ってるわけよ。ハッハッハハハ（笑）。

若林　あ〜、入っちゃってた。

春日　入っちゃってたから、あの、今度その、**追撮させてもらおうかな**って思ってさ（笑）。

若林　意味わかんない。何を追撮すんだよ。

春日　行って、だからその、打つフリだけして。

若林　そんなんできるわけない。

春日　つないでもらおうかなと思ってて。

若林　役者雇わなきゃいけないよ、それ。ふふふふふ（笑）。

スペシャルインタビュー

加藤史帆 佐々木久美 松田好花（日向坂46）

「ふたりの愛が垣間見えるのが、私たちはすごくうれしい」

バラエティ番組『日向坂で会いましょう』で約５年間、オードリーとともに歩んできた日向坂46。最初はオードリーとなかなか打ち解けられなかった彼女たちは、ラジオを通じてシャイなふたりの気持ちを知った。そして今やヘビーなリトルトゥースとなった加藤史帆、佐々木久美、松田好花の３人に、番組の魅力を尋ねた。

日向坂46（ひなたざかふぉーてぃーしっくす）

2015年に秋元康プロデュースによる欅坂46の妹グループ「けやき坂46」として活動開始。2019年、「日向坂46」へグループ名を改名。2022年3月には、グループ結成時からの目標であった東京ドームでのワンマンライブ「3周年記念 MEMORIAL LIVE〜3回目のひな誕祭〜」を成功させた。キャプテンの佐々木久美（1996年1月22日、千葉県生まれ）、加藤史帆（1998年2月2日、東京都生まれ）は一期生、松田好花（1999年4月27日、京都府生まれ）は二期生にあたる。

今はもう好きすぎて、出演できないかも……？

——今回は日向坂46のリトルトゥース代表として3人に来ていただきました。まずは番組を聴くようになったきっかけから教えていただけますか？

佐々木 オードリーさんが私たちの冠番組（テレビ東京『日向坂で会いましょう』）のMCをやってくださるまでは、正直ほとんど芸人さんのラジオを聴いたことがなくて。共演をきっかけに『オードリーのANN』を聴くようになって、そこからすっかりファンになりました。

加藤 『日向坂で会いましょう』のテロップでもよくラジオのネタが出るんです。メンバーのなかでも収録の合間にラジオの話題が出るようになって、私も聴くようになりました。

「オードリーさんにハマってないんじゃ……」不安な気持ちはラジオで解消された

松田 私も、最初に聴いたのは『ひらがな推し』（『日向坂で会いましょう』の前身番組）の話題をオードリーさんがラジオで話していた、というのを聞いて興味を持って。それで（佐々木）久美さんがスペシャルウィークのゲストに出演されたときに初めてしっかり聴いて「面白い！」ってなって。そこから本格的に聴くようになりました。

佐々木 あのときはことの重大さをわかっていなかったというか……。もっと噛み締めておけばよかったと思うけど、リトルトゥースになった今だったらちょっと行けないかも。

松田 今呼ばれたら「卒業かな……？」って思っちゃいますよね（笑）。神聖な場所すぎて、ちょっとダメかも。

加藤 31人全員で行けばいいんじゃない？ ひな壇みたいに。

オードリーさんと私たちの架け橋になっている

——実際に聴くようになってから、若林さん・春日さんへの印象は変わりましたか？

佐々木 「若林さんって、こんなに感情的な人なんだ！」っていう驚きがありました。今となっては当たり前ですけど、こんなに怒ったり爆笑したりするんだって初めて知ったというか……。本当に春日さんと仲がいいんだな、って思いました。だから、収録の合間に若林さんが春日さんにちょっかいをかけてるのを見ると、「あ、本当にやってる！」って（笑）。ラジオのノリが目の前で繰り広げられているとうれしくなります。

加藤　おふたりともカメラが回っていないときは静かだし、最初はクールな印象があったんです。収録以外ではまったくお話できなかったんですけど、ラジオで『ひらがな推し』や『日向坂で会いましょう』の話をしてくださっていたときに、愛を感じちゃって。私たちがいないところで話してくださったのもすごいうれしくて、普段のクールな感じとのギャップにやられちゃいました……！

松田　たしかに「ギャップ萌え」だよね。思った以上に私たちの活動も見てくださったり、知っていてくださったりするのが垣間見えるんです。

佐々木　若林さんはやっぱり〝魔性の男〟なんですよね！

――「メンバーと接するときにどうしたらいいかわからない」という話もたびたびラジオでしていますよね。

加藤　私たちはラジオでオードリーさんの気持ちを知ることが多いので。最初のころになかなか収録以外でお話できなかったときも、ラジオで「（日向坂46は）収録の合間も俺らにしゃべってほしいんだね」っておっしゃってて。だから「オードリーさんにハマってないんじゃないか」っていう不安な気持ちもラジオで解消されました。

佐々木　ラジオが私たちとオードリーさんの架け橋になってくれてるよね。ただ、若林さんよりは春日さんのほうが愛をダイレクトに感じやすい。

松田　そうそう、番組がはじまったころは本当にAIみたいで、目が合ってるのに合ってないような気がして……。でも、最近はちゃんと目が合ってる感じがします。

佐々木　おふたりとも、ご結婚されてお子さんも生まれて、どんどん柔らかくなってる印象です。でも、ラジオのトークを聞いてるとたまに「え、こんな人なの!?」って思うこともあって

（笑）。そういう部分が残っているのもうれしい。

加藤　ご結婚されて、お子さんも生まれてっていう大切な時期に一緒にいられるのは……エモいです。そんなおふたりのラジオを聴くことができて、ハッピーな人生だなって。

佐々木　ふたりともいろんなことを乗り越えて信頼し合っている感じがして……。コンビ間でも、ご家族に対しても、すごく愛を感じますよ。こんなふうに言われるの嫌かもしれないですけど（笑）。

3人のお気に入りは「ちょうだいよ」

――3人が特に好きな放送回はありますか？

松田　私はもう、さいたまスーパーアリーナでのライブに来てくださったときの回（２０１９年9月28日）です。ほぼ嘘だってわかってるのに、大爆笑でした。クミさんがペンライトを口から出してきた、とか「ジョイフルワン～ワンワンワンワンワンワン～♪」とか（笑）。「作文ちょうだいよ」って言って、春日さんが作文を読み上げるくだりも最高で……あの回にオードリーさんの良さがすごく凝縮されていて、大好きな放送です。

佐々木　私も大好き！　一番好きかも。

松田　あとは、春日さんのフライデー直後の放送（２０１９年4月27日）もいろいろ沁みるものがありました。若林さんとクミさんがリトルトゥースの気持ちを代弁してくださって。「もっとやってくれ！」っていう気持ちで聴いていました。しかも若林さんはあんなに春日さんの事件について真剣に語っていたのに、春日さんは自分のトークゾーンで「飛行機でスマホを見失う」っていう全然関係ない話をしてて……。それも含めて最高だな、と思っちゃいました。

佐々木　私は若林さんが結婚を発表した回（２０１９年11月23日放送）です。リアルタイムで聴いていて、思わず松田に「今、聴いてる？」って連絡しち

オチがわかってるのにやっぱり笑っちゃう番組おなじみのふたりのやりとりも大好き

ゃいました。でも、松田はたまたまその日は寝ちゃってて……。

松田　あんなに悔やんだ朝はなかった。「この日は絶対聴いてね」ってこっそり教えてくれれば聴けたのに……。本当に、そういうところも〝魔性〟なんですよ!

佐々木　でも、やっぱりそういう出来事があったときに一番にラジオで報告してくれるのがうれしいですよね。リアルタイムで何万人もの人と「えーっ!」ていう驚きを共有できるのが幸せでした。

加藤　そういう印象深い回もありつつ、普通のただふざけてる回もすごく好きで。最近だと『名探偵コナン』のオープニングに乗せて、春日さんが「〇〇であ～る!」ってナレーションを叫ぶくだりが好きすぎて何回も聴いちゃう(笑)。何も考えずにひとりで声を出して笑っちゃうような回も大好きです。

松田　若林さんが春日さんに「歌ってみてよ」っていうのも大好き。オチ※1がわかってるのに笑っちゃう。

佐々木　「チャレンジ」も大好き!若林さんは春日さんのお話をめっちゃよく聞いてるんだなって思います。

加藤　私は若林さんが急にキレ出すのが好き。

松田　わかる!「なんでそこ?」みたいなところでキレるよね。

加藤　信じられない暴言を吐くのも面白くて。

松田　それに対して春日さんが「そんな青筋立てんでも」って言うまでがパッケージになっていて。「青筋」っていうのもあんまり聞かないワードですよね。

佐々木　若林さんが昔のことを当時と同じ熱量で言ってキレるのもめっちゃ好き。

ずっとふたりが楽しんで続けてくれれば

――これから東京ドームでのライブも

控えていますが、3人ともすごく楽しみにしているとお聞きしました。

加藤　リトルトゥースの方々も私たちも、東京ドームをすごく楽しみに生きてると思うので、想像するだけでエモくなっちゃいます。

松田　楽しみだけど終わっちゃうのも寂しいから、イベントの当日が来てほしいような来てほしくないような気持ち。

加藤　そう、そんな感じ！

佐々木　グッズも楽しみだし、背番号[※2]問題も楽しみ。それまでに私たちもリトルトゥースとして恥じない行動をしたいな、と。

松田　バッドトゥースにはなりたくないですよね。「これは若林さんだったらどう思うかな？」って常に考えながら生きてます。

加藤　私も若林さんを心に宿して、命を回転させていきたいです！

――最後に、3人が思う番組の魅力ってなんですか？

佐々木　やっぱりおふたりの人柄が見える場所だし、ふたりの話が楽しそうに脱線していくのもすごく好きで。番組が本当に大好きなんです。だから、ずっとおふたりがやりたいようにやれる場であってほしいなっていうのが、一番の願いです。もう祈ることしかできない……。

加藤　私はしゃべりがヘニョヘニョしてるのがコンプレックスだったんですけど、ラジオを聴いて「若林さんもヘニョヘニョしてるな」って思って勇気をもらいました。それに、普段隠してる気持ちとか、人にはなかなか言えない感情とかも、若林さんが言葉にしてくれることによって救われる。これからも本当に怪我に気をつけて、健康で続けていってほしいです。

松田　本当にこの毎週土曜日の夜ができるだけ長く続いたらいいな、と思うんですけど……15年もラジオを続けてるのって、本当にすごいことじゃないですか。だから、もしふたりが「もう嫌だ！」ってなったらそれを受け止める覚悟もできています。やっぱりふたりが楽しくいてくれるのが一番なので……。だから無理せず、楽しく、続けてほしいです！

※1 オチ
若林に振られた歌を春日が歌い出すも、すぐに歌詞が出てこなくなって「フンフンフン〜♪」と鼻歌になってしまうくだり。

※2 背番号問題
東京ドームライブのグッズとして野球のユニフォームが検討されるなか、オードリー、スタッフ、リスナー用のグッズ、それぞれの背番号を何番にするかが議題となっていた。

スペシャルインタビュー

あばれる君

「"純"なお笑いができて、自信がついた」

過去3度にわたり番組にゲスト出演したほか、春日のトークにも「あばちゃん」の愛称でたびたび登場するなど、リトルトゥースにはおなじみの存在である、あばれる君。「第二の芸人人生が始まった」という、ゲスト出演時に感じた手応えとは？

あばれる君（あばれるくん）

1986年9月25日、福島県生まれ。2008年、大学生お笑いアマチュア選手権大会「第2回笑樂祭」にて特別賞を受賞し、ワタナベコメディスクールに特待生入学。卒業と同時にワタナベエンターテインメントに所属する。ピン芸人として活動し、2015年にはR-1ぐらんぷり（現・R-1グランプリ）の決勝に進出。『アイ・アム・冒険少年』（TBS）など、体を張ったロケ企画で人気を集め、現在も多くのテレビ番組に出演している。

春日さんとは、お互いに イージーだと思い合ってる

——あばれる君さんといえば、番組内で春日さんが「あばちゃん」と親しみを込めて呼んでいるのが印象的です。

あばれる君（以下、あば） でも、最初に興味を持ってくれたのは、若林さんなんですよ。僕とか、パンサーの尾形さんとか、アツい芸人のことを面白おかしく話してくれて。春日さんとは、ロケをきっかけに話すようになって、どんどん仲良くなっていったんですけど、ホントは若林さんと仲良くしたいです（笑）。

——春日さんに対する思いは、特にないのでしょうか……？

あば いやいや（笑）。正直、芸人としてテレビに出させてもらうようになってからも、いただいた仕事は一生懸命やりますけど、

常に〝引かない〟春日さんの背中を見て 自分のスタンスも固まっていった

自分がどんなところを目指せばいいのかわからなくなった時期がありました。そんなときに春日さんと出会って、春日さんみたいな存在を目指したいなって、目標ができたんです。

——それは、ロケでの振る舞いなどから？

あば はい。現場でずっとボケていて本当に面白いし、お店にアポを取りに行くようなときも、「トゥース！」一発でその場を制圧するので、すごいテクニックだなと思います。あと、笑いを取るのが難しそうな場面でも、絶対に引かない。あの引かない面白さは勉強になりましたね。春日さんは、いつもブレなくて強い。そんな背中を見て、自分もスタンスが固まってきました。

——番組ゲスト出演時のことを聞かせてください。最初の出演は、2020年7月25日の「春日vsあばれる君 あばれ王決定戦！」です。

あば 「全然乱入してこない」って言われたのは……？

——それは2回目ですね。1回目は、イマジンスタジオという広いほうのスタジオでした。

あば はいはい、刺股《さすまた》まで用意してもらったのに、使わなかったたっていう。

——なかなか対決にならずに、「あばれたエピソード」を語るという展開になりましたが、どんな気持ちだったのでしょうか。

あば　春日さんは対決をやりたくて仕方ない感じだし、僕も間が持たなかったらどうしようって思ってたんですけど、若林さんは余裕で、ニヤニヤしてたんですよ。あと、ゲラゲラ笑ってくれて。若林さんがあんなに笑う姿を見たことがなかったので、うれしかったですね。

――手応えがあったと。

あば　そうですね。当時は純なお笑いの仕事よりもレポーターでVTR出演したりすることが多かったので、現場で手応えを感じにくかったんです。でもあのとき、ラジオブースっていう同じ空間で若林さんを笑かしたことで自信がついたし、スタッフさんも笑ってくれて気持ちよかったっすね。もうあっという間でした。

――登場されるまでは、どんな気分でしたか？

あば　寝耳に水くらいのオファーだったので、緊張感はありました。でも、出たらすぐに楽しさが勝って。あの、春日さんって、大人数での収録とかだと、まず僕を探すんですね。精神的に優位に立てるから（笑）。

――春日さんの言う〝イージー〟な存在というか。

あば　そう、イージーな相手を探す。でも、春日さんも並々ならぬイージーなオーラを出していて、僕も春日さんを探してるんです。だから、ラジオでも春日さんを見て安心してました（笑）。

――お互いにイージーだと思い合ってる（笑）。ほかに思い出深いことはありますか？

あば　裸になったときに、車に例えられたのは覚えてますね。僕のアソコが特殊な形をしてるって言ったら、「ア[※1]ルファードだ」って（笑）。

――「アルファード」は確かにインパクトがありました（笑）。1回目の出演後、反響などはありましたか？

あば　反響はすごかったです！　いろんな人から「ラジオ聴きました！」って声をかけられて、「君もか！　君も

か!」みたいな。隠れキリシタンみたいにリトルトゥースを次々と発見して、「こんなに聴かれてるんだ!」って驚きました。

オードリーのANNは芸人人生のポイント

――2回目のゲスト出演は、2020年10月24日で、再び「あばれ王決定戦」を行いました。

あば 「早っ!?」と思って。3カ月後ですよ!? オードリーさん、芸能界に知り合いいないのかな、って思っちゃいました(笑)。あと、1回目は「神回ですよ!」ってすんごい言われたので、それを下回ったらどうしよう、ってちょっと余計なことも考えちゃいましたね。神回なんて、そんなに生まれないじゃないですか。でも、前回のウケと、聴いてくれている人がたくさんいることを思い出して、今回も楽しもうと。

――そうして臨んだら、いきなり登場前から「全然乱入とかしてこないよな」と、若林さんにイジられてしまいましたね。

あば そうなんです。僕ね、乱入とかそういうのムリなんですよ。難しいっすねぇ。ただ、その瞬間、「よし、いつも通りやろう」って緊張がほどけた気がします。若林さんがそこまで想定して、筋立ててくれたのかもしれないですね。「そろそろいいっすか?」って(ブースに)入った瞬間から、つかみになるわけですから。

――確かに、きれいな展開でしたね。結局、そこからまたトークの流れになって、1回だけデートした女性の話や、

あばれる君さんが「嫌いな芸人ランキング」に入ってしまった話などをしていました。

あば ランキングに入ったのも、さっき話したレポーターをやってリアクシ

ョンとかはするけど、それがお笑いに結びついてないっていうのが大きいのかな、と思って。それが、2020年から2021年くらいで、その後、YouTube[※2]がウケたり、引かないスタンスが固まってきたりしたことで、少しずつ変わってきたというか。

――テレビ的な正解、芸人的な正解じゃなくて、あばれる君的な正解を出せばいい、みたいな。

あば　そうそう。そのころから第二の芸人人生が始まった気がします。その意味でも、オードリーのANNはデカかった。

――「あばれる君の面白がり方」みたいなものが広まったきっかけのひとつになっている。

あば　そうですね。「あばれるって何者なの？」っていうのが、まだ世間にはあったと思うんですけど、オードリーさんがラジオに呼んでくれたりしたことで、ちょっとずつお笑い芸人として認められていったのかな、って。だから、1回目と2回目を合わせた濃厚な4時間、これが僕の芸人人生のポイントのひとつかもしれないです。春日さんも、僕のスタンスが固まってきたら、「あばちゃん、やってんねえ」「いいねえ」って言ってくれるようになって。その結果、尾形さんと3人で『ボクらの時代』（フジテレビ）に出るっていう。あれも、春日さんがラジオでふざけて言ったことを、番組のスタッフさんが真に受けてくれちゃって呼ばれたんですよ（笑）。

――確かにあれも、オードリーのANNの影響力がもたらしたものですよね。

あば　春日さんが（収録の場を）回してて、普段やらないから楽しそうに笑ってて。ヒヒヒ（笑）。でもあのおかげで、ロケ芸人としてのお互いの関係性が固まってきたと思います。

――それからまた2021年になって、R-1グランプリに芸歴制限のため出場できなくなったルシファー吉岡さんのための企画「L-1ぐらんぷり」に、TAIGAさんと参加されました。

あば　結果、ルシファーさんが優勝したんですが、「相手、激弱だろ！」って言われて（笑）。あのときは、ネタのことが頭にあるので、そっちを忘れないようにしながら、コメントしたりするのが大変でしたね。でも、何より

オードリーさんのラジオに呼ばれたことでお笑い芸人として認められた気がした

あそこで名前が挙がって、呼ばれたことがうれしかったです。

――リスナーにとっても、番組おなじみのメンバーのひとりになった感じはありますよね。では改めて、3回出演して、おふたりのトークなどもご覧になって感じた、「ラジオのオードリー」について伺えますか。

あば　あ〜、春日さんがトークしていて、若林さんがツッコまないで聞いてあげてる、「やさしさの時間」があるっていうか。そういうのって、なかなかないですよね。でも、春日さんもしゃべるときはしゃべるんだな、って思います。ただ、この前も僕との福岡ロケの話をしてくれたんですけど、もうちょっとうまく話してほしかった！（笑）まあ、イージーがイージーを見る目線ですけど。

――この本は、そんな春日さんの激動期でもある2019年から2022年のトークを収めていますが、身近に見てきて春日さんの変化を感じたりすることはありますか？

あば　春日さんが「最近、『時間を買う』っていう感覚がわかってきた」って言ったときは、変わってきてるんだなって思いました。めちゃくそにストイックでハードなケチの春日さんが、タクシー移動は電車移動よりもお金がかかるけど、そのぶん時間は半分で済むこともある、っていう価値を認めていて。聞いたら、やっぱりクミさんが春日さんをまともな人間に戻してるみたいで。

――春日さん的には、大きな変化ですよね。

あば　そう、それですごい感動してたんですけど、そのあと一緒にビアガーデンに行ったら、「ここはビールを飲むところだから」って、ビールしか頼ませてくれなくて（笑）。

――そこは変わってない（笑）。春日さんも番組で話していましたね。最後に、オードリーの東京ドームライブについて、一言お願いします。

あば　もし呼んでいただけるのなら、裸になって全力を尽くしたいですね。アルファードぶら下げて駆けつけます！

※1 アルファード
トヨタ自動車が生産・販売している、スクエアなボディの高級ミニバン。

※2 YouTube
2020年、コロナ禍によって自宅待機していたあばれる君は、YouTubeで「あばれる君の髪、2週間以上伸ばしてみた」という企画を実施。結果発表の動画は200万回以上再生された。

傑作トーク2021

放送600回を迎えてなお、過去の記憶を掘り起こしていきながら、野球映画やドームのトークなど、東京ドームへの助走も感じられた2021年

あの頃の自分を迎えに行く

【第580回】2021年1月23日放送

若林　なんかふと、気づいたことがあるんだけど、ロッドマン[※1]Tシャツの話したでしょ。
春日　あ～、いただきましたな、はいはい。
若林　ロッドマンのブルズのジャージ。91番の。あれ買ったときに、ものすごいわくわくしたのね。で、家の中のものを見渡すと、なんか、高校のときに、どうしても欲しかったけど買えなかったものを買ってんな、って思ったのよ。
春日　なるへそ！　高校ぐらいだもんね、ロッドマンが活躍したというか。でもそうかもね、やっぱ学生時代とか子供の頃とかね。
若林　そうそう。そいで、スニーカーのエアマックス95のイエロー。あれってさ、学校でオガタしか履いてなかったじゃない。
春日　ああ～！　オガタ履いてたなあ！　確かに。聞いたんだよなぁ、どこで売ってるか。
若林　買えないよな。
春日　買えない。だって売ってないし。売ってたとしても、なんかプレミアというか。
若林　「エアマックス狩り[※2]」っていうね、貴重すぎて、履いてたらギャングに脱がされて、持ってかれちゃうっていうのが、ニュースになってたんだよね。
春日　うん、ちょっと社会問題になるぐらい流行ってたからね。
若林　それぐらい人気があって、めちゃくちゃ欲しかったの、俺。だけど、部活やっててバイトしてないから、買えないじゃない。
春日　まあそうだね。売ってたとしてもね。
若林　最近気づいたんだけどね、**ちょっと俺、**

※1 ロッドマン
元NBA選手のデニス・ロッドマン。1995年から1998年にシカゴ・ブルズに在籍。派手な見た目や奔放な言動などから悪童のイメージでも注目を集め、日本での人気も高かった。

※2 エアマックス狩り
1995年に発売されたエアマックス95は、斬新なデザインからセンセーショナルな人気を博し、街で履いていると、当時流行していたカラーギャングなどの不良集団から強奪されることもあったという。

「スニーカー芸人」[※3]かもしれない。

春日　はははは！（笑）あ、そう！

若林　俺ね、オークションのアプリとかでスニーカー見てる時間、すっごい長いの。

春日　へえ〜、意外だわ〜。あ、そう。

若林　そう。でも、オークションアプリってさ、本物かどうかがわかんないし、「返品はしないでね」ってことが書いてあるから、手をつけてなかったんだよ。

春日　はいはいはい。なるへそ。

若林　そしたら、エアマックス95のイエローが、こないだ復刻されたのよ。ナイキからね。

春日　あ〜、そうらしいね。

若林　もうね、絶っ対買おうと思ってたの。**高校のとき買えなかった若林を迎えに行こうと思ってたのね。**

春日　なんだその言い方！

若林　……そんな怒られる？　エアマックス95の復刻版を履いて、迎えに行こうと思って。

春日　なんだその言い方ぁ!!

若林　ふふふふ（笑）。え、ダメ？　今の言い方。別にお洒落でも、おもしろくもないからいいじゃない。

春日　ダメだ！　いやいや、なんかそのエッセイみたいな言い方、なんだ！

若林　それはお前、エッセイをバカにしすぎだ。あはははは（笑）。

春日　バカにはしてるわけじゃないけど。

若林　俺、知ってんだよ。**お前がエッセイを書くような人間を下に見てることを。**

春日　いや、下には見てないよ！

若林　それで、絶っ対買おうと思ってたの。

春日　まあまあ、そりゃ欲しいね、確かに。

若林　朝9時に申し込んで、抽選で早い者勝ち。

春日　ああ、やっぱ今でも人気あるんだ。

若林　めちゃくちゃ人気よ！　あれを履いてね、迎えに行きたかったの。高校のときの俺を。

春日　なんだその言い方！

※3 スニーカー芸人
『アメトーーク！』（テレビ朝日系）の企画「スニーカー芸人」では、大量のレアスニーカーを所有する、マテンロウ・アントニーや、レイザーラモンRG、グッドウォーキン上田といった芸人たちのコレクションが紹介されていた。

若林　今日、あと何回言っていい？（笑）

春日　いやもうダメだよ、言っちゃ。

若林　エアマックス95イエロー。欲しいでしょ。気持ちはわかるでしょ？　あのときの人気からしたら。オガタしか履いてなかったから。

春日　わかるわかる。あれ、なんで手に入れたんだろうな、ホント謎だよなあ。

若林　それで、もう絶対9時に申し込まないとムリなの、ナイキの復刻のスニーカーって。

春日　そうだよね。人気あるもんね。

若林　俺、何回も買えなくて。ジョーダン1とかの復刻のときに。それで、「これは……」と思って、もう2〜3週間前から、アラームを8時55分にセットしてたの。

春日　うん、うんうん。

若林　**で、寝過ごしたのね。**

春日　ええ！　もうダメじゃん。

若林　1回起きたの。「なんでこんな時間に目覚まし鳴ってんだ、ボケナスッ！」って思って消して、また寝ちゃったのよ。

春日　ははは（笑）。ダメだ、ひどいねえ。

若林　もう覚えてないの。3週間ぐらい前にやってたから。寝ぼけてるし。

春日　なるほどね。

若林　そうそう。だから、「うわ〜！　やってもーたー!!」と思ったの、そのとき。（9時から）だいぶ過ぎてて、もう完売。

春日　ああいうのって、もう5分とか10分ぐらいでなくなるイメージだもんね。

若林　そうそう。で、やっぱ高校、中学のとき買えなかったものじゃん。なんか執着がまだちょっとあんのよ。

春日　わかるわかる。

若林　わかるでしょ？　そいで、まあこういう言い方なんだけど、金持ってるからさ。

春日　まあ、間違いじゃないよ。

若林　俺ね、陽の顔で頑張ってるの。クイズ番組、動物番組、頑張ってる。生活情報も。

春日　まあ、その番組のテイストに合わせてね。うん、頑張ってるよ！

若林　で、復刻された直後は、そんなに高くなってない。オークションが。

春日　はいはい、あ〜、なるへそ。

若林　でも、「ニセモノの確率があるなあ」とか思ってたら、CMでたまたま見たんだけど、なんかアプリがあんのよ、スニーカーの。で、システムを見てみたら、鑑定士の人が間に入るんだって。

春日　なるへそ！　それは信用できますね。

若林　できるでしょ。その評判見たら、「よかった」っていうことが書いてあったから、「じゃあ、もうこれ買おう」と思って、買ったのよ。

春日　ほう。

若林　申し込んだわけ、エアマックスのイエローを。そしたら「今、出品者から鑑定するところへ発送されました」とか、逐一連絡が来る。

春日　へー、うん。

若林　「鑑定中でございます」みたいなのも来るんだけど、十分待てる。鑑定しちゃってちょうだい、時間どんだけかかってもいいから、と。

春日　一番大事なとこだからね、鑑定って。

若林　うん。待ってる間はさ、**それこそ1995（イチキューキューゴー）から高校生の俺が歩いてきてる、**みたいなね。

春日　なんだその言い方！

若林　あははは（笑）。どっちかにしたほうがいいね、迎えに行くのか、やってくるのか。

春日　あとやっぱね、1995（イチキューキューゴー）も気になるしね。

若林　でも、1995年って言うより、1995（イチキューキューゴー）って言ったほうが雰囲気出るかなと思って。

春日　あははは！（笑）　その雰囲気を出すのがなんなんだって言ってんの。

若林　17歳の若ちゃんが、エアマックス95イエロー履いて、歩いてきてるような感じよ。アプリの一つひとつの、「今、発送されました」とかが。で、ついに届いたの！　もう心臓バクバク。開けるときに。

春日　おぉ、それは楽しみで、っていうか。

若林　楽しみ、わくわく。あと、なんか罪悪感もある。「こんないいものを買っていいのだろうか」っていう。

春日　あ〜、はいはい、そのときにちょっと戻るわけだね、感覚が。

若林　高2の俺には履く権利なかったから、あんな素晴らしい靴を。

春日　確かにそうだね。

若林　**ぶち飛ばすぞてめぇ！**

春日　いや……（笑）。

若林　1995（イチキューキューゴー）の俺ね、今、「ぶち飛ばすぞ！」って言ったのは。

春日　ああ、そうなのね。確かに「ぶち飛ばす」って変だもんね。ふははっ（笑）。

若林　あははは（笑）。アメフトが入ってんだろうね、17歳だから。で、届いて。俺、家でスマホで動画撮りながら開けたの。なんか「開けてみた」みたいな動画あるだろ？

春日　クフッ（笑）、あるねぇ。

若林　宝箱を開けるような気持ち。パーッて開けたら、イエローがキラ〜ッて光ってた。

春日　夢にまで……何年越しよ、すごいよね。

若林　25年とかだよね。だから俺はね、思ったよ。17歳のとき買えなかったものも、大人になって伏線を回収することもできるんだぞ、って。これ聴いてる高校生に言いたいね、俺は。

春日　ふっふふふふ（笑）。伏線ねえ。

若林　うん。**お前たちさ、今買えないものも、大人になったら回収できるぜ！**

春日　やめてくれよ。思春期の人間の兄貴みてえなさ、兄貴ラジオやんないでくれよ。**「兄貴ラジオはやめような」**って言ったよ、ずいぶん前に。『お前たち、ついて来い！』はやめよう

な」つって。ふはははは！（笑）

若林　で、箱から出して、もう本当に触るのもドキドキしながら、靴箱の上に載せて、それを机の上に載せて、紅茶入れて、クッキー出してきて、**紅茶飲みながらずっと見てたのよ、靴を。**

春日　へへへ（笑）、優雅だね〜。17の若林さんには想像できないよね。二十何年後にエアマックス95を紅茶飲みながら……眺めることになるとは（笑）。

若林　お前、何笑ってんだ！　ぶち飛ばすぞ！

春日　あ、17歳の若林さん。

若林　はははは（笑）。そしたら奥さんがね、「何してんの？」つって。

春日　そりゃわけわかんないよ、靴見ながらね、紅茶飲んでんだから（笑）。

若林　んはははは！（笑）いや、わかるだろう。エアマックス95を前に、紅茶飲んでクッキー食べてたら。

春日　いや、それはわからんって。クミさんならわかるかもしれないけどね。当時のさ、エアマックス95の価値を知ってるだろうから。

若林　あー、そうか〜。確かに奥さん、生まれて2歳ぐらいだもんな。ふはははは（笑）。

春日　そしたら普通の靴よ。なんかちょっと派手めの靴っていうだけでしょ。ははは！（笑）

若林　説明ってことで、「高校のときにどうしても欲しかった靴が、大人になって頑張ったら買えたから、眺めて紅茶飲んでんだ」って言ったら、俺、びっくりしたよ。俺がかかとのソールのゴムの部分を、指でつまんで箱の上に載せたぐらいのエアマックス95を、**奥さんが親指で「ヘイヘイヘイヘイ！」って押したのよ！**

春日　あはははは！（笑）いいねえ。

若林　いや、よかねえだろ！

春日　いけいけいけいけ！　ふははは（笑）。

若林　俺、本当に、「お前、ぶちのめすぞ!!」

つって。はははは（笑）。

春日　ははは（笑）。これは、今の若林さん。「ぶちのめす」だから。42だ、42。

若林　俺、びっくりした！　奥さんが、エアマックス95のイエローの部分、あのかっこいい部分を、親指で結構強めに「ヘイヘイ！　ヘイヘイ！」みたいな。ぶちのめすぞ、お前!!

春日　あはははは！（笑）

若林　ははははは（笑）。靴、ガーッて取って。

春日　やっぱわかんないからね。

若林　「へへへ〜」って笑ってんのよ。

春日　価値知らないからできるんだよ、そりゃしょうがないよ。やっぱね、何、靴見ながら紅茶飲んでんだよ、って……（笑）、思ったところスタートだから。そうなるわね。

若林　あはははは（笑）。それでさ、次の日の朝、家出るときね、自分の仕事のバッグと、エアマックス95のナイキの靴の箱。

春日　箱。ほう。

若林　カバンは右、靴の箱は左の脇に抱えながら、アディダスの靴履いて家出たんですよ。

春日　それどういうことなの？　え？　どっか持ってくの？

若林　あのね、これ、タバコみたいなことなのよ。助手席置いといて、1個仕事終わって、次の仕事の移動があんじゃん、車で。そのときにエアマックス95を見ると、なんかリラックスできるんだよね。

春日　ふっ……（笑）。

若林　**エアマックス95を吸って。**

春日　なんだよ、「吸って」って。

若林　わからんでもないでしょ？　日テレの駐車場で靴箱開けて、また閉めたら、助手席で17の俺が「次も頑張ってね」って言うのよ、俺に。

春日　はははははは（笑）。「ありがとね〜」つって。うん、42歳の若林さんに。

若林　「お前、びっくりすると思うけど、お笑いで頑張って買えたんだぜ」って俺が言ったら、「え、そうなの?:」って言ってくるわけよ。で、「次の仕事もあるから」つって、「すげえな～!」みたいに言ってるわけよ。「まあな!」つって。……全然盛り上がってなかったな、今!

春日 あはははは!（笑）

若林 でね、1週間ぐらい、助手席に乗っては見て、っていうのを繰り返してたの。次の2週目からは履いてるんだけど。

春日 あ～、やっぱ履くんだ、そうだよね。

若林 うん。やっぱ履く。うちの奥さん、**「靴って履くためのものなんだよ」**ってずっと言ってた。「知っとるわ、お前!!」つって。

春日 ははははは（笑）、ダメだなあ。

若林 家で見てるたんびに押してくるから、親指で「ヘイヘイヘ～イ!」って。

春日 そりゃ、「履けやぁ!」って思ってるからら。「何してんだよ」っていうのがあるんだろうね。

若林 「しばらくキンケシとか飾ってあるガラスケースに飾ろうと思ってる」つったら、「絶対履いたほうがいい」って。**「明日、死ぬかもしんないんだよ」**って言われて。はははは（笑）。

春日 確かに。後悔するかもね。

若林 まあ、それはいいんだけど、俺、エアジョーダン6、黒に赤のやつあるじゃない。中1ぐらいのとき、親父が海外に出張になって、ジョーダン6を頼んだんですよ、お年玉を預けて。で、親父が買って帰ってきたの。それを履いてたら、中学のクラスメイトにも履いてるヤツいて、「お揃いだね」とか言ってたら、なんかソイツが靴のベロの裏側めくって、**「これニセモンだよ」**って言ったの。

春日 ふっ（笑）。若林さんの履いてる、靴のベロを。え～!?

若林 うん。俺、「いやいやいや」と思って、親父に頼んだから。

春日　そうだね、そうなるわ。
若林　で、ソイツの靴のベロめくって、俺のもめくって見比べたら、全然ニセモンだった……。
春日　**よしよしよしよし‼**　はははははは！（笑）
若林　……めちゃくちゃ笑ってんじゃん、お前。やめたほうがいいよ、それ。もしかしたら炎上するかもしんないよ。
春日　はははははは！！！（笑）なんで炎上するのよ。こんなおもしろ悲しい話ないじゃない。もう素晴らしい人情話ですよ。
若林　人情話ではないだろう。
春日　人情話よ。貯めてたお年玉を渡して、親父さんに（笑）……「やった〜！」つって（笑）。
若林　笑ってんじゃねえよ、お前らも。スタッフ全員だよ。
春日　笑うよ。めちゃめちゃおもしろいよ。
若林　笑ってんじゃねえよ。びっくりしたよ、全っ然違うんだから。
春日　ははははは！！！（笑）
若林　**全然書いてあることが少ないんだから！俺のほうは！**
春日　はははははは！！！（笑）
若林　ソイツは言いふらさなかったけど。
春日　お〜、いいヤツだね。
若林　もう履いてけなくなったの。家にあるんだけど、なんか履く気にもなんなかった。
春日　あ〜、もうそうよね。
若林　居座ってんだよ、靴箱に。ニセモノのくせに。海外からやってきたニセモノだよ！
春日　はははは！（笑）本物のツラして！
若林　ははは（笑）。本物のツラしてやってきたニセモノだよ！
春日　そっくりさんが？
若林　そっくりさん！　**アイツ、キサラ出れるんじゃねーか、大トリで！**「エアショーダン6」みたいな名前でさあ！　はははは（笑）。
春日　はははは！（笑）機嫌よくね、チラシに載ってるわ。

若林　お前、ふくらましてんじゃねぇぞ、ぶち殺すぞ！

春日　宣材写真みたいにこうやってさ（笑）。

若林　広げてんじゃねぇ、つってんだよ。

春日　左肩入れて、こうしてさ（笑）。

若林　おい、お前はもうこの番組卒業しろ！

春日　あはははは（笑）。なんでよ！

若林　エアマックス95買ったことで、そのことも思い出しちゃって。親父もニセモノだと思って持って帰ってきてないよ。海外からトランクに入れて持って帰ってきてくれたんだから、お年玉預けられて。

春日　「見つけた見つけた、喜ぶぞ」って思いながら持って帰ってきて。

若林　うん。だから俺、その中1のね、ニセモノだって指摘されて落ち込んでる若林くんをね、本物のエアジョーダン6履いて迎えに行ってあげたくなったの。

春日　なんだ、その言い方!!　ニセモノだったって話はめちゃくちゃおもしろいけど、だからってね、迎えに行くっていう話はダメだよ、通さないよ。

若林　んははははは（笑）。でも、エアマックス95買った時点で、奥さんは、なんか渋い顔してたのよ。「靴いっぱいあるじゃん」って。

春日　あ〜、なるへそ〜。

若林　俺は17の俺、迎えに行ってんだから。ははは（笑）。そういうことじゃないのに。

春日　履く、履かないとかじゃないからね。

若林　不思議なんだよね、マッサージとか鍼の治療とかは「行ったの？」って聞いてくれるし、上の服とか買ったら、「いいね、それ！」って言うんだけど、靴はなんなんだろうな、「なんで買うの？　普通より高いお金出して」っていう。

春日　あ〜、まあまあ、靴を集めたいみたいな、あんまそういうのがないんだろうね。履ければいいっていうか。

若林　でも、バカにされたソイツがね、イジるみたいな感じじゃなくてね、指摘の感じだったの。「それ、ニセモンだよ」って。「ここも違うじゃん。ここも違うし」みたいな。

春日　あ〜、でも、当時あったね、ニセモノって。よく『Boon』[※4]に載ってたわ、「ニセモノ、ここが違う」って。かかとがどうとか。

若林　**そこが違ったのよ。**

春日　フヒヒヒヒヒ！！！（笑）

若林　おい、笑ってんじゃねえぞ、お前。

春日　よくあるメジャーなニセモノをつかまされたってことね。一流のニセモノをね。

若林　親父にも言えなかった、「なんかこれ、ニセモノだったんだよ」とは。

春日　そうね、悲しい思いさせるもんね。

若林　でも、そういうふうにバカにされたりしてる中学生、今このラジオ聴いてたらね、言いたいんだけど、**大人になって迎えに行けるぜ？**

春日　ンフフフ（笑）、やめてくれって、その兄貴ラジオはさ。

若林　いやそれで、早い話、ちょっと奥さんに内緒で買ったんだよ。ロッカーに配達してもらってさ、バレないように。1週間ずっと車の助手席に乗せてたの。

春日　なるへそ。家には入れないで。

若林　エアジョーダン6、また自分ひとりで開けるとこ動画も撮って。仕事の合間に見て、吸って、っていうことを繰り返してたんですよ。ずっと助手席に乗ってたの、中1の、ニセモノつかまされた俺が。

春日　そこはもう中1なんだよなぁ〜。17じゃないね。

若林　だから、3人で乗ってるんだよ。今の時代、密ですよ、密！　後ろには高2の俺、助手席には中1の俺が乗って、移動してたから。で、運転してたのは42歳の俺。はははは（笑）。

春日　ははははは！（笑）　そうなるよね。

※4『Boon』
祥伝社から発行されていた男性向けファッション雑誌。80年代後半から90年代にかけて、おしゃれに目覚めた中高生のバイブルだった。

若林　で、この土曜の夜って、家帰ったら奥さんはもう寝てるんです。先週も、ラジオ終わって家帰ったら、奥さんもう寝てる。で、リビングにひとり。まず、エアマックス95を机の上に出して。ロッドマンTシャツとロッドマンのジャージを出して、ジョーダン6もテーブルに置いて、それで、**すだちハイボールを飲んでたのね、それ見ながら。**

春日　ははははは（笑）。あ、紅茶じゃないんだね、ちょっとアルコールを入れたいなと。

若林　それ見ながら、中1の俺と、高2の俺と会話しながら、酒飲んでたんですよ。

春日　ほうほうほう。

若林　で、起きたら、そのまま寝ちゃってて。奥さんが、キッチンで朝ごはん作ってたの。

春日　おぉ、まずいね。

若林　毛布かかってたんですよ、俺に。奥さん、ジョーダン6に気づいてんのかな、と思って。

春日　そら気づかないわけないでしょう、だって、置いてあんでしょう？

若林　そうだよなぁ。

春日　95は前に見てて、一回ね、指で押しただろうけど、寝てる間に。6のほうは見たことない靴があるから、「また買った、こいつ」と思ってるでしょ。

若林　うん。まあ確かにね。一応片したの。エアマックス95とジョーダン6とロッドマンのジャージを自分の部屋に置いて、朝ごはん食べてたら、「買ったね？」って聞かれて、**「買ったな」**って食い気味に答えて。

春日　あははは（笑）。やっぱね、そりゃ気づかないわけないもんね。

若林　そうそうそう。で、まだ履いてなくて。また靴箱を抱えて家を出ていくときに、奥さんが開けて、すっげー親指で押してきた。「オラー！」みたいなこと言って、俺。

春日　あははは（笑）。6のほうもね（笑）。

若林　でも、ホント最後の1足だけ、ジョーダン8、ちょっと欲しいと思ってんだよね。

春日　いやぁ〜、ムリじゃないかね。

若林　あははははは（笑）。

ひな人形を買いに行く

【第581回】2021年1月30日放送

春日　まだ1月の終わりぐらいですけどね、「ひな人形は、そろそろ買わんといかんぞー」なんて親御さんから言われて。

若林　あー、そうか、お子さんのために。

春日　「いや、こんな早くから?」なんて思ったけど、そんなパッと買えるもんでもないしね。買えるといっても、すぐ手元に来るようなもんでもないし。いろいろ選んだりとかしたほうがいいだろう、つって。

若林　ピンキリでしょ、どのレベルのやつ?

春日　結構豪華なやつ買いたいなと。いろいろ見てて、思ってきてさ。

若林　なるほど!

春日　妹さんがいるからね、うちにもひな人形あったんだけど、姫と殿だけだったのよ。

若林　一番少人数のやつね。

春日　そう。だから、もっと段にもいっぱいいるじゃん、女官みたいな人とさ、あとは五人囃子みたいなの。「そういうのがいいのにな」って、ちびっ子の頃から思ってたのよ。てめぇの人形じゃないのに。

若林　そうか、自分がちっちゃいとき、ジェロニモとビビンバ[※1]だったから。

春日　ふははは(笑)。**キンケシ並べて、「はい、ひな祭り」、じゃないのよ(笑)。**

若林　それで、買って。

春日　いやいや、早いな。まあ、買ったんだけどね。

若林　で、悩んだのはどうしたの?

春日　それで、悩んでずっと見てたら、なんか、

※1 ジェロニモとビビンバ　漫画『キン肉マン』のキャラクター。ジェロニモは人間だったが、のちに超人になる。ホルモン・ビビンバは、キン肉星出身の女性超人で、のちにキン肉マンの妻となる。

お安い買い物じゃないじゃないですか。で、いろいろ調べてて、結構長い期間。ほんで、クミさんにも「どうするー？」なんつってたら、クミさんは「シンプルなやつでいいよ」と言うわけよ。ホント、ふたりだけとかでいいと。

若林　あー、クミさんはね。

春日　そう。毎年飾るのも大変だし、クミさん自身もちびっ子の頃、そんなに豪華なのじゃなくて、シンプルなやつだったんだって。それで全然いいと思ってたから。

若林　クミさん、シルバニアファミリー[※2]のやつ？

春日　いやいや、なんでシルバニアファミリーの家とキンケシの家が一緒になるんだよ。

若林　で、買って。

春日　早いな、だから。まあ最後には買うんだけどね。で、私は見てくうちに、ちょっと豪華なやつがいいと。真逆になったのよ、意見がね。本来だったらさ、私もリーズナブルなやつがいいと思うんだけど、その場合は、なんか「いくらでもいいや」って思う感じになってきて。

若林　お子さんに対してはね。

春日　ほんで、いろいろ調べたらね、埼玉県がさ、ひな人形の生産日本一だったりすんの。

若林　へー。

春日　うちの親御さんに聞いてみたら、「いや、所沢もすごいんだよ。人形屋さんがいっぱいある」つって。で、うちの姪っ子の人形とか買ってるところで買おう、なんつってさ。

若林　へー！　そんなところあるんだね。

春日　あるのよ。で、所沢の実家の近くの人形屋さん行ってさ。そしたらもう、うわーっと飾ってあるわけよ、ひな人形が。それ見ててさ。

若林　あー、そう。

春日　「立ちびな」っていって、立ってるやつとか、台が檜のやつとか、屏風の絵がどうとか、蒔絵がどうとか、すんごい高いのとかさ。

若林　なんでもいいよ、買えよ早く!!　……あ

※2 シルバニアファミリー
動物をモチーフとした小型の人形とドールハウスのシリーズ。

ー、ごめんごめん。**そういう人間だから。**
春日　ちょっと待ってくれよ。まあでも、**急に大声出しちゃうヤバいヤツ**っていうのは知ってたけど。はははは（笑）。
若林　最初は話聞いてて、「そういうの大事だな」と思ったのよ。でも、**全然買わねえから！**
春日　ははははは！（笑）
若林　「クミさんのほうでいいわ！」と思って。
春日　それで見てたら、クミさんも「あー、こんなのあるんだ〜」って、わーっと盛りあがってさ。ほいで、家族みんなね、実家の所沢の人たちとも一緒に行ったのよ。
若林　多いなあ。わらわらわらわら。
春日　別にいいでしょうよ。姪っ子やら、もう総出で。いろいろ意見も聞きたいじゃない。
若林　みんなの？
春日　うん。結局、クミさんは、シンプルなふたりだけのやつで、屏風とかもシンプルで、明かりがちょっとあるぐらいのやつがいい、と。
若林　ああ、だからアイツはさ、なんか……。
春日　「アイツ」ってなんだ、おい!!
若林　部屋も生活感がない感じがいい、みたいなさ、シンプルイズベスト、**マイネームイズクミ、**みたいなとこあんじゃん。
春日　ははははは（笑）。なんで自己紹介なんだよ。
若林　なんか生活感出したくないんじゃないの？　何段ものひな壇にして。自分のプランがあるから、アイツはさ。
春日　「アイツ」って言うなよ、人のカミさんをさ。で、私はもう5段くらいにしたかったの。でも、クミさん的には、「どこに置くんだ」と。
若林　大勢の番組が苦手なくせに、**ひな人形の場合は5段のやつ買うんだな、お前。**
春日　そうだね、普段は、ひな壇なんかないほうがいいと思ってるのにね（笑）。
若林　イャハハハハ（笑）。3人とかの番組が好きだもんね（笑）。

春日　いざひな人形買うってなったら、もう5段。5、3、8……だから、10人だよね。

若林　あはははは（笑）。一番苦手とする規模の番組だよね。

春日　だから、自分の夢をかなえるんだよな。たぶんそういうところで。へへっ（笑）。

若林　だから、買えよ早く！　うるせぇな!!　あーごめん、そういう人間だから。

春日　知ってる知ってる。で、意見が割れてさ、こっちのね。

若林　じゃあ、ひとり二役でやって。どういう感じだったの？

春日　「いや～、5段くらいの何人かいるほうが賑やかでいいんだけどなぁ」「いや～、アタシはシンプルなやつがいいと思うんだけどなぁ」

若林　それ、おばあちゃん？

春日　いや、クミさんだわ。

若林　ごめん、声がわかんないからさ、**タバコ吸ってたおばあちゃん**かと思ったわ。

春日　ふはははは！（笑）

若林　高1のとき、春日んち泊まりに行ったときの。「火の玉だ」つって、春日が「ホントだ、見に行ってみようか」って言って、見に行ったらね、**ばあちゃんがしゃがんでタバコ吸ってた**っていう。

春日　何回してんだ、その話!!

若林　ふははは！（笑）

春日　その話と、私がダウンジャケットもらった話[※3]。何回すんだよ、この番組で。マジで。

若林　ははは（笑）。しゃがんでタバコ吸ってたんだよな。怖かったぁ！

春日　怖かったよ、あれは。それで、意見が分かれてさ、「どこ飾んだよ」「でも、ゆくゆくはおっきい家とか住む可能性もあるわけだから、5段とかのほうがいいんじゃない？」っってね。「いや、先のわからない仕事なのに、そんな夢みたいなこと言ってんじゃないよ」みたいなこ

※3 ダウンジャケットもらった話
春日が六本木などで飲み歩いていた頃、一緒に飲んでいた謎の社長からモンクレールのダウンをもらったという話。「春日事件」を象徴する出来事として、若林から度々槍玉に挙げられている。

と言われて。
若林　俺も同意見。
春日　なんでだよ！
若林　先がわかんない仕事で、「ちゃんと食わしていけんのか」って思ってる。俺は、お前に。
春日　それは初耳だったけどさ。
若林　早く買えよお前!!　あはは（笑）、ごめん、そういう人間なんで。
春日　それは知ってんだけどね。そしたら、うちの家族は、みんなクミさん寄りなのよ。
若林　お父さんも？
春日　父親は若干、アタシ寄りなんだけど。
若林　規模的には、どんな感じの店なの？　お父さん、ゴルフカートでそのまま来れる……。
春日　いや、なんでだよ！　**なんでいつもうちの父はゴルフカート乗ってんのよ！**
若林　お前とな、お父さんがゴルフ行ったときに、ゴルフカートのまま国道出ちゃった話があるからな（笑）。
春日　あははは！（笑）　それも何回してんのよ。「じゃあ、俺に任しとけ」つって、任したら、んふふふ（笑）、国道出ちゃって、バンバントラック来て、無線で怒られて（笑）。
若林　あっははははは!!（笑）　**最終回なのか、このラジオ！**　オムニバスで走馬灯のように（笑）。それで、買って。
春日　いや、早いな、だから。
若林　ちょうどいいよ！
春日　はははは（笑）。んで、もめて。それで、父親は「あっちのオレンジのやつがいいぞ」なんつって新たな選択肢出してきて、母親に怒られたりとかしてんの。
若林　それは邪魔だね。
春日　うん、「今、そこじゃないから」つって。
若林　あー、でも、いいズレ漫才[※4]だね。
春日　あははは（笑）。そうだね。それで、みんなクミさん寄りだから、「じゃあいいよ。そっちのシンプルなやつで」って言って。話し

※4 ズレ漫才
オードリーの漫才のスタイル。若林の話に春日がズレたツッコミを入れ、それを若林がツッコむという形が基本。

ていくうちに、本当に「それでいいや」と思って。したら、クミさんが、『じゃあ』がヤダな」つって。「いやいや、そういう『じゃあ』じゃなくて、こっちでいいよ」って言ったら、「いや、それ思ってないな」つって。

若林 「こっちがいい」って？

春日 うん。「そういう人間だ」みたいな。

若林 あ、俊彰がね。ちなみに、お父さんとお母さん、真横にいるの？

春日 いるし、それまでの間でもう結構やり合ってるからさ、自分の家族の前で、「こっちは豪華なやつがいいな」とか。

春日 でも、クミさんは、お前のお父さんがオレンジのやつ持ってきたときに言ったの？

春日 何を？

若林 「おいジジイ、今、話まとまりかけてんのに持ってくんな、頭おかしいな」

春日 言うわけねーだろうよ（笑）。

若林 **「ゴルフカート乗っとけよ」**つって（笑）。

春日 はははは（笑）。

若林 その5段のひな壇の一番上にさ、**肉まん、載っかってなかった？**　５５１の……（笑）。

春日 肉まん、載っかっててね（笑）、「あー、肉まんだ」って思って割ったらさ、隣[※5]のおばさんに**「えげつない」**って……はははは（笑）。

若林 早くしゃべれよ（笑）、で、どうなったんだよ。

春日 下手だな、持っていき方が！　無理やりすぎるだろ、「肉まんが上に載っかって」って。

若林 ははははは（笑）。

春日 で、「いや、本気で思ってない」みたいな。「本当に『これがいい』ってふたりで決めて、こういうのは買うんだ」って言われて。

若林 それはクミが言ってんの？

春日 そうそうそう。んで、うちの家族もね、「確かにそうだ、アンタは頑固なところがある」みたいに言われて。でも、そんなこと言うんだったら私もね、「本気で思ってんのは、こっち

※5 隣のおばさんに「えげつない」って
こちらもオードリーのANNの古典落語。関西の番組に呼ばれた春日は、関西芸人が話題にするM性感の風俗店に行こうと思っていたが、新幹線の都合で断念。仕方なく「551 HORAI」でお土産を買い込み、新幹線で豚まんを食べていたら、隣の座席にいた妙齢の女性から「ちょっとええかげんにしてもらえませんか？　えげつない臭いで……」とたしなめられた。直前までM性感で頭がいっぱいだった春日は、そのひとことにちょっと興奮してしまったという。

の豪華なほうよ？　だけど、別にこっちのシンプルなほうも悪くないと思ってるから、そう言ってるだけ」つって。だけども、たぶん納得してないから、私があとから言うだろうからね。「それもなんか想像がつく」みたいな。「じゃあ、こっちの豪華なほうだよ！」って、私も。

若林　うん、言った、欲しいのは。

春日　で、わーってなってたらさ、10歳になったばっかりの姪っ子がバーッと来てさ、**「もういい加減にしな」**つって。

若林　ふたりでやり合ってるとこに、10歳の子が来るんだ。

春日　うん、間入って。ずーっと端のほうでね、DSやってたのに。なかなか終わんないし、何か言い合いしてるしさ、店員さんも、なんかちょっと困ってんのよ。

若林　あと、お母さんはな、**ちっちゃいお財布みたいのに話しかけてて、**[※6]「どれ買えばいいかな？」って言ってるからね。

春日　あははは（笑）。亡くなった犬たちにね（笑）。小銭入れ、持ってきてたから、人形屋さんにも（笑）。「ほらほらほらー」ってね。

若林　もういいよ。最終回だから、大筋は新しい話だけど、合間に今までの話を挟んでくる豪華版でお送りしてんのか？　ははは（笑）。

春日　ははは（笑）。いやいや、そっちが差し込んでくるからさ。

若林　で、姪っ子が「いい加減にしな」つって。お前が姪っ子にあげたDSだ。**「はい、DS」**[※7]って言ってね。そういう話もあったから。

春日　それで、「ありがとう」ってサッと取られたっていうね。

若林　ははは（笑）。

春日　DS売ってないときに、私が必死こいていろいろ回って。それも今いいのよ。

若林　今はいいのね、その話は。

春日　うん。で、「もういい加減にしな。ダメよ」って、私が怒られてさ。

※6 ちっちゃいお財布みたいのに話しかけてて
同じくオードリーのANNの古典落語。春日が家族を連れて沖縄旅行に行ったら、早朝、ホテルのベランダで母が朝日を見ながら何かつぶやいていた。その様子を見てみると、亡くなったペットの遺骨が入った小銭入れに話しかけていたという。

※7 はい、DS
倹約家の春日だが、愛する姪っ子の誕生日となると、気前よくニンテンドーDSをプレゼントしていた。そこから、収録後に落ち込んでいるタレントなどにも「はい、DS」とプレゼントしたらいいのではないかと、何かと「はい、DS」する流れが生まれていた。

若林　春日が怒られたのね、クミじゃなくて。

春日　うん、「クミちゃんが『そっちがいい』って言うんだったら、もう早く折れな」つって。

若林　ホント、そういうときあるよな、春日って。これ、聴いてる皆さんが思ってる何倍も長いんすよ、春日が駄々こねてるのが。クミさんにも聞いたらわかると思う。

春日　ふふふふふ（笑）。まあね。

若林　長いし、明確な意思をワードで出さない。

春日　ふははは（笑）。

若林　「うーん、ごんすな～」※8とか言ってな、サトミツな！　**ごんすなータイム**だよね。そう、ゴン・スーナーが出てきてんだと思うのよ。

春日　確かに、ゴン・スーナーになってたな。

若林　でしょ。「ごんすな～」って言って、明確な理由とかを言わないあの時間。漫才で「春日、こっちとこっちの展開、どっちがいい？」みたいなときも、「ごんすな～」で終わるからね。

春日　ははははは（笑）。いや、完全に出てた。で、「折れな」って言われてさ、私も**「こっちの……シンプルなやつでぇ……いいです!!」**って言ってさ。

若林　なるほど、そこは歯を食いしばって。

春日　歯を食いしばって言ってね、「じゃあ、もう決まり！」つって、それ買ってさ。

若林　そっちにしたのね。

春日　うん。でも、まだちょっとあるわけ、「5段のやつが……」って思ってて。買ったあとも、ちょいちょい調べたりしちゃっててさ。

若林　やっぱちょっと引っかかってんだ。

春日　**「2個あってもいいんじゃねーかな？」**っていう。んっふふ（笑）。

若林　でもお前、そんなことやってたらさ、もちろん溺愛はわかるけど、ランドセル買うときとか来たら、もう8個ぐらい買っちゃうんじゃないの？

春日　やっぱランドセルはね、日替わりでもい

※8 うーん、ごんすな～
春日語。「そうですね」と言うときに「そうでごんすな～」などと言っていたことから、おそらく相槌のように使われている。

いかもしれない。

若林 月〜金ってこと？

春日 うん。月火水木金土、6か。

若林 ランドセルの背中のとこに、マジックで「月」とか、「火」とか書いてさあ。

春日 「おい、今日は月曜なのに、木曜持ってってるぞ！」つって（笑）。背負い替えさして。

若林 「月の日に金を背負って行きたいのよ」とかなるぞ。

春日 はははははは（笑）。「ダメだ、月だから！　月は月だ。月背負ってけ！」。

若林 「いや、でも月のとき月を背負ってくっていうの、もう結構やったから！」

春日 「やったって、だから月なんだ」

若林 「だから、月のときに金持って行きたいのよ。そうすると、なんかフレッシュな気持ちで月ができるのよ！」

春日 「いや、月は月だよ。金は金で背負う日が来るからさ」

若林 「金は、金を背負ってくから」

春日 「じゃあ、月は月で背負ってけよ。金のときに月背負うんだったら、まだわかるわ。金と月を入れ替えればいいんだからさ」

若林 「フレッシュになりたいのよ！　で、お願いあるんだけど、日も買ってほしいんだよね」

春日 「日はどこに背負ってくんだよ!!」

若林 んははは！（笑）　それで、なんの話なんだよ。

春日 まあだから、ひな人形買った、って話。

若林 にゃははは！（笑）　じゃあ終われただろ!!

春日 はははは!!（笑）

若林 なんかお前が四の五の言ってるから。「歯、食いしばる」のあとからおかしかったろ。

春日 ははははは!!（笑）

大磯のTバック男

【第592回】2021年4月17日放送

春日　今週ね、（ロケで）ホテルに前乗りしたじゃないですか。そこのホテルに、大浴場があったじゃない。若林さん、行きました？
若林　行ったよ。
春日　ああ、その上にさ、なんか水着で入れるフロアみたいなのが。
若林　スパみたいなね。
春日　そうそう。あそこ行ったんですよ、私。
若林　あ、そうなの？　水着持ってってたの？
春日　いや、借りてね。温水プールとか、サウナがあるって書いてあったからね、ちょっと行ってみようと思ってさ。
若林　わかるわかる。すごくちゃんとしてたね、スパと温泉がついてて。
春日　そう！　すっごいきれいなリゾートのさ、今で言う、ラグジュアリーなんとかスペースみたいな、ちょっと高級感のある。
若林　俺はスパ行かなかったけど、水着借りられんだね。
春日　なんかガウンみたいなのも借りてさ、だから、水着着て、ガウン着て、そのフロアをウロウロできんのよ。で、温水プールやサウナやなんやあって、サマーベッドじゃなくて籐で作ったやつとか、パラソルとかあって、きれいなとこでさ。それが夜中の12時終わりで、行ったのが11時過ぎぐらいだったのよ。
若林　夜？
春日　夜、夜。だから、まあ1時間ないぐらいよ。パッと見て、軽く入ったりすればいいかな、と思ってね。で、行ったらさ、なんか想像よりもすごいのよ。温水プール、つっても、外なんだよね。3階か4階か、高いところで、あのシンガポールのなんちゃらホテルのさ、へりがなくて、なんか落ちちゃいそうになるプール[※1]あるじゃない。あんな感じなの。

若林　あの、**インスタでバカなヤツがよく写真載せてるとこ**でしょ？

春日　そうそう、バカな顔してさ。ふはは（笑）。

若林　あれさ、（ロケ地が）大磯じゃない。いつも大磯で仕事のとき思うんだけど、お前ってさ、学生のとき「海行こう」って言うと、**絶対大磯しか行かなかったよな。**

春日　ひっひひひひ（笑）。

若林　なんなんだろうな、春日って。

春日　由比ガ浜とか、江の島とかはメジャーリーグだから、ちょっと怖いんだよね、行くのが。大磯はちょっと渋いからね。人も少ないし。

若林　春日さ、覚えてるかどうか聞きたいことがあって。ちょっとごめんね、大磯の話だからなんだけど、20歳か19のとき、大磯に谷口と行ったときにね。

春日　うんうん、よく行ってたよ。

若林　いつも大磯行くたび思い出すんだけど、一回だけさ、朝、大磯ついてみんなでさ、水着で砂浜に座ってたらさ、男4人組がいて、全員ボディボードを持ってるの。まず、男4人で全員ボディボードの時点でちょっとおもしろいんだけど。そのうちのひとりが、本当になんでかわかんないけど、**Tバックをはいて、ケツ丸出しだったの（笑）。**覚えてます？

春日　覚えてる、覚えてるよ！　いたよ！

若林　覚えてるでしょ⁉「あれ、なんだったんだろうなあ〜」って思い出すんだよね、大磯行くたびに（笑）。

春日　ひとりだけね。なんか、はかされてる感じじゃないのよ。4人いて、その中でイジられるヤツってわけでも……。

若林　そうそうそうそう!!　当たり前にしゃべ

※1　へりがなくて、なんか落ちちゃいそうになるプール
シンガポールのホテル「マリーナベイ・サンズ」にある「インフィニティプール」。地上57階の屋上にある、宿泊者だけが利用できるプールで、柵やへりなど視界を遮るものがないため、プールと空が溶け合うような感覚を味わえる。

ってるんだよね。

春日　ノーリアクションなの！　Tバックについて！

若林　それで、春日と谷口と、「あれさ、罰ゲームだよな？　でも、なんか普通にしゃべってボディボード乗ってるよね？」つって。ひとりだけめっちゃTバックで、ケツがバーッ。しかも、20年前だから。イジられる感じの縞とかピンクとかじゃなくて、真っ黒のTバックを。

春日　ボディビルパンツみたいなやつの。

若林　あはははは！（笑）

春日　はいてる人も、全然普通なの。なんか「やめろよ〜」とか、「いいよぉ〜」とかじゃなくて、「いや〜」って（笑）。「どうする〜？　海入る？」みたいな。全然テンションが、ははは（笑）、普通だったんだよね。

若林　あははは！（笑）　そう！　そのときYouTubeとかないからさ、ずーっと春日と谷口と、「なんでみんな普通にしゃべってんだ？　アイツはずっとTバックなのかな？」とか。

春日　そうだね。「それが普通なのか？」って。

若林　で、飽きてまた（別の話題を）しゃべり出してさ。また2時間後に、「なんなんだ、あれ」って。大磯に行くたんびに思い出すから、ずっと春日としゃべりたかったんだよ。

春日　あははははは！（笑）　全然覚えてるよ。

若林　なんだったんだろうなぁ〜。女性でもないし。上はもちろんね、何も着てなくて、ひとりだけTバックで、ボディボードで。

春日　あとはみんな膝までのね、普通の短パンみたいな水着はいててね。

若林　覚えてたか。ああよかった、うれしいわ、お前が覚えてて。

春日　あれは覚えてた。やっぱ今でも思い出すもん、「あれ、なんだったんだろうな？」って。でも、そういう人なんじゃない？

若林　「そういう人」ってどういう人よ。常にTバックなんて、何回だってイジるだろ！

春日　あははは！（笑）　仲間内ではもうイジり終えてる。いや、そうじゃないと考えられないもん。

若林　だとしたら、「イジり終えてんのに、まだTバックはいてくる」ってイジるじゃん。あははは（笑）。

春日　そのTバックの人も、例えば（ボディビルダーみたいにムキムキとかで、なんか主義があるな、ってんだったらわかるけど、もうツルッとした感じでね。うははは（笑）、決してTバックが似合う体形じゃないのよ。

若林　昨日のことのように思い出すけど、**きれ～～なお尻なんだよね！**

春日　そうなのよ。なんか色白でさ。

若林　色白なんだよ！

春日　なんかこうツルッとしたボディでね。

若林　きれ～なお尻で、ボディボードを持ってんだよね。……あれ、なんだったんだろうな。

春日　で、ボディボードがうまいわけでもない。ふっははは！（笑）

若林　だから、俺と春日と谷口だけが見た、霊的な存在説も。カッパを見たぐらいの感じで、**「大磯のTバック男」**っていうのは。「俺と春日と、友達も見たって言うんですよ」って話よ、トークで繰り広げるとき。「僕ひとりだったら信じられないじゃないですか？」って。

春日　うんうん。ちょっと怖い話みたいな。

若林　ちょっと怖い話だよな。きれ～なお尻の、大磯のTバック男。ははははは（笑）。

春日　うん。逆に名物男とかだと、まだわかるけどね。1回しか見たことないもんな。

若林　あれが今で、ラジオやってたら、青銅さんの教えがあるから聞きに行ってたと思う。「すいません、本当失礼なんですけど、Tバックじゃないですか？」って。

春日　あ～、確かに。ちょっと謎のままだわぁ。

若林　まあ、いいわ。それを大磯に行くたびに、「春日にいつしゃべろうかな」と思うけど、お前ってほら、**セットチェンジの間、めっちゃ怖い顔してるからさ。**

春日　あははは（笑）。そんなことないわ!!

若林　しゃべりかけられなくてさ、次の段取りがあるのか知らんけど。

春日　ないよ、段取りなんて任されたことないんだから。

若林　まあ、いいわ。それで、大磯のTバック男がどうしたんだよ。

春日　いや、Tバック男じゃないよ。

若林　ちょっと行きたいね、この番組でね。大磯の人、いっぱいインタビューして、「Tバックの男を見かけませんでしたか?」つって。

春日　そうね、大捜索したいね。

若林　まあまあ、いいや。スパね。

春日　そのね、シンガポールみたいな温水プールがあって、ジャグジーが隣にあったりとか。そこにふたりぐらい入ってたりして、もうほとんど人はいないのよ。終わり間近だから。サウナも5種類ぐらいあったかな。1個1個違うのよ、ミストサウナとか、普通のサウナとか、あと、体冷やす氷の部屋とかさ。

若林　へ～、いろいろあるんだ。

春日　時間もないけど、とりあえずサウナ全部入ろうと思って。せっかくだから。フフ（笑）。

若林　はいはいはい、わかるけど。

春日　普通のサウナ入って、「まあまあこんな感じかあ」つって。で、ミストのとこ行って、なんかちょっといいアロマの。「タイル張りでいいなぁ～」って感じで入ってたのよ。で、一番でかいサウナがあって、それが「パノラマサウナ」とかいって、でっかいガラス張りで、温度も50度とか60度ぐらいって説明があって、長くいられるサウナ。

若林　はいはいはいはい。

春日　そこ行こうと思ってね、ドア開けて入ったのよ。したら、確かに広くて、廊下みたいになってて、何歩か歩いて右に曲がるとサウナがある、みたいな感じだったの。したら、なんか声がして。女性の声が、ふたりぐらい。「あ、ふたりぐらい入ってんだな」と思って、入ってったのよ。廊下を何歩か歩いて、パッて右曲がったら、やっぱ女性がふたりいて、寝転がってたの。ふたりとも、なんかうつ伏せというか。

若林 うんうん。

春日 何かしゃべってて、で、入ってきたときに、パッと目が合ったわけ、ひとりの人と。その目が合った女性が、「え？」つって。

若林 ほうほうほう。

春日 「ん？」ってなるじゃん。別に知り合いでもないから、「どうも〜」みたいに言ったら、その瞬間に**「キャァ〜〜ッ!!」**つって（笑）。

若林 あはははは！（笑）何、何、何？

春日 こっちも「何、何!?」ってなって。「キャァ〜〜ッ!!」ってなって、バッて起き上がってさ、タオルみたいなの敷いてたんだけど、それを持ってこう、なんか隠してさ。水着着てんだよ？ 水着着用、男女いけるところだからさ。

若林 そうだよね、水着だよね。

春日 そんで、その隣の人もなんかね、「えぇ〜っ!?」みたいになって。

若林 あははは（笑）、何、何、何？

春日 いや、わかんないの。なんか「出よっ！」とか言って、私の横、バーッてふたりで駆け抜けてさ。水着着て、普通に入ってってたのにさ、なんか引かれたというか、逃げられてさ。なんか座る気にもなんないで、立ったままさ、「えぇ!? なんだ!?」ってぐーっと考えてたら、たぶん、そのふたりはくつろいでたわけですよ。で、もう終わりの時間も間近だから、人が入ってこないだろうな、って思ったんだろうね。そこでまあ私が、「春日」ってのはわかってないだろうけど、なんか男が、おっさんが、ひとりで入ってきたから、思わず**「イヤ〜！ キャァ〜〜ッ!!」**って。ふははは（笑）。

若林 いないだろうと。

春日　油断をしてたんだろうね、いないだろうと。裸とかならまだわかるよ。別に向こうも普通に水着着てたように見受けられたから。「キャ〜!!」って逃げられるほどのことでもねえだろって、だんだん腹立ってきてさ。なんかいけないとこに侵入したヤツみたいな。

若林　そうだよね、雰囲気。

春日　「いやいや、別に入ってくるだろ！」と思って。まだ終わってもないし、男女共用なんだから。「なんだかなぁ」と思って、しばらくそこにいたのよ。んで、もう終わりの時間も近いから、岩盤浴がね、残ってたから入ったら、

またそのふたりがいてさ。

若林　あははは（笑）。

春日　端のほうでさ、なんか「ハッ！」みたいな。追っかけてきたヤツみたいになって。

若林　もう志村けんさんのコント[※2]になってるじゃない。いろんなとこに現れちゃって。

春日　うははは！（笑）「あの人、変なんですぅ〜！」って、どっちか言い出すんじゃないかっていうぐらい。

若林　女性専用エリアとかでもない？

春日　じゃない、じゃない。

若林　どう考えてもおかしいじゃん、男女共用で、入って「キャー！」は。お前、本当に下はいてる？　お前、大磯のTバック男……。

春日　Tバックはいてない、ボディボードを持って入ってってないよ！（笑）

若林　お前であって、お前ではない存在なんじゃない？　大磯のTバック男って。

春日　あははは（笑）。どういうことなんだよ。

若林　あははは(笑)。Tバックじゃないね？

春日　Tバックじゃないよ！

若林　なんなんだろうね、それ。

春日　わからん。「また来た！」みたいな感じだったんじゃない？　でも、もうバーッと入ってってさ、岩盤浴。で、ドーンと寝てさ。

※2 志村けんさんのコント
志村けんによるキャラクター「変なおじさん」のコント。変なおじさんが女性にスケベなちょっかいを出す。女性が「このおじさん、変なんです！」と周囲に訴えかける。集まった人が「なんだ君は!?」と問い詰める。すると、変なおじさんが「そうです、私が変なおじさんです」と名乗り、歌い踊るというパターンが基本。

若林　お前すごいよな。普通「キャー！」とか言われたら、俺だったら一回、係の人に聞いちゃう。「これって大丈夫なんすよね？」って。お前は「キャー！」ってどかしといてさ、岩盤浴で体あっためて癒されようとしてんの？

春日　あははははは（笑）。だって、OKなことは知ってんだからさ。サウナのこともあるから、ちょっと腹も立って。

若林　熱くないの？　**生のケツに岩盤浴って。**そんなだって……。

春日　いや、Tバックはいてねーわ。

若林　いや、ここにつなげるのか！

春日　あははははは（笑）。

若林　お前、オチ先言って……大丈夫？「借りた水着がTバックだったんですよ」っていう。

春日　鏡の前通りかかってパッて見たら、Tバックはいてたんですよ！

若林　じゃなかったオチ？　大丈夫？　あははは（笑）、奇跡のことやっちゃってんの、これ？

春日　やっちゃってないよ。あははははは（笑）。

若林　大丈夫ね？

春日　うん。いやそれで、岩盤浴入ってさ、時間になったからもう出て、「なんだったんだろうなぁ」って。その女性ともうそれ以来、会ってないからね。謎のままなんだけどさ。

若林　それって、別に変な格好じゃないの？

春日　いや、怪しい格好ではないですよ。

若林　いや、変な話、水着からその、亀頭だけ出てるとかじゃないよね？

春日　ふっ（笑）。したら、「キャー！」じゃん。「キャー！」の理由はわかるよ。

若林　Tバックでもないんだもんね。

春日　Tバックでもない、普通の借りた水着ですよ。で、部屋帰って動画検索とかしてたら、あっという間に3時過ぎぐらいになっててさ。その日、マスターズだったじゃないですか。

若林　ゴルフ？

春日　ゴルフね。結果的に優勝[※3]されましたけど、すごいことが生で観れるかもしれんと思って、ここまで来たら観ようと思ってさ。

若林　あ〜、うんうん。

春日　ね。で、なんかちょっと欲しいなと思ってさ、飲むもんとか食べるもん。調べたら、5分ぐらいのところにコンビニエンスがあって、行ったのよ。

若林　うん、コンビニ。

春日　チップスとかさ、チーズとかさ、いろいろ買ってね。コーヒーとかね、メガコーヒーとか買ってさ、**メガアイスコーヒーとか買って。**

若林　なんだよそれ！　細かく言うなぁ！

春日　ふふふふふ……（笑）。ちゃんと伝えたいと思って、買ったもの。

若林　「メガ」のところ言い直して。

春日　L、Mとかあったけど、メガいってやろうと思ってさ。で、帰ってきてさ、エレベーター乗って自分の階に着いたのよ。帰ってくる間に、もう始まっちゃっててさ。

若林　あー、ゴルフが。

春日　うん。速報みたいなの見ながらエレベーター乗って、で、ドアが開いた気配がしたから降りようと思って、ぱっとこう、顔を上げたの。そしたら、目の前におじさんがいてさ。「ハァッ！」ってなって、**アタシがさ、メガアイスコーヒーをこぼしちゃったのよ。**

若林　はは（笑）、ホテルに？

春日　ぶちまけちゃったの。で、「キャァ〜!!」って言って、アタシも逃げたっていうね。

若林　春日が？

春日　うん、（という）話。

若林　「キャー！」が伏線だったんだ。別に、**回収してほしくない回収もあるんだね（笑）。**

春日　あ〜、Tバックがよかったなぁ、うん。

※3 結果的に優勝
2021年4月12日（日本時間）、プロゴルファーの松山英樹が、ゴルフ四大メジャー大会のひとつ「マスターズ・トーナメント」で優勝。日本人およびアジア人史上初の優勝という快挙を果たした。

「明日のたりないふたり」、その後

【第599回】2021年6月5日放送

若林　「明日のたりないふたり」※1の話なんだけど、これ、「しゃべるとしても、1年後ぐらいにしようかな」とか、しゃべるかずーっと本番前まで悩んでたんだけど。でもまあ、ちょっと相談したら、このラジオではね、いろいろしゃべってきたから、ということで、リアルタイムでしゃべろうかな、って思った話なんだけど。

春日　ほうほうほう、なんですか。

若林　俺、精密検査して。あの、全然オッケーで、もう体ばっちり大丈夫だったから、全然心配しないでほしいんだけど。「明日のたりないふたり」のライブが終わって、配信が終わったあとに、俺、救急車で運ばれちゃってさ。

春日　ああ~、そうらしいね。

若林　ああ、聞いてた?

春日　Dちゃんからさ、電話かかってきて、「いや、若林さんが……」って。で、「ちょっと明日、ひとりで『日向坂(で会いましょう)』行ってもらう感じで」って言われて。「あ、そう。大丈夫だったの?」「まあ、なんとか」って、(電話)切ったんだけど、めちゃめちゃ焦ってさ。**「明日ひとり……えっ!?」**って。かっこつけちゃった。あははは(笑)。クミさんに「どうする? 若林さんがなんかあれで、明日ひとりなんだって」って……ごめんなさいね。若林さんのことよりも自分がさ、「ええっ!?」って。へへへっ(笑)。

若林　あー、なんかそうなんだろうなぁ、人間って。それで、自治体のものというか、救急車を使用してしまって、本当にご迷惑をおかけし

※1 **「明日のたりないふたり」**　2021年5月31日、北沢タウンホールにて無観客生配信で行われた、たりないふたりのラストライブ。ふたりから多大なる影響を受けたというCreepy Nutsもサプライズで登場。ここでの最後の漫才をもってふたりは解散し、2009年からの活動に終止符を打った。

たな、っていう気持ちがあるんだけれども。救急隊員の方とかもさ。そうそう、で、ライブ中は全然大丈夫だったの。終わって、「オッケーです」って誰か言ったのかな？　袖にはけた途端、体に、もうなんだろう、何百キロだな、鉛がドンッ！　って載ったみたいになって。

春日　急に？

若林　急に。まだ配信してると思ったから、舞台袖で頭下げて、上げて、袖に入った瞬間に、体に何百キロの鉛が載ったみたいな感じで、へなへな〜、って。で、仰向けになって。

春日　バターンと（倒れる）とかじゃなくて、ふわーっと座りこんじゃうみたいな。力が抜けるみたいなこと？

若林　そうそうそう。疲れたときとの違いは、手の先と足の先が痺れて感覚がない、みたいな。で、「これ、ちょっといつもと違うな」ってわかるじゃん、ヤバさ的に。武道館のときの、バー秀に話しかけられたとき[※2]とわけが違う。

春日　あははは（笑）。それはもう全然違うでしょ？

若林　そうそうそう。それで、まず人を呼ぼうと思って。「酸素とか吸えばいいのかな？」とか思ったから。それでサトミツに、「ちょっと人呼んできてもらえる？」って言わなきゃな、って思って見たら、**サトミツが下向いて号泣してたんですよ。**全然目が合わない。

春日　なるへそ（笑）。終わった、っていうことにね、感動して。

若林　でも、声は出せたから、「あの、サトミツ、ちょっと誰か呼んできて」つって。したら、その痺れて感覚がないのが、指先からだんだん手首とかに上がってくるの。

春日　えー、ああ、怖いねぇ。

若林　感覚ないの。足もこう、足首、膝、って上がってくるの。

春日　感覚が冷たくなるとかもない？

若林　痺れて感覚がなくなるみたいな感じかな。

※2 バー秀に話しかけられたとき　武道館ライブのひろしのコーナー後、激しく息切れしたため酸素スプレーを吸っていた若林に、バーモント秀樹は遠慮なく普通に話しかけてきたという。

んで、肩の付け根と足の付け根から先が、もう全く動かない、感覚なくて。そんなのなったことないから、そのときは何かわかんないじゃん。したら、マネージャーとかがわらわら集まってきて。それで、「ちょっとあの、感覚がなくて動かないんだけど」って。

春日 あ、なんか苦しいとかもないんだ。別にどっか痛いとかもなく。

若林 苦しいと言えば苦しいんだよね。

春日 まあ、でも話せるぐらいの感じではあるってことね。

若林 話せるぐらいの感じだけど、だんだん痺れが、アゴとか、みぞおちにも始まって、「これ、全身なったらヤバいな」とか思って。結構時間経ってんだろうね。そしたら、誰かが救急車呼んでくれたみたいなのよ。それで、安島さん[※3]とさ、Creepy Nutsとさ、山ちゃんがさあ、心配そうに見守っててくれるんだけど、なんか、「挨拶したほうがいいな」と思っちゃって。

春日 ははは（笑）。まあ、そっか。終わったあとだしね。

若林 結局、「過換気症候群」っていうので診断はされたんだけど。なんか（血液中の）二酸化炭素が少なくなって、アルカリ性になる、って説明されたけど、まあ過呼吸のことなのかな。

春日 酸欠みたいなこと？

若林 酸欠なのかな、わかんないけど。で、みんなもわかんない、そのときはそれが何かが。「頭を打った？」とか聞かれるんだけど、打ってないし。で、「挨拶しなきゃな」って思うのね。だんだん薄くなってるから、意識が。だから、「山ちゃん、ありがとうね」って言ったら、山ちゃんがすっごい心配そうな顔で、**「俺のひとり語りが長かったからかな？」**って言ったんだよね。ふははは（笑）。

春日 何それ？　どういうことなの？

若林 「やっぱコイツ、自分の話多いな」と思って、爽快だったんだけど。むしろ、「それで

※3 安島さん
「たりないふたり」の仕掛け人である、日本テレビの安島隆。

こそ、山里亮太だ」って思ったけど。ずっとこのライブ、「(山里は)自分の話が多い」ってことで進んできてて。今、それを「お前の語りが長かったからだぞ」とは言わないじゃん、俺。

春日 言わないね。

若林 あはははは(笑)。したら、意識は朧げにあるから、「今じゃなくない?」っていう空気ね、みんな(笑)。

春日 ああ、それは周りも。あははは(笑)。

若林 いや、そうそう。それでなんか、救急車の音が聞こえて。そういえば、春日さんもさ、足怪我したとき乗ったよね、救急車。

春日 あ、いや、乗ってない乗ってない。

若林 乗ってないんだっけ?

春日 あの時も病院に行ったんだけど、ロケバスで行ったのよ。そんな痛くなかったから、ちょっと足捻ったぐらいの感じだと思って、「ちょっとやっちゃいましたね。すみませんね」とか言って。でも、「病院行きましょう」って、ロケバスの後ろを寝れるようにしてもらって行ったら、「足首が砕けてます」って言われて、みんな蒼ざめたっていうね。「えー!?」みたいな。

若林 ああ、そういう順番だったんだ。俺もさ、そのときは、それほどのことなのかどうかわかんないから。袖で、なんつうんだろうな、色が薄くなってくる感じがあって。「くっそぉー!」と思うね、ああいうときね。

春日 どういうことよ? 申し訳ない、って気持ち?

若林 申し訳ない、っていう気持ち、みんなに。やっと終わったのに、「くっそが!」と思ってて。「手足、戻れやぁ!」って。

春日 ははははは(笑)。全然元気だ。

若林 うん。救急隊員の方には、本当にご迷惑をおかけしたけど、本当に優しくてさ。あれ、やっぱり名前と年齢、すごい確認すんのね。

春日 あー、意識の確認だ。

若林　「名前は言えますか？」って言われて、「若林正恭です」って答えるんだけど。

春日　そりゃ答えるでしょ（笑）。

若林　笑ってるよね？　嘘だろ。

春日　笑っちゃないけどね（笑）。

若林　**嘘だろ。相方、笑ってんだぜ？**

春日　いや、笑ってないけどね。

若林　で、年齢聞かれて、「年齢は？」「42歳です……」って。

春日　フッ……フフ（笑）。

若林　嘘だろ？　笑ってるよね。

春日　笑っちゃないけどね。答えられてよかったっていう、安堵の笑顔ですよ。言えなかったら、結構大変な事態になってそうじゃない。

若林　なるほど。じゃあ、ちゃんと真っストレートに答えてよかったんだね。あの、倒れて寝るでしょ。周り全員お笑い関係者が囲ってて、「名前は？」って聞かれると、**「普通に答えていいのかな？」**って、薄れゆく意識でも思うよ。

春日　それ、おかしいでしょ。うん、ボケるとこじゃないから。

若林　ボケるとこじゃ全然ないんだけど。「若林正恭です」って答えられたんだけど、「いいのかな？」って、ちょっと思うね。みんなが覗き込んでるから。そんなこと考えなくていいじゃん。なんかね、もうひとりの自分みたいなのがいるのね、冷静な自分が。パニックの自分と、冷静な自分が。

春日　なるへそ。もしかしたら、ひとりぐらい「ボケねえのかよ」と思ってる人が。あははは（笑）。

若林　笑ってるよね？

春日　笑ってないけどね。「無事でよかったな」って思ってる。

若林　「42歳です」。今、笑ってっけど、みんな、「オッサンじゃないか」とか言わないからね。

春日　んふふ（笑）。そこ大人なんだろうね。

若林　大人とかじゃねーだろ、別に。救急隊員さん、一生懸命やってくれてるんだから。それで、搬送されてさ。一回、袖でちょっと気が遠くなりそうだったんだけど、戻って。なんとか大丈夫で、また病院に運ばれている間に「ちょっと気が遠のくな」ってなったの。救急車で運ばれながら。

春日　ちょっと怖いね。

若林　でも、思うんだよね、ああいうときって。「山ちゃん、ありがとう」とか。松永、R（ー指定）、安島さんとかも。でも、これホント冗談じゃなくて、お前さっき笑ってて、俺もそれ確認できてよかったけど、**マジでお前のこと、1秒も思い出さなかった。**

春日　なんでよ（笑）。

若林　ふふふふふ（笑）。スカしてるわけじゃなくて、2日後ぐらいに思ったの、「春日のことを1秒も思わなかったな」って。ははははは（笑）。

春日　ははははは（笑）。さみしいじゃないのよ。

若林　うん。それで、これすっごい自分でも意外だったんだけど、「気が遠のくな」ってなったときに、**「遊びたかったなぁ、もっと」**って思ったんだよね。

春日　え、今まで、ってこと？

若林　そうかも。なんか、みんなこれ言うと笑うんだけど、なんなんだろうね？

春日　まあ、なんか脈絡がないわけでしょ？　急に思うわけでしょ？

若林　うん。「もっと遊びたかったなぁ、ミニ四駆やりたかったなぁ」って思うね。でもそう思ったら、「くっっそがぁ！　絶対戻ってやる！」とか思ってきて。それで運ばれて、処置室入って、心電図取って。「詳しく聞きたいんだけど、若林さん、落ち着いてね」って、先生もすっごい優しかった。ホント感謝。それで、病院の先生が「いつから苦しいですか？」って。「あの……漫才のライブをやってまして……終わってから急に、あの痺れて」つって。で、

「ライブのコント中は、頭打ったりしてない？」って言われて、いや漫才なんだけど、「あの漫才中は打ってません」つって。で、また「で、そのコント中になんか胸が……」って。

春日　なんで受け入れてくんねえんだろうな。

若林　「確かに、コントと言われたらコントって言う人もいるか？　いやいや、漫才だ」みたいなことを、もうひとりの自分が思ってたりするのね。

春日　そこを直すべきかどうなのかと。

若林　そうそうそう。それで、「若林さん、安心してね。手足の痺れは徐々に治まってきます。心電図も大丈夫だし」って言われて安心して。「一応、念のために頭と内臓のCTは取りますけど」っていうことで、そのまま運ばれてCT取って。で、まあ点滴刺さって帰って来たのか。あれ、なんだったんだろうな。まあ別にいいんだけど。あの、CTと血液の結果待ってる間さ、寝てんだけど、「マネージャーさん、もうお話できますから、入って大丈夫ですよ」って。けど、岡田がなんか（扉を）一瞬開けてまた閉じて、入らなくて。看護師さんが「いや、入って大丈夫ですよ」。また一瞬開けて、顔だけ入れてまた出て、「あっ、もう今お話できますから」。それを4回ぐらい繰り返したあと、**いなくなったんですよ。**はははは（笑）。

春日　なんなんだよ、それ。なんなの？

若林　岡田、あれなんなの？　俺としては別に入ってきてほしくも、ほしくなくもないけど。とにかくスタッフさんを安心させたいな、って。お医者さんは「大丈夫。若林さん、これ戻ってくるから」って言ってくれて。それで、待ってたらさ、検査結果で話してんの聞こえんのね。俺は、そのときはもうだいぶ意識ははっきりしてきたから。「いや、全くCTも心電図も問題ないんですよ」ってなって。ただ、炎症反応が、盲腸レベルの炎症が起こってないとおかしい数値で。お医者さん入ってきて、「若林さん、右のお腹のほう痛くない?」って言われて、「いや、痛くないんですけどね」って。「なんらかの炎症が起きていないとおかしい数値が出てて、内臓のどこかだと思うんだけど。それがCTも異常ないから、なんかないかな?」って言われて。「痛いところがあるはずだ」って言われると、痛い気がしてくるっていうか。

春日 ははははは(笑)。まあそうね。

若林 いや、みぞおちも痛え、右のお腹も、聞けば聞くほど痛い気もしてくる。まあでも……みたいな。「大丈夫です」「おかしいなあ。じゃあ入院はどうします?」みたいな話で。

春日 そっかー。

若林 後日また精密検査か、みたいな話があって、「じゃあ帰っていいでしょう」ってことになったのよ。で、車の中で春日さんが言われた通り言われたよ、ダイスケに。「あの、ちょっと精密検査もあるし、明日、日向坂は春日さんひとりでやってもらうので」って。**「よぉーし!」**と思ったね。

春日 何が「よーし!」なのよ(笑)。

若林 ははははは(笑)。これは波紋を呼ぶかもしれないけど。

春日 ははははは(笑)。何が「よーし!」なのよ。どこでガッツポーズしてんの?

若林 「休める」っていうさ。

春日 いや、それは別にいいんだけど、全然休んだほうがいいしね、そんな状態でね。

若林 で、帰れる、っていうことになったのよ。

春日 よかったね。

若林 そう、次の日も病院行って、やっぱり内臓におかしいとこないんだよな。で、またその次の日に、大竹先生[※4]にもっと詳しい精密検査をしてもらって。

春日 はいはい、なんかね、気になるね。

若林 うん、なんかあったら、ってことで。それで、昨日結果が出て、炎症反応もぴったり治まってんだよ。なんだったんだろうな、って。

※4 大竹先生
総合内科専門医、消化器病専門医の大竹真一郎。金の聴診器を持っていて、メディアにもよく出演しており、オードリーとは『駆け込みドクター!運命を変える健康診断』(TBS系)で共演していた。

でも人間、そんな簡単なもんじゃないから、体って。まあそのときにね、興奮状態で、ってことなのかもね。

春日　うん、なんか炎症っぽい、似たような反応が出ちゃったってことなのかな？

若林　そう、それでさ、「よかったな」って思って。だから皆さん、全然心配しないで。でも、救急車の中で、やっぱちょっと焦ってる自分と、もうひとりの自分がいて、「こういうこと考えるんだな」みたいなこと思ったな。「遊びたかったなぁ」と思うじゃん？　それをみんな笑うのよ。俺も意外だったの。

春日　なんか、ちょっと腹くくった、みたいな感じなのかな。このあと、あんまりよくないことになるかもな、っていう覚悟なのかな。

若林　それはね、ホントわかんないから、正直、ちょっと思った。

春日　怖いしね。先はわからんしね。

若林　わかんない。正直、**「親父、久しぶりだな」**って思った。その場所で（笑）。

春日　まあ、わからんからね、その時点で。

若林　うん。でも「遊びたかったな」と思った瞬間、「くっそー！」と思って、俺、遊びたい人だったんだって知らなかったのよ。

春日　ああ、そっか。まずそれが出るから、ってことか。

若林　そう。あと、「グッズのTシャツもらってねえな」とか。

春日　そこ？

若林　（病院に）直行で帰ったから。そんな欲しかったんだ、って思ったし。

春日　そんな状態で。

若林　そうそう。ホント、春日のことは1秒も思い出せなくて。さっき笑ってんの見て、本当によかったな、って思うんだけど、ははは（笑）、思い出さなくて。いや、それでまあ全部オールオッケーです、ってなって、もう大竹先生のおかげでもあるし。熱心に、すごく細かく見てくれてね。皆さんも心配しないでね。それで、「遊びたかったな」って思ったじゃん。俺、家のベランダでね、天気がいいと、まあ「生意気だな」って言われるかもしれないけど、**朝食をベランダで取ったりしてたんですね。**

春日 生意気だなぁ〜。

若林 ミキサーを買ってさ、スムージーとか作って。で、キャンプ用のテーブルってあるじゃん? あれを買おうかどうか、2カ月ぐらいずっと悩んでたのよ。でも買っても、飽きて、ベランダで朝食取らなくなるかもしれないし。

春日 その言い方なんだよ、「朝食を取る」って。ベランダで朝メシを食ってるわけでしょう?

若林 あはははは(笑)。それで、畳んだりするじゃん、ああいうのって。コンパクトになるんだけど、結局畳まないじゃん、たぶん。

春日 まあ、出しっぱなしでね。

若林 出しっぱなしにしていて、奥さんに「邪魔だな」って洗濯物を干すときとかに思わせちゃうな、とか思ってたの。でも、「遊びてぇー、遊びたかったな」って思ったから、「もう、こういうのがほしいと思ったら、買おう」って、検査結果全部オッケー出たときに思ったのよ。

春日 まあ、そうか。

若林 で、「検査結果、オールオッケーです」って大竹先生から連絡が来た日に、俺、「天気がいい日に、ベランダで朝、朝食を取るためのテーブル、もう買おう」って思って、キャンプ用品店に行ったの。したら、キャンプ用品店に2種類しかなくて、1個はすごい安いやつだったんだけど、なんか「デコボコしてます」って。もう1個はすごいフラットで、1・5人用ぐらいのテーブルで、コンパクトなやつなのよ。「これがいいな」って。俺はシックな色がよかったの、性格的に。でもその色が、空色に7色の虹色のペンキをぶちまけたような、もうめちゃくちゃ派手な、タイダイTシャツみたいな柄で。「これ、紺とか黒もありますか?」つったら、「それはお取り寄せになります」って。でも俺、**「その日に楽しまなきゃ、人生、損だぜぇ?」**って、そのときの経験で思ったから。これはもう派手な、この7色のやつを買うしかない、ってなって。「これ、ください」つって。

春日　おお、いったね。変わるもんだねぇ。

若林　そうそう。それで7色のを買ってさ、それを引っ下げてさ、家に帰ったわけよ。奥さんも「ついに買ったな」っていう目でそれを見て、俺が組み立てて。で、紅茶をね。夜だったけど、これ買ったから、「今日、楽しまなきゃ損だぜぇ?」って思っているから。

春日　何それ。**性格が変わっちゃってんじゃん。**あははは（笑）。真逆になっちゃってるじゃん。

若林　うん、お気に入りの紅茶を入れて、ベランダでこのテーブル出して、ちょっと宇多田ヒカルでも聴きながら。

春日　んふふふ（笑）。

若林　ははは（笑）。あの救急車の経験と、あとたぶん、漫画の『ハンチョウ』※5の影響もあると思うんだけど。ははは（笑）。紅茶を入れてた瞬間、雨。雨が降ってきたのよ。だから俺、**ベランダに7色のテーブル出して、傘さしながら紅茶を飲んだんだよね。**あはははは（笑）。

春日　「明日にしよう」とはならなかったんだ。

若林　「今日、楽しまなきゃ損だぜぇ!」って思ったから。傘をさして紅茶を飲んだ夜。うははは（笑）。

※5『ハンチョウ』
『1日外出録ハンチョウ』（講談社）。福本伸行の代表作『賭博破戒録カイジ』に登場するキャラクターを主人公としたスピンオフ作品。普段は地下労働施設で働く大槻やその仲間たちが、1日外出券を使って地上での庶民的な生活を楽しむ様子が描かれている。

放送600回

【第600回】2021年6月12日放送

若林　こんばんは、オードリーの若林です。
春日　土曜の夜、カスミン。
若林　よろしくお願いいたします。
春日　ひとつよしなに。
若林　あの～、今ね、SixTONES[※1]も言ってくれましたけども……。
春日　いや、ちょっと待って、若林さん（笑）。
若林　あの～……、
春日　いや、「あの～」じゃないよ。
若林　この番組ね、
春日　「この番組」じゃないよ。
若林　あの600回ということで。
春日　いやいやいや、ちょっと待ってくれよ。
若林　これは、まあ通過点に過ぎないですから。
春日　**「通過点に過ぎない」人がかけてるメガネじゃないだろ、それ？**
若林　特に大きく取り上げるってこともなく、
春日　「特に」じゃないよ。
若林　いつも通りのトークをね、
春日　「いつも通り」……トークはね。
若林　していけばいいんじゃないかなって思いますけどもね。
春日　トークはそうかもしれないんだけどもさ、見た目がさ、まさか。
若林　毎週毎週がね、記念の回という気持ちでやってますから。
春日　まあ、それは大事なことだけどね。
若林　まあ、通過点に過ぎないということでね。
春日　うん、いや、もう浮かれちゃってんのよ、だいぶ。確かに、ハハッ、いや、これよくない

※1 SixTONES
この番組の前の時間帯に放送しているのが、『SixTONESのオールナイトニッポンサタデースペシャル』。

な。「土曜の夜、カスミン」まで、私、ずっと下見てるからさ、いつも。

若林 はいはいはいはい。

春日 若林さんのほう見てないから、気づかなかったけど……はははは（笑）。

若林 うん。

春日 **「600」のメガネかけてるじゃないですか？**

若林 「600」のメガネ、そりゃ、かけてるけど。

春日 ブース入るときはかけてなかったよ。なんかのタイミングでかけたんでしょうよ。

若林 ちょっと春日らしくないな。まあイメージあると思うんですよ、リトルトゥースにも、**「春日といえばスカし」**っていうね。

春日 いや、そんなことはないよ（笑）。

若林 「興味ない」「見てない」を武器に大暴れするっていう。

春日 いやいやいやいや（笑）。

若林 スケールのでかさを見せてくれるっていう、そういう男がよ、600回だなんだって、ただの数字にこだわってるっていうのは、俺はちょっと寂しいかなと思う。

春日 こだわってるとかじゃないのよ。現象として、もう起きちゃってるからさ。

若林 現象としても？（笑）

春日 600の……いやいや、**タトゥーシールも！（笑）** 何をスッとさあ、めくり上げてんのよ、Tシャツを（笑）。

若林 いや、恥ずかしいって、春日さん。

春日 Tシャツの腕を！

若林 そんな別に、500回のときだってさらっとやったんだから。

春日 いやいや、もちろんよ。

若林 ほら、春日さんはこだわんない、「あ、600？ 600回なの？ 今日が？」みたいなところ、あるじゃないですか。

春日 はははは（笑）。

若林　「ギャラクシー賞って何？　すごいの？」みたいな。春日と言えばね、「600回って何？　すごいの？」みたいな。『たりないふたり』？　あ、観てないです」みたいな。それはさらっと行こうよ。そのほうが粋なんじゃないの？

春日　いや、さらっと行くのは、逆におかしいのよ。

若林　あ、そう？

春日　だから、これを言わないとさ。レディオですから、映像がないから、触れなかったら行けるけど、触れずにはいられないというか。そこまでの肝の据わり方はしてないのよ、私も。

若林　ははははは（笑）。

春日　ははは（笑）。やっぱこっちもさ、バタバタしちゃうよ。若林さんがね、何週にもわたって言ってた、600の数字のメガネ。

若林　このタトゥーシールもね、俺、びっくりしたよ。

春日　それなんなの？　どうした？　すごいね。「600」って書いたタトゥーシール。

若林　そうそうそう。

春日　我々の「オードリーのオールナイトニッポン」ってタイトル入った。ただの600じゃないんだ。

若林　そうそうそう。いやだから、まさか作ると思ってなかった、俺も。したら、なんかぼたもち[※2]がね、前室で、ぱあの、すみません。やっぱ「あの、600回ということで」つって、このメガネとタトゥーシールの束を持ってきて。あははは（笑）。

春日　束!?　あ、作ったの？　本当に？　あ、そう！

若林　いや、俺が本当に（タトゥーを）入れたんだと思った？

春日　いや、入れたんだとは思わないけど、600のメガネとタトゥーシールも、やっぱ何回も言ってるから、リスナーの人がね、そうい

※2 ぼたもち
ディレクター（当時）の中村悠紀。通称「ぼたもち」。

うのできる人が作って送ってくれたのかと……。
若林　それにしちゃあ、クオリティ高くない？
春日　高いけど、ほら、そんなのあったじゃん、なんかTシャツ作って送ってきてくれる人とかいたから、そういうね、できる人が……じゃなくて、番組で作ったの⁉
若林　いや、俺もさ、春日が下向いてる間につけようと思ったから、春日が下向いて「ニチレイ presents オードリーのオールナイトニッポン」って……。
春日　そうそうそう、いつもね。
若林　「ニチレイ presents」なんて、もうずーっとじゃん。これを毎週読むのは。俺、なんかちょっと寂しさはあった。こんだけお世話になってるのに、「ニチレイ presents」も台本読まなきゃ言えないんだな、って。俺がもしニチレイの社員だったら、すごい寂しい。
春日　へへへへへ（笑）。
若林　俺は自分のコンビ名知ってるから、「オードリーの〜」は、いつも台本見てないけど、春日はもう、毎回こんだけお世話になってる、いろんな夢をかなえてくれた、ニチレイさんはね、武道館のライブとかね、この番組もね。
春日　あははははは（笑）。いやいやいやいや、やめてくれ、やめてくれよ。
若林　にもかかわらず、「ニチレイ presents〜」って毎週読むのは、寂しい！
春日　いや、覚えてないわけじゃないのよ。
若林　ニチレイさんに実際会ったりする機会もあるから、次会ったときに、「ちょっと寂しかったです」っていうのは、あるよ？
春日　そういうつもりじゃなくて、もうなんか習慣としてさ、下を見てね、やっちゃってるっていうだけで、意味がある行動ではないんだけど。「カスミン」って言ってから、こうね、面《おもて》を上げるっていう。
若林　はいはい。
春日　まあルーティンじゃないけど。

若林　でも、姿勢として、こんだけ力を貸していただいている企業様に対して。だから、来週から、このキューシート、「ニチレイ」のところを「〇〇〇」に変えます。

春日　いやいや、なんで試されるよ？　それは忘れないって（笑）。

二人　はははははは（笑）。

若林　俺さ、春日が下向いている間につけなきゃと思って。だから、ヅカもさ、本番1分前に小声で「若林さん！　メガネ！　前室？　前室ですか!?」って。

春日　バタバタするなよ（笑）。

若林　「下に置いとるわ」つって（笑）。

春日　浮き足立つな、バカタレ。

若林　あはははは（笑）。

春日　やってくれるよ、若林さんは。そんなの忘れてるわけないじゃないかよ。

若林　昨日今日の飯塚が焦ってさ、やっぱりさ（笑）。昨日今日ではないけどさ（笑）。

春日　あははは（笑）。あ、そう、すごいね。

若林　あわててさ、600回記念のメガネしたからさ、そのあとヘッドホンもつけなきゃいけないじゃん、キューがあるから。

春日　あ、そうね。

若林　横幅がありすぎて、ヘッドホンが、ガッとここに（笑）。

春日　あはははは（笑）。

若林　「痛っ！」と思ったけど、でも声出すとさ……。「6」のとこに、ぶつかっちゃって。広げてもつけられないからあわてちゃって、ヘッドホンできなかった、ってのがありますよ。

春日　その練習もしとくべきだったね。

若林　タトゥーシールは春日とオレの顔も入ってるから。

春日　入ってるんだよ、写真でね。

若林　ちょっとね、マイク・タイソンにも送りたいなとは思ってますけどね、これは。

春日　やってくれるかな、毛沢東[※3]の下か上に。

※3 毛沢東
元プロボクサーのマイク・タイソンは毛沢東を敬愛しており、右腕にそのタトゥーを入れている。

若林　あははは（笑）。お前、このラジオでよくマイク・タイソンの毛沢東のタトゥーのこと言うな。
春日　やっぱタイソンといったら。その上には貼らない、絶対。それは空いてるスペースにさ。
若林　だから、R-指定もね、タトゥー入れない主義だけど、やっぱりちゃんとしてもらいますよ。松永にも、これは。
春日　あー、いいね。ライブのときとかにね、貼って出てもらいたいね。
若林　そうそうそう。数字だけのやつと、俺と春日の顔が入ってるタトゥーシールのツーパターンね。ぼたもちがね、作ってくれたのよ。
春日　ツーパターンも作ったの？　これだって、結構かかるでしょう？
若林　これね、このメガネもそうだけど、お金かかってると思いますよ。
春日　かかるよ。だって、こういうのって、ひとつからとか、なかなかできないじゃない？
若林　うん、そうそう。で、あの、ぼたもちが、発注した「600」のやつをね、ちょっとこう手首にね、試しで貼ってみたんだって。
春日　うん。脈取るところにね。
若林　したら、結構これ、きれいでしょう。タトゥーっぽいでしょ、本当に。
春日　そうだね、うん、パッと見。
若林　それで、「あ、きれいに貼れるな」と思って、ニッポン放送歩いてたら、いろんな人に**「え、ぼたもち、タトゥー入れたんだ……」**って。あははは（笑）。っていうことは、ぼたもちは社内でどういうキャラでやってんだよ、と思って。入れかねないヤツだと思われてたのかよ、と思ってさ（笑）。
春日　まず、「シールなんだ」ってとこにいかないってことはね。入れる可能性がある、ってところに引っ張られちゃってるってことでしょ？
若林　そうそうそう（笑）。

春日　あははは（笑）。

若林　メガネもこれ、「600」って、「トゥース」のやつも。

春日　メガネもすごい。「600」と「トゥース」の指でバランス取ったんだ。

若林　でもね、ちょっと納得いかないのが、春日のギャグというか、「トゥース」が600の横に入ってるじゃん。

春日　はいはいはいはいはい。

若林　そしたら6の横には、**「ニクイねぇ！三菱」**[※4]**の指も入れてほしいんだよね。**ちょっとコンビのバランスとしておかしいなあと思って。でもホント、昔からね、俺はイヤになってる。ここのスタッフはね、春日寄り。

春日　そんなことはない。

若林　俺ね、距離空けようと思ってる、ここのスタッフと。

春日　600回を機に？　やめてくれよ、もう。

若林　あははははは（笑）。

春日　600回だし、何年もやってんだからさ、今さらいいじゃない？

若林　それでさ、600回記念ということでさ、「おめでとうございます」って言ってさ、冨山[※5]さんね、まずね……あはははは（笑）。

春日　嘘だろ!?

若林　いきなり!?　**「600」が、春日さんがかけようとしたら落っこちて剝がれて。**粘着力弱いから。ただの視力を測るときのメガネみたいになってます！　あははは（笑）。

春日　おい、どうなってんだよ、これ！（笑）

若林　春日さん、これはね、やっぱラジオの神様の**「お前は600回分やってないぞ」**というメッセージですよ。あはははは（笑）。

春日　実質、20〜30回だぞ、みたいな（笑）。

若林　実質、00（ゼロゼロ）回ですよ、という。

春日　あ、そういうことか（笑）。「600のうち1回もラジオやれてないぞ」と。

若林　あははははは（笑）。

※4「ニクイねぇ！三菱」
若林は長年、女優の杏と夫婦役で三菱電機のCMに出演していた。当時のキャッチフレーズが「ニクイねぇ！三菱」で、左手の人差し指と親指を立てるポーズがセットになっている。

※5 冨山さん
オールナイトニッポン統括プロデューサーの冨山雄一。武道館ライブの際には、会場のことやグッズのことで右往左往する様子が、番組でも度々報告されていた。通称「トミー」。

春日　これはびっくりしたね。つけようと思ったら、600が落ちたよ。

若林　ちょっと落ちちゃってね。あまりにもタイミングよく、600が。

春日　あはははは（笑）。

若林　これ、やっぱりそうですね。「600回分やってないぞ」ってことで。で、冨山さん、「600回おめでとうございます」って入ってきたのよ。前室にみんなでいたらね。

春日　うんうん。

若林　そのときは、みんな座ったままさ、冨山さんに「お疲れ様です」みたいに言ったあと、ニッポン放送の社長がさ、こんな夜遅くにさ、お土産持って入ってきてくれた瞬間、**全員立ったんだよね（笑）。**冨山さん入ってきたとき、誰も立たないのに、もう全員がもう「わぁー！」って立ったのよ（笑）。いや〜、人間模様だったな、あれは。

春日　わかりやすいね。

若林　ひろしも、もうすごいスピードで立ってたからね。青銅さんも、はるかにね、キャリアもあれなのに。

春日　いやそうだよね、社長よりも。

若林　「お疲れ様です！」って。はははは（笑）。

春日　これよくないよ。もう習慣にしないとね。冨山さんが入ってきても立たないと。

若林　そうそう。そういうこと。春日さん、これやっぱりね、中学生ですよ、やることは。俺の左腕のね、600回記念のタトゥー。水でシール貼って、押さえるときれいにつくということで、ひろしにやってもらったんですけど、やっぱ中学生ですよね。シール貼ってもらってるとき、俺、**「うあぁっ！　うぅ〜！」**つって。

春日　本当にタトゥーを入れられてるみたいな演出を。

若林　入れられてるみたいな。ハンドタオル嚙みながら、「うあぁっ！　うぅ〜！」つって。はははは（笑）。

春日　想像でね。入れたことないから。
若林　やっぱやっちゃうよね。春日さん、どっちをどこに入れます？
春日　入れるって？（笑）でもせっかくなら、このね、我々の写真付き。６００の数字だけもクールだけどさ、写真のほうが派手だから。
若林　でも今ね、ラジオの神様からの暗示もあったように、ひろし、ハサミでどう？　６の部分切れる？
春日　ははははは（笑）。00（ゼロゼロ）で？（笑）それさ、貼る意味ある？
若林　あはははは（笑）。
春日　ゼロゼロなんて、別にてめえであえて貼ってアピールする必要がないじゃん。あ、自分への戒めみたいなことか。
若林　だって、メガネはゼロゼロなのに、タトゥーは６００って。だから、数字のほうのタトゥーのシールだね。６の部分を切って、どこに入れるかで、まあ、おでこもあるだろうし。
春日　なんで、でこなんだよ。肩口とかさ。
若林　でも、顔に入れるって相当だな、っていうのはあるよ、やっぱり、ラッパー見てても。
春日　ちょっと腹据わってる、みたいな感じするよね。
若林　うん。やっぱりおでこかな。じゃあ一回、楽屋に戻って七三にしてきてもらえる？
春日　めんどくせえなぁ。なんでＯＮでやんなきゃいけないんだよ。
若林　あははははは（笑）。まあそれか、腕でもいいのか。
春日　胸も、腹もあるしね。腹もぐるっとね。あの、腰骨でもいいしね。
若林　内ももももあるよね？
春日　ははははは（笑）。内ももあるよね。そうなると、ミニスカートとかはきたくなるけどね。
若林　あはははは（笑）。
春日　ちらっと見える……ってしたいけど。
若林　ああ、なるほど。

春日　でも、（服）着てるからな。体だと見えなくなっちゃうからな。

若林　もみあげみたいなところに入れる人も、最近いるけどね。

春日　ああ、それこそタイソンみたいな、目のさ、ここにこう、ぐるっと。

若林　ぐるっとあるからね。そうか、どうしようか……。おでこ……おでこなのかな？

春日　どこが貼りやすいんだろ？　でこかな？

ひろし　いけますよ。

春日　あ、もう水濡らしてあるの？

ひろし　一回、貼ってから……。

春日　あ、そうなの？　**「うあぁっ！　うぅぅっ！」**

若林　やっぱやるよな、やっぱ。

春日　そういえば、これ落ちるんだよね？　もう貼りにいっちゃってるけど。

若林　これは、お湯であれしたらすぐ落ちるらしいのよ。明日もあるしね。

春日　いや、本当に、たまに書くじゃん、油性マジックとかで。

若林　このラジオでね。

春日　**水曜ぐらいまで残ってたりするからさ。**

若林　あははは（笑）。残らないよりはいいじゃない。だってそれは。

春日　自分で忘れたりするからさ。

若林&スタッフ　あはははは！（笑）

春日　どうなってる？　どうなった？

若林　なんだろう……なんて言えばいいんだろう？　ゼロ……ゼロだけが残った……。

春日　**おい、ゼロじゃねーかよ！**　ゼロゼロでもない、ゼロじゃねーか！　バランス悪りぃ！

若林　あ、でもね、ゼロの真ん中半分が取れて「10」になってます。

春日　あははは（笑）。中途半端だわ。だったらゼロのがいいよ。なんでゼロゼロになんないのよ？

ひろし　なんか、うまくいかなかった……。

春日　うまくいかなかった？
若林　うまくいかなかったからね。じゃあ、ほっぺたにそっちの、オードリーのイラストのほうつけてもいいんじゃないの？　タイソンのみたいにさ。
春日　はははは（笑）。
若林　きれいに落ち着いてさ、やったほうがいい、記念だから、うん。
春日　（貼られて）「あぁぁ！　うぅぅ！」
若林　ひろし、俺のときはそんなに雑に押しつけてなかったんじゃない？
春日　おい、ちゃんとやってくれよ。こういうのは絶対、きれいに貼れたほうがいいんだから。きれいに貼れたほうが、やっぱおもしろいわけだからさ。こう言っちゃなんだけどさ。
若林　確かにそうね。おでこは取ってもいいのかもね。実質10になってる。ゆっくりね、ひろしね、それ、うん。
春日　ちゃんと同じようにやったんでしょ？
若林　やったやった、うん。あ、悪くないんじゃない？
春日　どう？　貼れてる？
若林　あ、きれいに貼れてる、うん。いいかもいいかも。
春日　取れるんだよね？　大丈夫だよね？　忘れちゃうことあるからさ、結構。このままタクシーとか乗っちゃってさ、家帰るときとか全然あるからさ。
若林　あははは（笑）。
春日　家帰って「ヤバッ！」っていうときあるから、うん。取れるならまあいいけど。
若林　作ってくれたってことでね。
春日　すごいね。ありがたい。いや、なんにもリアクションしてなかったからね。作るも、作らないも言ってなかったから、うん。

フィールド・オブ・ドリームス

【第604回】2021年7月10日放送

若林　まあ604回ということでね、700回まであと96回ですけれどもね。
春日　いや、700回見るには、まだちょっと早いんじゃないの。
若林　700回は、やっぱり記念の回にしたいな、と思ってて。イベントなんかも考えています。
春日　もう？　でもいいかもね。今から考えておくのはいいかもしれんね、うん。
若林　まあ武道館を満員……**超満員にしたコンビですから。**
春日　そうだね、ただの満員じゃないよ。いろんな映画館でもね、パブリックビューイングできたんだから。それ含めたらもう、大、大成功ですよ。
若林　武道館より大きいところでやりたいな、とは思ってます。
春日　あー、いいんじゃないですか？
若林　秩父宮ラグビー場を考えてますから。
春日　いや〜、外？　ラグビー場か〜。広いなぁ……。ウケねぇだろうなぁ……。
若林　ラグビー場でヘッドギアつけてね、ふたりで（フィールドの）真ん中でトークしたい。スクラム組んで。あははは（笑）。
春日　ウケないと思うんだよね、漫才とか。あはははは（笑）。なんかイベント感、お祭り感はすごいあるけど、ウケないと思うよ。
若林　あ、そう？（笑）
春日　あんな広いしさ、屋外だよね？
若林　屋外ってウケないからね。

春日　ウケないじゃん。なんかわーっと、声が散るというかさ、**空に吸い込まれていくわけでしょ？　漫才が。**ふふははは（笑）。

若林　あははは（笑）。そうだよなぁ……。

春日　でもまあ、いいんじゃないですか？　700回、今から考えておくってのは大事ですよ。

若林　どこかやりたいところある？

春日　場所？　え〜、どこだろうなぁ……。なんかでっかいところがいいよね。野球場とかね。

若林　野球場？

春日　うん。だから、ドームツアーとかやったらいいじゃないですか。

若林　いや、そんな夢みたいなこと言ってんじゃねーよ、お前よぉ。

春日　青森だ、一宮だ、やったからさ、北から、札幌ドームから始まってさ、うん。

若林　でも、星野源さんに言ってもらったけどね。**「オードリー、東京ドームやってください」**って。ふははは（笑）。

春日　あははは（笑）。

若林　いや、冗談のテンションじゃないのよ、星野さんが。「できます。やってください。絶対やってください」って。俺が「また〜」みたいな感じだったら、もう一回強調する感じで、「やってください、オードリーは」って。

春日　じゃあやんなきゃダメだね。ぐるっと回ってさ、東京ドームに帰ってきましょうよ。ナゴヤドームや大阪ドームやって、福岡行って。

若林　いやいや、ドームツアーはどうなの？

春日　で、西武ドームか、東京ドームか。

若林　西武ドームだったらうれしいんじゃない？　バイトしてたから。

春日　うれしいねぇ〜。

若林　凱旋感ある？

春日　あるある。始球式とかね、ライオンズのイベントやらせてもらったとき、やっぱ「帰ってきた感」あるもんね。

若林　それは知らないけど。

春日　なんでだよ。はははは（笑）。

若林　例えばさ、もし西武ドームでやるとしたら、西武線をラスタカラーにさ……。

春日　ダセェな。ラッピング車両にして？

若林　**「リトルトゥース車両」**つってさ。

春日　いや、恥ずかしいねぇ……。

若林　あはははは（笑）。ラスタカラーにラッピングしてさ。その頃、俺たちの中でラスタカラーがホットかわかんないけどね。

春日　いや、ホットじゃないでしょうよ。武道館のときは一番アツかったけど、その頃はもう……うーん。

若林　あはははは（笑）。

春日　すごいことだけどね、そんなのできたら。

若林　西武ドームでやるとしたら……西武球場といえば、やっぱり西武対阪神の日本シリーズ[※1]じゃないですか？

春日　ふふふ（笑）。まあね、若林さんにとってはそうかもしれないけどね。

若林　俺はね、バース[※2]のヒゲつけてやるね。

春日　ああ、そう？（笑）

若林　うん。だから、お前はデストラーデのメガネかけて……。

春日　いや、なんでお互い助っ人外国人の格好してるのよ。

若林　じゃあ誰のコスプレする？

春日　東尾[※3]かな。

若林　すぐ答えんのかい！　はははは（笑）。

春日　はははは（笑）。ケンカ投法で、若林さんの内角をえぐりたいよね。

二人　はははは（笑）。

若林　西武球場だったら、夢が広がるな。

春日　あ〜、まあ、いろんなことできるんじゃないですか？

若林　チャーリー・シーン[※4]みたいに出てきたいだろ？　「Wild Thing」かけて。

春日　Wild Thing♪　デデッ♪　デデ〜♪　つって。

※1　西武対阪神の日本シリーズ
1985年の日本シリーズ。阪神が4勝2敗で球団創設以来初の日本一を達成した。

※2　バース
当時の阪神は、打撃三冠王のランディ・バース、真弓明信、掛布雅之、岡田彰布らによる猛打が強みだった。

※3　東尾
一方の西武は、工藤公康をはじめ、東尾修、松沼博久、高橋直樹、渡辺久信といった投手陣が光るチームだった。

※4　チャーリー・シーン
1989年公開の映画『メジャーリーグ』は、クリーブランド・インディアンス（現・クリーブランド・ガーディアンズ）に所属する架空の選手たちの活躍を描いた野球映画。球速は速いが、コントロールが悪く、素行も悪い、チャーリー・シーン演じるリッキー・ボーンなど、個性的な選手たちがどん底から這い上がっていく。リッキーの登場曲「Wild Thing」も印象的で、いまだにCMなどで耳にする機会も多い。

若林　何歌ってんだよ。頼んでもないのにさ。

春日　いや、いいじゃん。黒縁メガネかけてさ。

若林　じゃあ、「Wild Thing」の合い間、合い間に、ちょっと理想を説明してくれない？

春日　うん。だから、とりあえずあれだよね、黒縁メガネ。あ、その前からやろうかな。メガネかけないで、投球練習から始めたい。バンバン、ビーンボール投げて、「あれ、どうして？」。Wild Thing♪デデッ♪デデ〜♪で、あの……。

若林　あははははは（笑）。

春日　はははは（笑）。試しにメガネかけて投球練習したら、ズバッ！　ってってこうね。

若林　なははは！（笑）　あったな、そんなシーン。だんだん観たくなってきた（笑）。

春日　一回、後ろに木の板、張って。メガネかけないで。暴投でその木の板をバキッて……。

若林　いいよ、そんな説明。**「Wild Thing」少ねぇな、お前！**「挟め」つってんのにさ。

春日　あははは（笑）。あ〜、難しい。

若林　ははは（笑）。リリーフカーとかないんだよね、メジャーリーグって。リリーフでチャーリー・シーンが出てくるときは、（ブルペンの扉を）開けて出てくる。あれがかっこいいんだよね。

春日　かっこいいのよ〜。

若林　でもね、もし西武球場でやるとしたら、あれ、電光掲示板？

春日　後ろのビジョンね。「Lビジョン」。

若林　うん。あそこに名前並べたいね、チーム付け焼刃の。

春日　おうおう、いいんじゃないですか？

若林　「4番DH・長永」[※5]って書いてさ。

春日　ははは（笑）。一番最初の作家さんね。

若林　あはははは（笑）。なんで4番なんだよ!?

春日　入れるのはいいけど、4番ではないだろう。ははははは（笑）。

若林　春日は5番。5番ファーストで、カタカ

※5　4番DH・長永　長永拓也。番組の初代構成作家のひとり。

ナで**「カスガ」**。

春日　はははは（笑）。なんで助っ人外国人みたいなさ。

若林　ストライクとボールとアウトの、あの色をラスタカラーにして。あはははは（笑）。

春日　でも、あれはもうすでにラスタカラーっぽいけどな。赤と黄色と緑でしょう？

若林　そっかそっか、すでになってるわけだ。春日は西武ドームって、何度も行ったことあるじゃん？　で、始球式やってたじゃん？

春日　はいはい。もうね、何回も。

若林　トークとか、ちょっとあったりすんの？

春日　あの場ではないかな。

若林　しゃべりってどうなのかな、と思って。（音の）返りは。それをね、やっぱパーソナリティである春日さんにも聞いてみたい。

春日　ああ、全然、返りはいいよ。

若林　あ、笑い声聞こえる？

春日　聞こえる聞こえる、うん。

若林　じゃあ、どんなことしゃべって、どういう風にウケたか、ちょっと「Wild Thing」かけながらしゃべってもらっていい？　じゃあ「Wild Thing」お願いします。（曲を聴きながら）……こんなんか、ギターのあれ（前奏）があったんだ、最初（笑）。

春日　はははは（笑）。「さあ、やってきましたよ、春日が、メットライフドーム[※6]に。春日がやってきたということは、今日ライオンズ勝ちますよ！　トゥース！」わぁ〜〜〜!!

若林　嘘つくんじゃねーよ、お前。あはははは（笑）。おかしいだろ？　そんなの。

春日　おかしくないよ。盛り上がるっちゅーの。

若林　ありがとうございます。この曲、やっぱかっこいいね。ちょっと、「ビタースウィート・サンバ」[※7]からさ、変えてもいいね。

春日　いや、それはダメでしょ（笑）。

若林　あ、そういえばさ、『フィールド・オブ・ドリームス』[※8]をね……あの俺、「明日のたりな

※6 メットライフドーム
当時の西武ドームは、命名権により「メットライフドーム」だった。現在の名称は「ベルーナドーム」。

※7 ビタースウィート・サンバ
言わずと知れた、オールナイトニッポンのテーマ曲。

※8 『フィールド・オブ・ドリームス』
ケビン・コスナー主演による、1989年公開の映画。アメリカでは第62回アカデミー賞で作品賞、脚色賞、作曲賞にノミネートされ、日本でも第33回ブルーリボン賞や第14回日本アカデミー賞で最優秀外国作品賞を受賞している。

いふたり」が終わってから、もうずーっと燃え尽き症候群なんだけど。

春日　長いね、結構ね。

若林　そうそう。なったことないでしょ？　だって、**燃えるほど頑張ってないもんな？**

春日　なんちゅうこと言うんだ！　……ま、確かにそう聞かれて、パッとは出ないけどさ。

若林　俺、「中年の危機」とか言われるさ、ミッドなんとかクライシス[※9]の映画をすごい調べて、**中年の憂鬱みたいなのばっか観てんのよ。**

春日　あ、なるへそ、なるへそ。はいはいはい。

若林　『フィールド・オブ・ドリームス』って映画、まあ、知らないだろうね、今の人。

春日　今の人はね。

若林　すごい映画なんだよね。36歳なのよ、あのケビン・コスナー（が演じる主人公）は。

春日　えー、年下じゃない？

若林　年下なの。自分は人生でチャレンジしたことなくて、そのままトウモロコシ畑の農場の男になった。だから、「人生で一度はチャレンジしたい」とか思ってたら、トウモロコシ畑で作業してるときに、「それを作れば、彼がやってくる」っていうのが聞こえるんだよね。で、トウモロコシ畑を、全部野球場にすんだよね。「彼がやってくる」って、トウモロコシの畑から、主人公が子供の頃の、大リーグの有名選手のおばけが出てくる、って設定。あの設定すごいよな？

春日　すごいね。

若林　聞いたら、やっぱ「なんなの？　その設定」って言われて、出資もなかなか出なかったりして、地元の人にすごい協力してもらったりして映画を作ったって。

春日　へぇ、ああ、そう。

若林　それがヒットして。日本ではどうなんだろうね？　ヒットしたのかな？　野球好きの映画だよね。何歳ぐらいのときに観た？

春日　いや～、覚えてない……。

※9　ミッドなんとかクライシス
「ミッドライフ・クライシス」。中年にさしかかったことで自分の人生を見つめ直し、「このままでいいのだろうか？」と悩んだりするような、心理的な危機のこと。

若林　すぐ答えろよ、お前。
春日　いや、それはすぐに出ない。しょうがないじゃない？
若林　小学生、中学生くらいは出るでしょ。
春日　いや～、でも、野球に一番興味があった頃だから、小学校……あれ、でもどのぐらいなんだ？　実際の公開。いやだから、間違ったことは言えねぇしなぁ。
若林　**間違ったこと言ってツッコまれろ！　だからダメなんだよ！**
春日　あはははは（笑）。そんなこと言うなよ。
若林　はははは（笑）。すごい設定でしょ？「トウモロコシ畑で声が聞こえてきて、野球場作ったら、おばけの選手が出てくる」って、考えようと思っても出てこなくない**？**
春日　そうだね。
若林　もう何回目かだけど観てて。で、俺、小5のときに観に行ったの、親父とさ。昔、渋谷のさ、もう神泉のほうだけど、ストリップ劇場があって、その近く。今は映画館じゃなくなってると思う。そこで、俺、観たんだよ。
春日　へぇ～。はいはいはい。
若林　それこそ、『メジャーリーグ』観て興奮したあとだったから、エンドロールのときに、小5ね、「全然野球やんなかったじゃん！　試合とか！」と思って。
春日　はあ、野球映画みたいな感じで観に行ってたんだ。
若林　で、これ、このラジオでも何度もしゃべってるけど、「親父もつまんなかっただろうな」って思ったら、**見たことがないむせび泣きの号泣してたのよ。**
春日　ははは（笑）。刺さった。だから、ちょうどそれぐらいの年だったんじゃない？
若林　昔の映画だからラストシーン言うけど、ごめんね、まだ観てない人。あの、36のケビン・コスナーが、自分より若い、21～22の頃の親父とキャッチボールして終わんのよ。

春日　ああ、そうなんだ。

若林　で、うちの親父って親父がいないのよ。だから、「そりゃ号泣するわな」って、2〜3週間前に観て思った。

春日　なるへそ。ああ、今になって。

若林　いや、これはもう、うちの親父が一番泣く設定というか、シーンだろうな、っていう。

春日　ああ、なんかね、重ねて。

若林　映画のラストシーンだったら、ベストスリーに入るぐらい好きで。いや、36で、「このままでいいのかな?」とか思ってる、っていう人の映画で、子供の頃を思い出して……とかってことなのよ。

春日　うん。

若林　で、インスタを何気に見てたら、『フィールド・オブ・ドリームス』の写真がポンッて出てきて、トウモロコシ畑のフィールドに、ベンチがあるのよ。ケビン・コスナーが座って、大リーグの若い選手の試合を観てた。そのベンチに座ってね、**遠くを見てる綾部**[※10]**くんの写真が出てきたのよ。**

春日　えっ!?　ほう。

若林　「何これ?」と思って。「まだあの野球場あるんだ。しかもベンチだ」と思って。綾部くんにLINEして、「え、この野球場ってまだあんの?」って送ったら、**「若ちゃん、この話は電話じゃないとできねぇなぁ」**って返ってきて。

春日　なんだよ。それこそ答えろよ、すぐ。ははははは（笑）。

若林　ははははは（笑）。アメリカの春日?（笑）

春日　うん。どういうことなの?　それ。

若林　次の日の夜さ、電話でしゃべってたら、フィールドが残ってて、ケビン・コスナー（が演じる主人公）の家族が住んでた家も残ってて、綾部くん、あの家に泊まったんだって。

春日　え!?　すごいね。

若林　「アメリカを見てる」って言ってたじゃん。それでね、「撮影のとき、ケビン・コスナ

※10 綾部くん
「ミスター綾部」こと、綾部祐二。2017年、又吉直樹とのコンビ・ピースの活動を休止し、渡米。現在もアメリカを拠点に活動している。

ーがこうで〜」っていう話も、ツアーのガイドが。「俺、ほとんど意味はわかんなかったんだけど」つってて。いや、まだ英語わかんねえのかよ、って。はははは（笑）。

春日　すごいな。まだわかんないのか。なんかそういう映画で使った場所、撮影場所に行くツアーみたいのがあるの？

若林　うん、残ってるの。それでね、綾部くんも、間違いなくベストワン映画なんだって、『フィールド・オブ・ドリームス』が。

春日　へぇ〜。

若林　俺が昔、好きな映画のベストテンかなんかを、「DVD集めました」みたいなインスタに載っけたときに、「若ちゃん、わかってんな。『フィールド・オブ・ドリームス』、やっぱり入れてるよ」と思ったんだって。

春日　はははは（笑）。

若林　だから、「若ちゃんから連絡来ることはわかってた」つってた。はははは（笑）。

春日　なんだよ。ずいぶん先回りして。あ、そう。じゃあ連絡来ても、意外じゃなかった。

若林　やっぱね、アメリカでも結構地方のほうで。それでほら、トウモロコシ畑から出てくるじゃん、選手が。あれをインスタで撮ろうと思って、それを楽しみにニューヨークから行ったんだって。

春日　おうおうおう。

若林　で、トウモロコシ畑から、こう出てくるところ撮ろうと思ったら、**トウモロコシが、ヒザちょい下ぐらいまでしか伸びてなかった。**

春日　ははは（笑）。時期的に？

若林　時期的に。はははは（笑）。

春日　残念だね。ただただ残念。

若林　めちゃめちゃしゃがんで、バストショットとかで撮った、つってた。

春日　それっぽく？

若林　それっぽく（笑）。

春日　はははは（笑）。それはしょうがないね。

若林　俺も、行ってみたいなあ、と思ってさ。

春日　うん、そういう場所があるならね。いいんじゃない？

若林　だから、もし西武ドームでイベントできるとしたら、キャッチボール、その、**『フィールド・オブ・ドリームス』やろうな。**

春日　ああ、トウモロコシ畑っぽくしてもらう？

若林　うん。で、渋滞[※11]がずっとできてる。

春日　なんのイベントなのよ、それ？（笑）

我々が、ただやりたいこと再現してるだけで。

若林　ずっと俺ら世代の話しちゃったけどね、あれは名作だよな。でも、今の年だから入ってきたなあ、やっぱり。

春日　あー、やっぱ見方が違うだろうね。子供の頃と。

若林　見方が全然、全然違った。春日は西武ドームがいいのね？　やるとしたら。すごいうれしい？

春日　いやぁ〜、うれしいね。やっぱり何回か行かしてもらってるけど、自分らのイベントっていうのはないからね。

若林　でも、横浜スタジアムもあるよな。

春日　間をとってね。

若林　間をとって。

二人　ははははは（笑）。

春日　どっちか……そうだね。

若林　あれ、川崎球場だったよな？　春日がオール関東でアメフトの試合出たの。

春日　ああ、そうよそうよ。だから、川崎球場でもいいかもな。なんかそういうね、思い入れがあるところのほうがいいかもしれないね。

※11 渋滞
『フィールド・オブ・ドリームス』のラストには、トウモロコシ畑のフィールドへと連なる車によって渋滞ができるシーンがある。

ひまわりを見て考える

【第604回】2021年7月10日放送

若林 そういえば俺、ひまわりの種植えて、育ててる、って話してたじゃないですか。

春日 はい、いただきましたよ。

若林 いろいろネットで調べながらね、育ててたんだけど、あんまり水をあげすぎてもダメなんだ、みたいなこともあって。

春日 へー、適度がいいんだ。

若林 そう。でも、雨が多かったから、「ちょっと水が多すぎるのかなー」と思って。芽が出て、葉っぱが分かれて2段階ぐらいになってたんだけど。「濡れすぎてもな」と思って、ゴミ袋のビニール、あれをさ、雨よけでプランターにかぶせたのよ。それで次の日ね、起きて見てみたら、ゴミ袋のビニールの上に水が溜まってビニールプールみたいになって、プランターがもう満水になってたのよ。

春日 あっ！　あららら。重さで。

若林 水の重さで。「やべー！」と思って、急いでビニール取ったの。そしたら、みんな芽が倒れてて、水の重みでちょっと土に埋まってるような感じになっちゃって。俺、それ見て、もう呆然としちゃって。

春日 ふっ（笑）。まあショックではあるよね。

若林 朝、ソファにひとりで座ってたら、奥さんが「どうしたの？」って。

春日 そんなに。心配で声かけるぐらい。

若林 すぐはしゃべれない感じで。時間が経ってから、「いや、実はビニールかぶせてたら、こうなっちゃった」って言って。その日、ずっとテンション上がらずさ、仕事中も、「本当にバカだな。なんであんなことしたんだろう」と思って。で、仕事終わって、帰って見たら、全部で7つぐらいあったうちの、だいたい1本ずつぐらいが、**またしっかり立ち直ってたのよ。**

春日　へぇ〜、そういうもんかね。

若林　強いヤツもいて、もうピンと真上向いてくれて。「よかったぁ〜」って思って。なんかその、重みに一回ね、潰されかけたけど、また立ち上がってきたヤツら、っていうか。なんか俺の中でショーパブの水っぽさっていうの？　そういうのに負けなかったオードリーと重ね合わせちゃうようなとこもあんだよね！

春日　ははははは（笑）。

若林　いい環境じゃなかったかもしんないけど、その中でもヤジに負けずね、**腐らず芽を伸ばしてきたな、お前ら。**

春日　ヘコまされることもあったけども。

若林　そうそうそうそう。（以前、芽を一部）切ろうかどうか迷ってたんだけども、結局、切れなかった。

春日　そうね、言ってたね。

若林　だけど、まっすぐ向いてるヤツらだけが残ったから、その分、ハサミを入れさせてもらうことにしたのよ。「ありがとうね」って、お礼を言いながら。プランターに3つ穴を開けてて、一番左、ふたつ芽が出てたうちのひとつが立ち上がった。真ん中も、ふたつ芽が出てたうちのひとつが立ち上がったから、1・1になって。でも一番右は、3つの芽があったんだけど、3つとも立ち上がってきたの。

春日　へぇー、強いね。そこは強い穴だね。

若林　強いから、まだ切れないわけ。しばらく水あげながら見てたら、やっぱり何日かして、一番左と真ん中の1本ずつのヤツはすくすく育ってきてるの、大きく。葉っぱがボーンとでかくなってきたわけよ。

春日　やっぱ集中すんだね、栄養が。そういうもんなんだね。

若林　そうなのよ！　一番右の3つの芽が低くて、全然大きくならないのよ。**ビックスモールンなのよ。**

春日　まさにだ。グリちゃんが入って、3人になって。

若林　なったけど、やっぱ栄養取り合っちゃうんだろうね。全っ然伸びない。

春日　ビックスモールンは、ひとつの栄養を3人で取り合ってるわけではないけどね。

若林　やっぱり、いろんなこと考えてる。今、育てながら。「『みんなを連れて行こう』って、やっぱりリーダーとして難しいのか？」とか。

春日　全部がダメになっちゃうよりは。

若林　そう。俺はそういうのあんまり好きじゃない。だけど、**チロとゴンをクビにしました。**

春日　大丈夫？　新しく入ったグリちゃんだけ残すって、なぜよ！　まあでも、確かに3人は難しいけど。

若林　グリだけ！　グリだけ、葉っぱの広がり方とか、生き生きしてた！　あとふたつはもう、[※1]バスケットボールがブラァ〜ンて。

春日　まあねぇ、年齢的にもね〜。そうなるのは早いわな、グリちゃんに比べたら。

若林　ゴンちゃんのアフロも傷んでた！

春日　昔とは違うよね、確かにバッサバサだよ。グリかぁ〜。でも、なかなか思い切ったね。

若林　そうなの。それで、「もうこのメンバーで行こう」ということになって、育ててたの。でも、雨は降ってたから、「うーん……」と思って、いろいろね、仕事の合間に考えてた。芽と芽の間に割り箸を刺して立てて、その上にビニールをかぶせれば、屋根みたいになって水が落ちてくから、水が溜まらないか、とか。

春日　なるへそ。雨をよける。

若林　そうそう、考えてさ。「割り箸立てて、屋根みたいにするか」と、家帰ったの。で、靴を脱いだときにね、玄関に傘があったのを見て、**「あ、傘立てかけりゃいいのか」**と思って。

※1 バスケットボール　ビックスモールンのネタである、体を使ったアクロバティックな形態模写「ボディアート」のひとつ。仰向けのチロが、立っているゴンの腰に足をまわした状態で、腹筋運動のように上半身を上下させる。そのチロの頭に、ゴンがバスケットボールをドリブルするように手を添えるというもの。

春日　あ～、なるへそ。

若林　なんか、すげえそういうこと多いな、俺の人生、と思って。考えすぎて、割り箸立ててビニールで屋根みたいにするとか。傘かぶせりゃいいんだろう。

春日　なるへそ。簡単な方法がね、あったと。いいじゃないですか。

若林　簡単な方法が。ははは（笑）。傘立てかけてさ、「これはいいわ」と思いながら、「頑張れよ」って。でもね、やっぱこういうことあんな、と思ったんだけど、一番先に芽を出したのは一番左。次に芽を出したのは一番右、真ん中は全然出なかった。結局、2～3日遅れで出たのよ。芽が出るスピードはそうなんだけど、育てていくと、真ん中のヤツが一番伸びてる、今。

春日　へぇ～！

若林　芽が出るタイミングじゃないんだよな。いつテレビ出るかじゃない。**「テレビ出た順番じゃないんだよ！」**って言ってあげた。「芽が出る順番じゃないんだぞ」と。だから、出るのがあとのほうでよかったって話もある。でも、早く売れたら早く売れたで、積める経験もある！

春日　なるへそ。

若林　だけど、出た時期でうんぬんかんぬん言うよ！　世の中は、世間は。

春日　まあね、確かにそうかもね。

若林　ただ、芽が出るのが遅すぎる、ってことも、あるには、ある。

春日　遅けりゃいいってもんじゃないっちゅう。

若林　うん、もう芽が出ないっていうこともあるんだよ。種の1個か2個は出てないから。

春日　なるへそ。まず、芽が出ることだよね。

若林　「ほらな、やっぱ『真ん中ってオードリーだ』って言っただろ？」と思って。ショーパブの水っぽさにも負けずね、すくすく育って。で、そのあとにね、一番左の葉っぱがなんかギザギザしてるな、ってある日思った。次の日、家帰ってまた夜、ベランダ出て見たら、穴が開いてんのよ。ポンポンポンポンポンポンッて。葉っぱに。

春日　あ、葉っぱに？　ほう。

若林　「なんだろう、元気ないのかな？」と思ってネットで調べたら、病気にかかってるか、虫に食われてるかだと。日中は土の中いて、夜出てきて葉っぱを食べて、また日が出たら帰っていくっていう、蛾の幼虫よ。で、夜、パトロールですよ。ベランダ出て、「まさかな」と思ってスマホのライトを照らして見たらさ、5ミリぐらいの糸くずみたいな虫がさ、俺のかわいいひまわりの葉っぱを食べてんのよ！

春日　おお、虫だった。やっぱり。

若林　やっぱり夜出てくる虫だ、と思って。このあと、自分で思ったことが怖かったんだけど、俺はさ、「順番じゃないんだぞ」とか、芽が全然出なかった1〜2週間も「いつか出る」つって。で、出て、俺は（間引くために芽を）切れないよ。せっかく……せっかく芽を出してくれた……切れないよ！　とか思ったんだけど。

春日　そういう時期あったよ。

若林　けど、虫見た瞬間に**「ぶち殺したるっ、オラァッー！！！」**って思ったんだよね。

春日　怖いねぇ。

若林　俺、本当に自分が怖かった。ポジショントークなんだよ、こんなもんは。

春日　虫側からしたら、生きるために。「頑張れ、たくさん食べて大きくなれ」っていう風に虫を応援してる人もいる可能性もあるからね。

若林　だよな。俺ね、これホント、ぞっとした、自分の感情に。ちょっと、まずいよな？

春日　いや、でも仕方がない……難しいよ、それは。虫もね、葉っぱも、どっちも頑張れ、っていうのは、なかなか難しいわけじゃない。どっちかの立場に立たないと。

若林　そうなのよ。結局、ポジションなんだな。

それで、どうやって取るか調べたら、割り箸の先にセロテープを丸めたのをくっつけて、虫をくっつけて取るんだと。

春日　なるへそ。ピタッと。

若林　割り箸にセロテープくっつけて、夜、葉っぱごと取っちゃうと、葉っぱ切れちゃいますから、スマホで光当てながらしゃがんでさ、5ミリぐらいの糸くずを「んのヤロォ〜！」って。葉っぱは、3日目ぐらいだったから穴だらけで、もう半分ぐらいになっちゃった。「んのヤロォ〜！」って思ってたよ。ははははは（笑）。

春日　まあそうだろうね（笑）。

若林　ちょっと気配を感じると逃げるから、なかなか取れなくて。やっとピタッとくっついて、「よっしゃオラ、オラァ〜！！！」って。でもそんとき思い出したね、『バガボンド』[※2]。誰だったか、蛾が飛んでんのをさ、デコピンみたいにバァシッてやったら、お坊さんが「ムダな殺生をするでない」みたいに怒るシーンがあんのよ。俺、虫と対決するとき、蚊を叩くときとか、必ずそれを思い出すんだよね。

春日　ははははは（笑）。おお、おお。

若林　（虫を）くっつけて捨てるとき、やっぱ手合わした。「これは申し訳ない」って。でも、葉っぱにほかのヤツも出てくる可能性があるから、食べられてる葉っぱは切って捨てたほうがいいのよ、ってネットに書いてあったから、葉っぱを切った。

春日　あら、せっかく育ったのに。

若林　そうなのよ〜。だから、「悪い虫がつく」じゃないけど、デビューして1〜2年目、ネタがすごい面白くて、作り込んでたんだけど、悪い先輩に捕まって遊びとか教えられちゃって、ネタが薄くなってって、また先輩に呼び出されて。俺らの時代はね、「先輩の誘いは断っちゃいけない」みたいなの、うっすらあるから。

春日　はいはいはいはいはい。

※2『バガボンド』
吉川英治の小説『宮本武蔵』を原作とした、井上雄彦による漫画。

若林　先輩と遊ぶうちに、なんかネタがつまんなくなっちゃってく、俺はそういうことを思ったね。「悪い虫がつく、ってこともあるんだなぁ〜」と。で、俺は葉っぱ切った。それでまた、「事務所を変えて、その先輩からも離れて、再出発だな」とか言って。

春日　ああ、そういうことなのか、葉っぱ切るっちゅうのは。

若林　そう。でも、ちょっとプランター見ててね、その3つ咲かすには、どうも容量が小さいっぽいんだよね。きついよ、プランターが。

春日　ああ、やっぱり？　でも、もう芽出ちゃってるからね。移せないわけでしょ？

若林　もうムリ。根が傷つくと育たないから、このメンバーで行くしかないんだけど。

春日　なんとか頑張ってね、花咲かすまでは。もうしょうがないよね。

若林　6枚あった葉っぱが2枚減って4枚になって、なんかかわいそうなんだけど、余計応援したい！　「でもお前、この経験って、絶対糧になるときが来るから」って。先輩に時間を、熱量を奪われるヤツもいたよ？　だけど、そういう風にならないっていう、すごくいい勉強したから大丈夫、お前は。真ん中、お前は芽出んの遅かった。でも今、一番伸びてる。ただ、おごるなよ。右も左もいつ来るかわかんない。葉っぱ食べられた分、強いかもわかんない。いつも話しかけてるの。で、俺、**「何が成功なのかな」**って思った。花を咲かすときが来るのか。

春日　それは成功なんじゃないの？

若林　そうでしょう？　高い位置で花を咲かす。でも、高ければいいってわけじゃない。低いけど、高い花よりきれいに咲く花もある。

春日　なるへそ。確かにそうかもしれない。

若林　咲かす順番でもない。「何が成功なんだろうな？」って考えちゃったね。テレビの冠持つのが成功なのか。そうでもないぞ。テレビじゃなくても、っていう人いるし。そんなことをね、ずっと考えてたんだけど、「俺、浅はかだな」と思って。比べるもんじゃないな。全部比べた話。ずーっと、俺は。

春日　なるへそ。

若林　だけど、「やっぱ比べるもんじゃないな」と。それぞれ、**自分なりの花を咲かせるために、一生懸命になればいいんじゃないかな、**って。それでいいんじゃないかな、って！

春日　んふ（笑）、それぞれの成功の形があるからね。なんか、どっかで聞いたことあるような感じもするけども、うん。なんかメロディーつけたいぐらいの感じがするけども。

若林　もともと特別なんだから、ハハハ、別にナンバーワンにならなくてもいい。俺なんか、誰がナンバーワンかの話ばっかりしてた。どっかで俺もそう思ってんだよね。でも、ナンバーワンにならなくてもいいじゃない、って。

春日　それ、ベランダの話だよね？　花屋さん見て思った話じゃないよね。

若林　花屋さん、あれはもう丹精込めて育ててるからね。あれはまた。

春日　ベランダのひまわりの話だよね？

若林　そうそうそうそう。もともと特別……。

春日　なんか聞いたことあるような。

若林　世界に一つだけなんだから。

春日　もう言っちゃってんじゃない（笑）。もういいよ！

若林　**もともと特別なオンリーワンなんだから（笑）。**

春日　出た出た！

若林　それぞれの花を咲かせればいいんだな、っていう結論になった、っていう話なんだよね。ははははは（笑）。

春日　早く「オンリーワン」って言ってほしかった。はははははは！（笑）まあ、そういうことなんだろうね。

若林　スマホで曲流そうかなと思ったもん、ひまわりの隣で。

春日　そのほうがわかりやすいわ。

「Is this heaven?」

【第609回】2021年8月14日放送

若林　このラジオではしょっちゅう言ってるんですけど、**映画の『フィールド・オブ・ドリームス』の話で。**

春日　はいはいはい。いい映画だよね。やっぱね、夢があるというか。

若林　てかさ、最近の映画の話じゃないとダメだよ、やっぱり。はははははは（笑）。

春日　そうだね。

若林　でも、若い人も観た人いんじゃない？　俺らが何回もしゃべるから。何回もしゃべるけど、トウモロコシ畑のな？

春日　きききっ……（笑）。

若林　ははは（笑）。トウモロコシ畑で、幽霊となって大リーガーが出てきて、野球をする。綾部くん、なんか取材を受けてた記事見たな。綾部くんが実際行って、そしたらトウモロコシが育ってなくて、しゃがんで写真撮ってさ。

春日　あー、言ってたね。無理やりね。

若林　昨日だったかな、『フィールド・オブ・ドリームス』の、実際にトウモロコシ畑にグラウンド作ったロケ地があるじゃない？　それがまだ残ってる。その真隣にトウモロコシ畑をまた買って、球場を作って、公式戦だよ？　メジャーリーグの公式戦をやったのよ。ヤンキースとさ、ホワイトソックスだよね。

春日　ああ～、出てたね、ニュースでね。

若林　そしたらさあ、スーパーボウル[※1]行くときも、「やっぱアメリカの演出ってすごいな」と毎回思ってんだけど、外野の外、全部トウモロコシ畑なのよ。公式戦だよ？　メジャーの。

※1 スーパーボウル
アメリカのプロアメリカンフットボールリーグ・NFLの優勝決定戦。『オードリーのNFL倶楽部』（日本テレビ系）の司会を務めるオードリーは、何度も現地で観戦している。

春日　ほお、ほお、いいねえ。

若林　で、試合が始まるときに、そのトウモロコシ畑の間から、主人公をやったケビン・コスナーが出てくるのよ。観てない？

春日　そこまでは観てないな。ああ、そう。

若林　日本のニュースで観たら、ほんの一瞬だった。それがメジャーリーグのインスタに載ってんだけど、ケビン・コスナーが、シャツ着てグラサンかけて、トウモロコシ畑からふわあって出てきたら、観客ももう「ウワ〜ッ！」って。

春日　いや、それはめちゃくちゃ盛り上がるよ。

若林　もう盛り上がってさ。それで、ヤンキースとホワイトソックスの選手も、トウモロコシ畑から出てくんのよ。で、ケビン・コスナーとフィールドで握手するの。俺、もうボロボロ泣いちゃったよね。

春日　ふははは（笑）。

若林　俺、親父の遺影と一緒に観たもん。「親父、これすごいだろう」つって。それで、ケビン・コスナーが、ピッチャーマウンドかな、内野のフィールドに置いてあるスタンドマイクに向かって、第一声で**「Is this heaven?」**って言うのよ。「ここは天国か？」って。英語合ってる？

春日　合ってんじゃない？

若林　「Is this heaven?」って言ったら、「イエーーイ！」みたいになって。映画の中でのセリフにあるんだよね、「ここは天国か？」つったら、「アイオワだ」って言う。日本でいうと、「ここは天国かい？」つったら、「いや、岩手県です」って言う、みたいなセリフがあって。なんか、ケビン・コスナーがトウモロコシ畑の外野から出てきて、こう、フィールドを見回しながら歩くのよ。もうホント、「役者だなぁ〜」っていう。なんつうんだろうなあ、芝居？　芝居を超えてるね、もうね。野球のすごい部分が出てて。で、「Is this heaven?」つったら、「ワ〜！」って。**俺も西武ドームでやりたいなと思**

って。

春日　何を？　どこから、どこまでを？

若林　オールナイトニッポン、このオードリーの番組のイベントで、西武ドームでさ。

春日　ああ、はいはい。

若林　だからその、「外野のところを全部トウモロコシ畑にできないかな？」と思って。

春日　いや、ムリよ。ムリムリムリムリ。

若林　あそこから青銅さん出てきてさ、「Is this heaven?」っつって。「天国かい？」**「いや、天国です」**って言うの。あっはははは（笑）。

春日　「イエス！」っつって。はははは（笑）。

若林　外野でトウモロコシ畑はムリかもしれないよね。

春日　いやムリよ。「かも」じゃなくてムリ。

若林　じゃあ埼玉だから、もう狭山茶でいいわ。

春日　いや、狭山茶もムリよ。

若林　狭山茶の畑の間から俺が出てきてさ、ふははは（笑）、「Is this hell?」っつって、「イェーイ！」って言って。ふっはははは（笑）。

春日　「やっぱりか」っつって。

若林　「ここは地獄かい？」って言って。はははは（笑）。

春日　ふはははは（笑）。あー、そう。それはすごいね。

若林　でもやるとしたら、やっぱり春日、『メジャーリーグ』のチャーリー・シーンで出てきたいよな？

春日　♪デーデデス、デデーン、デーデデス、デデー♪

若林　ごちゃごちゃするけどね。俺が狭山茶の間から出てきて、春日が「Wild Thing」で出てきて。

春日　黒縁メガネかけてさ、板みたいな扉開けてさ、出てきて。確かにごちゃごちゃするな。野球つながりではあるけどね。

若林　あー、そうかそうか。でも、すごかった、公式戦で、試合も劇的で。あれはすごいなー。

「アメリカの演出だな〜」と思ったなあ。

春日 そんなすごかったのかあ。それこそ（同級生の）ムトケンからさ、その記事みたいなの貼り付けてさ、「最高」ってだけ書いて。はははは（笑）。「なんだこれ？」と思ってちらっと見て。やっぱり同じ世代だから。

若林 あはははは（笑）。

春日 「もうたまらん」みたいな（笑）。連絡が来たけどね、同級生からね。

若林 あれはでも、野球じゃないとなあ、なんかなあ。なんなんだろうなあ、あれなあ。

春日 うーん、なんだろうねえ。

若林 なんか俺、代々木公園とかで、まあ若いんだろうな、20代後半ぐらいのふたりがキャッチボールしてたりするだけで、もう泣けてくるもんね。

春日 っふふふ（笑）。それはどういう感動なの？ 何にグッとくるの？

若林 結局、42歳までやらしてもらったけど、人間。ないからね、**草野球以上の楽しみって、世の中には。**

春日 あ〜、ないなあ。

若林 はっはははは（笑）。いや、おかしい。草野球より面白いものあるって、資本主義が煽るけど、ないからね。気の合う仲間との草野球以上の楽しさって。

春日 あー、ちょうどこの間思ったな、「本当に心の底から楽しいものってなんだろう？」って。わかんないけど、ぐーっと考えるぐらいだから、暇だったんだろうね。

若林 ふははは（笑）。酔ってたんじゃない？ ウイスキーで。

春日 酔ってたのかな？ ロケとかの仕事とかは楽しいけど、お仕事だからさ。なんかやらなきゃいけないこととかがあるじゃん。

若林 「こうしたほうがいいだろうな」とか。

春日 「スーパーボウルかな」と思って。でも、スーパーボウルも一応ロケで行くから、なんとなく「洒落たこと言わないといけないかな」って気持ちはあるじゃん。

若林　はいはいはいはい。

春日　手放しじゃないじゃん。手放しで、なんのプレッシャーも、気にすることもなく、と思ったら、やっぱ草野球しかなかったから。

若林　はっははははは（笑）。でも俺、こないだ『ヒルナンデス！』の阿佐ヶ谷姉妹と和牛と行ったロケ、めちゃくちゃ楽しくて。

春日　まあ楽しかった。あれは楽しかったよね。

若林　あれはでも、「楽しんでいいですよ」っていうロケだからね。

春日　そうね、うん。

若林　でもさ、ああいうときに思うけど、言うても、年齢的には阿佐ヶ谷姉妹さんは年上だけど、芸歴で言うと（後輩で）、和牛も後輩で、「楽しめてんのかな？」って。俺、先輩たちとああいうロケ行ったら、「先輩が楽しめてるかな？」ってずっと気にしちゃってたの。

春日　ふふふふふ（笑）。はいはいはい、「いい働きができてるのかな？」っていうね。

若林　でも、和牛のオードリーへの当たり見ると、それはなさそうだよね？　はははは（笑）。

春日　ないないない。ないとは思う。直の先輩ではないしね。

若林　「楽しんでほしいなあ」って。俺なんか、ナメられるような風貌だし、キャラだから、全然いいんだけど、「気遣わないでほしいなあ」とは思うようになった。

春日　まあ、ちょっと変わってきてるよね、立場的にね。

若林　まあ、あれは特別、年1だわな。

春日　とはいえ、あれも手放しではないからな。

若林　まあ、「決めるとこは決めてください」っていうのは。

春日　一応（カメラ）回ってて、なんかやんないといけないから、やっぱ草野球には勝てないよね。

若林　なんなんだろうな、あれってな。

春日　ホント、離島に行ってやった野球は面白かった。楽しかったもんな〜。

若林　行ってたよね、ヒルナンデスで。

春日　ヒルナンデスね。それもね、まあロケではあったけど。終わったあとに、**みんなで棒アイス食べたもんな。**ははは（笑）。南原さん[※2]とかと（笑）。「いや〜、楽しかったよなあ」「楽しかったっすねえ」って。

若林　いや、草野球以上のがないからね。でも、俺と春日が20代で、全然仕事ないときってさ、公園にネタ合わせしようと集まって、ずーっとキャッチボールやってたじゃん。

春日　やってたなあ。

若林　変だよな？　普通の大学ノートとグローブとボール、必ず持って集まってたもんな。**で、9割キャッチボールしてたもんね。**

春日　あとはあれよ、三脚と8ミリのビデオカメラ。それでネタを撮って。

若林　スマホもないし、ケータイで動画も撮れない時代だからな。

春日　そうそう。カメラで撮って、ネタを見返す、みたいな感じだったけど、結局、キャッチボール撮ってたときもあったもんね（笑）。

若林　キャッチャーの真後ろに三脚立てて、審判の目線で録画して、変化球が曲がってるかを何度も見直して。で、「これ、なんで？　中指がかかりすぎなのかな」とか言いながら。それで帰ったりしてたもんね。

春日　してた（笑）。ネタ撮り用のビデオでさ、変化球の曲がり（笑）。

若林　9割キャッチボールして。あれ心配だよな、親な。

春日　いや、本当よ。

若林　25〜26の息子が働かないで、昼間っからキャッチボールやって、変化球をビデオに撮ってる。よくこうなったよなあ。

春日　何種類か投げれるようになってたもんね、

※2 南原さん
ウッチャンナンチャンの南原清隆。オードリーは『ヒルナンデス！』で共演しており、若林は南原と本の貸し借りなどを通じて距離を縮めていた。

変化球。習得してさ。はははは（笑）。

若林　何種類か投げられるよ。「チェンジアップ、揺れてる?」って、「揺れてる揺れてる」「ちょっとビデオ撮ろうや」って、「あ、揺れてるね！」みたいな。で、**「今日は帰ろう」**ってね（笑）。ふはははは（笑）。

春日　そうね、「揺れてるから帰ろう」って（笑）。ふははははは（笑）。

若林　だから、やりたいなと思いますよ。オールナイトのイベントで、西武ドームで狭山茶の間から。

春日　出てきて野球やるってこと?（笑）

若林　どうするかだよね。

春日　まあでも、せっかく西武ドームなりなんなり、野球場でイベントをやるんだったら、野球は一回やっときたいよね。

若林　出てくるとしたら、チャーリー・シーンがいいでしょ?　タイプ的に。だって、俺がチャーリー・シーンやって、春日がフィールド・オブ・ドリームスってないじゃん。**メジャーリーグと、フィールド・オブ・ドリームスでコンビ組んでんだから、俺たちって。**

春日　もともとね（笑）。

若林　メンタルは、ソウルは。

春日　うん、そうね。私はチャーリー・シーンだから、黒縁メガネかけて。

若林　でも、狭山茶だと、あのトウモロコシ畑ほど背丈ないから。

春日　全然ないよ。腰あるかないかぐらいよ、お茶の木は。

若林　腰……じゃあ、這って出てこなきゃいけないのか。匍匐《ほふく》前進みたいにして。

春日　じゃないと隠れないね、体は。

若林　はっはっははは（笑）。

春日　ガサガサガサ！　って。結構硬いからな、お茶の葉っぱも。大変かもしんないけど。

鮎釣り

【第617回】2021年10月9日放送

若林　あのー、ちょっとずつね、外も出れるようになってってね。この間、お休みいただいて。鮎を食べたくなって。

春日　魚の鮎？　急にそんなことってある？　もともと好きだったんですか、川魚が？

若林　んー、なんか季節的にも、「鮎食いてーな」と思って。都内のね、西のほうですよ。ちょっと外で、吹き抜けのところで食べられるような、鮎の料理出す和食の店、予約したんですよ。

春日　ほぉー、いいねえ。

若林　その前の昼に、鮎の釣りができるところがあって、奥さんと行ったんすよ。車で行って、着いて。川ですよね。平日だったから、ほとんど人いなかった。鮎釣りの小屋みたいのがあって、おじさんがいて、「いらっしゃい」みたいになってるんですよ。それで、一番短い30分の釣りね、釣り堀か、川で釣るか選べるんだけど、「やっぱ川で釣りたいなー」と思って。

春日　せっかく川釣りができんだったらね。

若林　俺らと、もう2組ぐらいしかいなかったかな。エサが選べるんだけど、2択で、イクラを針に刺して釣るか、芋虫みたいなエサを針につけて釣るか、どっちかなんですよね。たぶん芋虫のほうが釣れるんだろうな、って思って。「どっちのほうが釣れますかね？」って聞いたら、おじさんが、イクラの入ったカップと芋虫みたいのが入ったカップをふたつ、ドンッて机の上に出したのよ。奥さんに「おいおい、ちょっと見るな！　離れろ!!」って言ったの。

春日　ふふふ（笑）。まあまあちょっとね、芋虫のほうは引くよね。女性はね。

若林　動いてるから。うちの奥さん、めちゃくちゃ虫が嫌いなのよ。ものすっごい虫嫌いで、散歩をするんだけど、落ちてる葉っぱとかに毎回ビクゥーッとして、俺にバーンッってぶつかるのよ。それに俺、びっくりすんのよ。

春日　慣れないもんなのかね、毎回虫に見えちゃうってこと？　パッと見たときに。

若林　「はぁ～っ！」とか言うから、俺はそれにびっくりするのがイヤなの。俺は葉っぱ見てもびっくりしないから。何に見えるんだろうね。ちょっと風で葉っぱが転がって、「あーっ！」つって俺にぶつかったりするんですよ。

春日　葉っぱが嫌いってことはないよね？

若林　もうその疑いも出てくるよね。

春日　はははは（笑）。それはないでしょ。あんま聞いたことない。葉っぱが虫に見えるから苦手とかならわかるけどね。

若林　クモが家に出るとする。俺、クモって、ばあちゃんに「殺しちゃいけない」って言われてるから。

春日　ああー、なんかそういうのあるよね。

若林　そうそう。俺が（駆除を）やることになるんだけど。発見したのが、ミニ四駆の入ってる箱あるでしょ。車の絵が描いてあるフタって言うの？　箱のフタ。

春日　だから箱だよね。売ってる状態の箱のフタか。上の部分。

若林　壁にクモがいるとするでしょ、俺は考えて、殺しちゃいけないから、まずクモにミニ四駆の箱をかぶせるんですよ。で、その下からクリアファイル入れるんですよね。

春日　ああ、壁とフタの間に挟むと。

若林　そうそう。クリアファイルを入れて、こう返すと、中にクモがいるんですよ。

春日　なるへそ。クリアファイルのほうをフタにして。ははは（笑）。

若林　そうそう。ベランダに出て、それを放すってなると、奥さんが一番褒めてくれる。

春日　なんて言うの？

若林　「すごい！　いやすごいね、アイデアといい、落ち着きっぷりといい」って。あはは（笑）。

春日　自分じゃ絶対できないってことね。じゃあ、エサの芋虫なんてもう、見たらヤバいね。

若林　だから、「見るな離れろ!!」。

春日　そうなるわな。

若林　しかもウヨウヨいる。

春日　あー、絶対ダメだ。

若林　芋虫のほうが釣れるんだろう、だからこそ芋虫がいるんだろうけど、「芋虫だったら釣りできんなー」と思ったから、「イクラで」ということになって。奥さんは釣り、初めてなの。「あ、釣り、初めてなんだぁ〜」って言って、俺も。

春日　別にそんな数多くないじゃない、若林さんも。

若林　まあまあ、小学校のときとか、やってたからね。

春日　まあまあ、経験はありますわな。

若林　そうそう。それであれね、やっぱポジショントークというか、旦那となると変わってくるのね。クモも、ひとり暮らしだったらビビりながらやってたかもしんないけど、落ち着いてる感じ出してんだよな、どっかで。

春日　なるへそ！

若林　「あ、いいこと考えた！」ぐらいの感じで「ミニ四駆のカバーをかぶせてクリアファイル」は思いついたんだけど、（クールに）「うん、こーしよっかなっ」って言ってやったからな。ちょっとかっこつけてるというか。3年は修行だと思ってる。まともな生活してこなかったから、今まで。もうキャバクラキャバクラでひどかったから。

春日　あんま聞いたことない、それな。

若林　時代的にもオッケーな時代だったから。

春日　聞いたことないけどね、若林さんから。

若林　で、川出て。イクラを竿につけて。本当はあんまり知らないんだけど、「ああいう流れてない、澱んでいるようなとこにいるからぁ〜」って言って。ふははは（笑）。「そうなんだー」とか言って釣るでしょ。そしたら、結構すぐ奥さんが釣れたわけ。ただ、魚はつかめないよね。俺も正直ね、苦手なのよ。でも、「やるしかない」ってなったらやるね、やっぱり。

春日　まあそうだね、若林さんがやるしか。

若林　鮎を浅いとこ持ってきて、手でつかんで、本当は**「うっわ〜っ！　う〜っわ〜っ……！」**って思いながら針外してんだけど、「これ結構ね、取るの大変なんだよねぇ〜」とか言いながら取ってたの。「時間かかるんだよねぇ、静かにしててね〜」とかって鮎に話しかけながら（笑）。本当は「う〜っわ〜っ！」と思ってんだけどね。ははははは（笑）。

春日　余裕ある風にね。んははは（笑）。

若林　別にいいんだけどね。なんか楽しさとして、そっちのほうがいいのかなって。すごい楽しそうだったから、初めて釣れた瞬間とか。俺も釣れる。「いや、釣れるなー！」ってぐらい釣れんのよ。んでね、釣れたやつは、「塩焼きにして食べれますから」って、おじさんが言ってたんですよ。俺は「ん〜ん〜……」と思ってたの。5匹くらい釣れたかな。すごいよね、30分で5匹。でも、このペースで釣れるって、釣れすぎだなあ、と思って。釣り堀もあるわけよ。円形のプールに、鮎がいっぱい入ってて。で、俺の悪い癖だよね、鮎が到底登れそうにない滝があって、「ここからここまでの区間、釣りやっていいですよ」って地図があったの。これね、**「養殖放してんじゃねーかなあ？」**って。

春日　ほおー、川にね。
若林　でもさ、奥さんが楽しんでる以上、言う必要ないじゃん。
春日　まあね。天然なのか養殖なのか、今は問題じゃないというか。釣れることがメインだからね。
若林　なんかその、モテるスタンスでしゃべってくんなよ。
春日　モテるじゃないよ。そういうことでしょ、ってことよ。それはわかる。
若林　そういうことね。で、滝のとこからここまで、ってパンフレットに書いてあるところに、「ほかのポイントあるか、ちょっと見てくるね」つって行って。養殖、朝放してんじゃないかと。あっははは(笑)。
春日　もういいじゃないのよ～。
若林　バーッて下流のほうに行ったら、「ここまでですよ」っていうところに、川に横断する形で、網が張ってあったんすよ。
春日　なるへそ。
若林　「あー、養殖放してんな」って思ったの。行かないようにね。
春日　行かないようにね。
若林　頭いいから、川魚って。代々受け継がれてるから、「ルアーとか、あんま怪しいの食うなよ」って親から子に。
春日　そういうもんなの？
若林　いや、知らないけど。
春日　知らねえじゃねーかよ！　ふははは(笑)。
若林　いや、だってたまにYouTubeとかで観んだけど、ムズいんだよ、フライフィッシングとかって。
春日　賢いっていうもんね、天然の魚は。こっちのことも見えてたりする、みたいなこと聞いたことあるよ。
若林　それにイクラだよ？　イクラつけてほんの数分でかかるんだもん。だからなんか、「野生と戦ってる気がしないよ」と思ってたの。で、下流行ってね、「ああ、養殖だな」って思ったの。

春日　まあ、そうだろうね。そんな釣れてたら。釣れないよりも釣れたほうがいいから。養殖を放すんだろうね。

若林　でも、「なんか、高校生の頃読んだ『ホットドッグ・プレス』[※1]に書いてあったような気ぃすんな」と思って。**「女の子と釣りデートするときに、『養殖だよ』とか言っちゃモテないよ」**みたいな。うふふふふ（笑）。

春日　そんな今の状況とぴったり合ったこと書いてなかったよ。私も毎回読んでたけどさ。はははは（笑）。

若林　だから、俺は言わない、余計なことは。「これ、全部放されてるのは養殖だよ」なんつったら、奥さんがめっちゃ楽しんでるから。男って、余計なこと言わないほうがいいからね。奥さん釣れるたびに、俺はもう「う〜〜わぁっ！」って思いながら、針が結構深く入ってて、鮎の口に指突っ込んでさ、外さなきゃいけない。それを「うぅーっわ、う〜わぁ〜っ！」って。ははははは（笑）。

春日　そんな引かなくてもいいじゃん。

若林　「これ時間かかんのよー。ちょっとおとなしくしててね、鮎ちゃんね〜」って言いながら取ってんだけど、内心は「う〜〜わぁ〜っ！」。はっはははは（笑）。

春日　ドン引きじゃないかよ、そんな引くかね。帰れ帰れ！　そしたらもう！　ははははは（笑）。

若林　で、時間になったわけ。5匹ずつぐらい釣れてて、竿返しに行こう、ってなったんだけど、「待てよ？」と思って。このあと夜、鮎料理の店で、俺はネットで、竹のかごに串に刺さった塩焼きの鮎が出てくる画像を見てるわけよ。

春日　いいねいいね。

若林　だから、ここで養殖のね……ふっふははは（笑）。

春日　何回言うんだよ、いいだろうよ（笑）。

※1『ホットドッグ・プレス』
1979年から2004年まで刊行されていた男性向け情報誌。80年代から90年代にかけては、男子高校生・大学生を中心に、恋愛マニュアルとして支持されていた。現在も当時若者だった40代をターゲットに、電子版などの形で配信されている。

まあまあ、うん。

若林　ここで養殖の鮎の塩焼きをね、これ本当に申し訳ない言い方だよ、**「ただのおっさんが焼いた塩焼き」**をね、料理人じゃなくてね。ふはははは（笑）。毎日焼いてるからプロだね、もうね。今のは言い方よくないね。だから、「ただのおじさん」がね。はっはははは（笑）。

春日　いやいやいや変わってないじゃないよ！　言い直すんじゃないのかよ。

若林　料理人のほうがね。天然だと思うのよ、おそらく。

春日　まあまあ、いいお値段取ってるんだとしたら、そういう想像はつくね。

若林　「待てよ?」と思って。ここで養殖の塩焼きを食べちゃうと、夜の鮎の塩焼きがうまいっていう振れ幅が、狭くなっちゃうと思ったの。ここで食べずに我慢したほうが、おいしく感じられると思ったの。

春日　まあ一発目のほうがいいだろうからね。

若林　だから、俺は自分の網に入ってる5匹の鮎を、ザバーッて全部川にリリースしたの。バーッて泳いでく。したら、奥さんに**「なな、何してんの!?」**って言われて。

春日　まあ、おカミさんにしたらね、「なんで逃してんの?」って。

若林　「塩焼き食べられるって言ってたよ、おじさんが」ってったから、俺、言ったの、「いや、俺たちこのあと、鮎の塩焼き食べるじゃん。**ここで食べちゃうと、俺はそのおいしさが半減すると思う」**って。

春日　はいはいはい、それはわかる。

若林　それわかるでしょ?　やっぱり、いきなりFUJIYAMA[※2]乗ったほうがいいだろ。どこどこのジェットコースター、名前は出せないね、花やしき[※3]のジェットコースター乗ってから、富士急のジェットコースター乗るよりも。

春日　名前出しちゃってんじゃないのよ。花やしきは花やしきの楽しさがあるよ。

※2 FUJIYAMA
富士の裾野にあるアミューズメントパーク「富士急ハイランド」にあるアトラクション。急上昇・急降下・急旋回・急加速・急停止を伴う、世界最大級の非常に激しいコースター。

※3 花やしき
東京の浅草にある、老舗の遊園地「浅草花やしき」。日本で現存最古のレトロなローラーコースターがある。

若林　いきなり富士急乗ったほうが怖いだろ?

春日　まあ、そうね。100で楽しめるよね、スリルも。

若林　だから、俺は奥さんに「いやいや、ここは我慢したほうがいい」って、奥さんの網もザバーッて返した。釣竿持って、「夜の鮎の塩焼き楽しみだな〜」って小屋に帰ってったら、おじさんが、「あっ、あーっ!」って。

春日　そうか、おじさんにとったらね、普通は釣って食べるまでがセットでやってるのに、逃して帰ってきたら驚くよね。

若林　いないんだろうね、そういう客が。空のかごを見て「えぇーっ!?」っておじさんが言って。「釣れなかった?」って言われたの。「いや、釣れました」「え、どしたの?」「リリースしてきました」「え、なんで!?」。で、**「このあと、ここよりいい塩焼き食べるんで」**とは言えないじゃない。だから、どうしようかなと思って、「いや、あの、大丈夫なんです」って。「いやいや、もったいないなー」って、すっごいいいおじさんなんだろうね。「釣り堀でさ、網ですくうからさ、それ食べて帰りなよ」って。

春日　ああ〜、いい人だ。

若林　「いや、違うのよ〜」って思いながら、奥さんがちょっと離れたところに行って手洗ってたから、「ちょっとあの、ふたりとも川魚があんま得意じゃなくて……すいません」つって。「あ、そうなんだ。おいしいんだけどねえ。苦手な人でもおいしいって言うけどねえ」「いやー、ちょっと苦手で。申し訳ないです」って。で、釣り終わったんだろうね、大学1〜2年生ぐらいのカップルがさ、景色のいいとこで塩焼き食べてるの見てね。なんか、すごい心がほっこりするね、ああいうの見ちゃうと。**1万円あげたくなっちゃって。**あげなかったけど。

春日　**ジジイ! 関わんじゃねーよ、ジジイ!!**

ははははは(笑)。びっくりするわ、急にジジ

イが1万円渡してきたらよぉ、近づくんじゃねーよ！　バカタレが‼

若林　そんな釣りのスタッフのこと、悪く言っちゃダメだよ。

春日　違うよ（笑）。そのおじさんのこと言ったんじゃないよ。あなた、若林さんのことだよ！

若林　俺になかった青春を、すごく微笑ましい、心が温まる、いいチョイスをしてる。鮎を釣りに来て食べるふたり、思い出ね。だから、なんか1万円あげたくなっちゃってさ。

春日　あげんじゃねぇ、関わんじゃねぇ！　ジジイ！　早く次の鮎の店行け、バカタレ、ジジイ！　ジージイ‼　ははははは！（笑）

若林　ははははは！（笑）　こういうラッキーほっこりがあるから、ポチ袋かなんか買おうかなと思って。

春日　買うんじゃねーよ、ジジイ！（笑）　ピン札入れてんじゃねーぞ、ジジイ。

若林　まあいいや。それで、「なんか、すごくいい時間を過ごしてるな」って思いながら車に乗って、お店に行って。「このあと、鮎食べるぞー」って運転してたのよ。「我慢した甲斐あったぞー」って。そしたら奥さんがね、ポツッと言ったのよ、「あの～、若林さんね、知ってるからそういうのもわかるんだけど、**味だけじゃなくて、景色と思い出も食べるんだからね**」って。

春日　おーおーおーおーおー。そうか、すごいなぁ。

若林　急ブレーキ踏みそうになったもん。「そうなの⁉」と思って。いや、修行中、修行中。自分がモテない人生の理由わかるよね。自分を釣り針につけて投げてさあ、自分を釣ってさ、自分をリリースしてさ、**自分自分自分自分自分よ！**ははは っ（笑）。了見が狭い。「俺だったら」での枠でしか考えてないのよ。

春日　怖ぇ～、恐ろしい～。いや～、でも、そうなぁ。それはもうわかるな。わかるっていうか、身につまされるというか、こっちもね。同じようなこと、やっぱ言われるもんね。

若林 ねー、修行だよな、俺たち！

春日 私は値段とかだから。

若林 そうかそうか、わかる。言われそう！

春日 どこか行くのに、「値段じゃないじゃない。多少高くてもね、施設がいいとかさ、そういう優先順位が。何を大事にするのかわかってない」みたいな。あるわぁ〜。私は言っちゃったことあったなぁ。温泉行ったときに、やっぱ聞いた、**天然なのか人工なのか。**全く同じ！

若林 お前、さっき「そこはいいじゃない」って言ってただろ、ジジイ！ **どっちだっていいんだよ、食やいいんだよ、ジジイ！** てめぇ、ジジイ!! はははははは（笑）。

春日 あはははは（笑）。どっちだって入れと。私はでも言っちゃうんだよね。帰ってきて、「いや、これ人工だったよな?」つって。したら、「あ、うーん……」みたいな。

若林 はははは！（笑） 余計なこと言ってんじゃねぇ！ その場とか空気とか思い出も食ってんだよ、ジジイ！ オラァ！

春日 ほら、でも気づかないからさ。お風呂行ったら、その温泉の成分のやつが貼ってないからさ、「……人工なんだよ！」って言っちゃってさ。はははは（笑）。

若林 ははは（笑）。黙って浸かってりゃいいんだよ、ジジイ、てめぇ！

春日 いや、ホントそうだよ。

若林 いや俺、助手席の奥さんに「味だけじゃなくて、思い出と景色も食べるんだからね」って言われて、急ブレーキ。あれもう、『8マイル』[※4]だったら、最初のエミネムだったね。マイクを持ったまま、何も出てこなくて棒立ちの。はははは（笑）。何も返す言葉がないままさ、予約してた和食のとこ行って、竹のかごに入った、鮎の串刺さったやつ食べたのよ、ガブッと。

※4『8マイル』 2002年に公開された、ラッパーのエミネムが主演する映画。エミネムの半自伝的な作品で、貧困を乗り越えるためにマイクを握った白人青年のジミーが、MCバトルに挑む。

めっちゃくっちゃおいしかったんだけど、声に出せなかったよね。あははは（笑）。

春日　いろいろあって？

若林　いろいろあって。「うっま!!」って思ったけど、「ほおー」って言った。あははは（笑）。

『浅草キッド』と『キッズ・リターン』

【第622回】2021年11月13日放送

若林　この間、『あちこちオードリー』に大泉洋さんと劇団ひとりさんが来てくれて。劇団ひとりさんがね、Netflixで『浅草キッド』※1の監督をされたということで、観せてもらえたんだよね。ゲストに来る前に。

春日　うんうん、特別にね。内容知ってたほうがいいんじゃないか、っていうことで。

若林　めちゃくちゃよかったよね。

春日　たまらんかったね。

若林　いや〜、感動したし、圧倒されたし。それで、（ビート）たけしさんのことをまたいろいろ考えててさ、なんか『キッズ・リターン』を観たくなって。あのとき、たけしさんいくつだったのかな、と思ったらね、49ぐらいだったね。

春日　ああ、そうですか。へー。

若林　あれも春日と観に行ったよな。

春日　観に行った、新宿の映画館。

若林　映画館、並んでたんだよね。そしたら、俺と春日が並んでる真後ろに、玉袋（筋太郎）さんがいたんだよね。

春日　そうそうそう。玉さんがね。

若林　玉さんがハンバーガー食いながら並んでて。「直属のお弟子さんでも、事前に観せてくれないんだ」って思いながら（笑）。普通に俺と春日の後ろに並んでて。

春日　あははは（笑）。後ろに並んでたね。

若林　俺は「あ、玉さんだ！」と思って、何度も振り返っちゃったのよ。「すげえ！」と思うじゃん。そしたら4回目ぐらいに、**ものっすご**

※1 **『浅草キッド』**　ビートたけしが師匠と過ごした若き日々を描いた自伝的小説を、劇団ひとりが映画化した作品。

い怖い顔で睨まれたりとかね。あははは（笑）。

春日 フフフフ（笑）。

若林 まあ、今となっちゃわかるよね。

春日 まあ、そうね。我々も。

若林 俺たち、18歳ぐらいだったじゃん。

春日 そうだね。何年だ、あれ？　90……。

若林 96年だと思うんだよね、たぶん。

春日 じゃあ、高3か大学1年、18とか19ぐらいの頃ですよね。

若林 「マーちゃん、俺たちもう終わっちゃったのかなぁ？」[※2]「まだ始まっちゃいねぇよ」っていう有名なセリフがあるじゃない。あれさ、18のときに観て、「まだ始まってないよな」って思った？

春日 ああー、いや、「始まってないよな」とは思わなかったね。

若林 思わなかったでしょう？

春日 うん、「始まってないんだ！」と思ったぐらいいかな。あんまりわかんなかった。

若林 そう！　あれたぶん、あのふたりが20歳とかの話だよね。

春日 まあそうだね。高校出て、何年かして。

若林 俺、『キッズ・リターン』のDVD持ってて、観たくなって、奥さんと一緒に観たんだけど。

春日 ああ、いいじゃない、いいじゃない。

若林 そしたらやっぱ、奥さんなんか新鮮だよね。公衆電話で電話したりするじゃん。聞かれたんだよ、「高校生のとき、こういう感じだったの？」みたいな。

春日 なるへそ。確かにそうかもね。

若林 それで、「まだ始まっちゃいねぇよ」って最後言うじゃん。俺、今43でしょ。**「全然まだ始まってもねぇよな」**って思うよ。

春日 あ〜、なるへそ。そうだね。そうかもしれない。始まってもいねぇよ。

若林 それで、金子賢さんがさ、たぶん高3の設定だよね、卒業式のシーンがあるから。

※2「マーちゃん、俺たちもう終わっちゃったのかなぁ？」「まだ始まっちゃいねぇよ」
金子賢演じるマサルと、安藤政信演じるシンジは、それぞれ極道の道、ボクシングの道へと進むが、ともに転落。映画のラストで、シンジが「マーちゃん、俺たちもう終わっちゃったのかなぁ？」と問いかけると、マサルは「まだ始まっちゃいねぇよ」と返す。

春日　最初のほうはそうじゃない？　制服着てたからね。

若林　金子賢さんが、学校来なくなっちゃうんだよね。したら、安藤政信さんだけ、ひとりぼっちになっちゃうんだよね、学校で。

春日　はいはいはいはい。

若林　したら、金子賢さんが配下に置いてたヤンキーたちが、安藤政信さんに廊下でさ、「アニキがいなかったら、何も悪さできねえのか」って言ったら、安藤政信さんが無言で左のボディ入れて、歩いて行っちゃうっていうシーンを、**俺、春日と廊下で何度もやったような気がするんだよね。**ははははは（笑）。

春日　あー、やってた。やってたなぁ。「うっ！」つって、私が殴られるほうだからね。

若林　「アニキがいねえと、なんも悪さできねえな」って言って、無言で左ボディ、「うっ！」って、歩いてくっていうのを（笑）、なんか廊下ですれ違うたんびに……ははははは（笑）。

春日　いや、やっぱりやるよ。高校のときもやってるし、ついこの間も『アウトレイジ』観たあとに、やっぱりまねしてたもんね。浜谷[※3]かなんかに、（ビートたけしのものまねで）「おい水野、お前逃げろ」つって。あははははは（笑）。

若林　あはははははは（笑）。

春日　ずーっと。フフッ、なんで浜谷さんかわかんないけど、ずっとやっててね。んで、逃げてくっていうね、フフフッ（笑）。

若林　奥さんも初めて観たらしいけど、「めちゃめちゃいい映画だ」って、かなり感銘を受けてたね。

春日　ああ、いいね。また観たくなるなあ。

若林　当時、『キッズ・リターン』観ててさ、北京ゲンジさんが学校で漫才やってるじゃん。それで、タクシー運転手になった人とか、ボクサーの安藤政信さんとか、金子賢さんとか夢破れるんだけど、北京ゲンジさん、**漫才師だけが客席いっぱいにしてるんだよ。**

※3 浜谷
ハマカーンの浜谷健司。春日とは、ふたりで旅行に行ったことがあるほど仲がよい。

春日　ああー！　そうか。

若林　今観ると、高校のときやってたネタと同じネタを、お客さん満員のところでやってるの。で、ちょっとね、ネタの中身、ボケのレベルが上がってんだよね。微妙に。

春日　へえ～。うわ、それ気づかなかった。高校のときは、なんか「面白くねーよ」みたいなイジられ方してるよね。

若林　そうそう、金子賢さんに「つまんねーよ、お前、大阪行って勉強してこい」って言われて、実際、大阪に行くシーンがあるんだけど。あれ、同じネタの枠なんだけど、ボケのレベルが上がって、お客さんいっぱい。

春日　うわー、すごい面白いね。

若林　高3のとき、観終わって映画評論家の評論を読んだら、「漫才師だけが、あの中でちょっと成功の兆しが見えている。っていうのは、北野武監督のそういう思いが～」とか書いてて、読んでてよくわかんなかったんだけど。

春日　ほおー、そのときはね。

若林　今観ると、なんかすごい言わんとしてることが（わかる）。あと、『浅草キッド』も観たから、なんか、たけしさんの人生も重なるのよ。

春日　でも、そういうことなんだろうね。

若林　そんなこと思ってた矢先に、ビトタケシからLINEが来てさ、「東洋館でイベントやるんだけど、客が入んなくて本当にキツいから、ラジオで告知してくんねぇか」って言われて、**「誰がするか、バカヤロー」**って思ったの。

春日　へへへへへへ（笑）。

若林　ははははは（笑）。

春日　確かにね。おかしいな。

若林　いや、「やっぱりニセモノだな～」と思いましたけどね。あははは（笑）。

春日　いや～、そうだね。

若林　ずっとこの1週間、たけしさんのことを考えたら、ビトタケシからLINEが来てさ。

春日　すごいタイミングだね。
若林　すごい、こういうことあんだね。
春日　まあでも、ちょっと話しちゃったね。そうね、絶対に行かないでほしいですよね。
若林　フフフ、気をつけてほしいですね。
春日　**絶っ対に行かないでもらいたい！**　ははははは（笑）。
若林　それで、モロ師岡さんがさ、『キッズ・リターン』の中で悪い先輩でさー。
春日　あれは悪い先輩だ。
若林　酒とか、いっぱい食うのがダメじゃん、ボクサーって絞んなきゃいけないから。でも、安藤政信さんにさ、「吐いちゃえばいいんだよ」つってね、吐き方とか教えるんだよね。
春日　そうそうそうそう。そうなのよ。
若林　それで、悪いこと教わっちゃって、安藤政信さんがあんまり勝てなくなっていくんだよね。それって、「そういう人っているんだ」ぐらいだったじゃん、18歳で観たとき。
春日　うんうん、そうね。
若林　でもあれ、いるよな。いるんだよなぁ、ああいう先輩って。
春日　たまたまいたわけじゃなくて？
若林　あれね、モロ師岡さんが何歳か、っていう設定は説明してないよね、映画の中では。
春日　そうだね。ある程度キャリアのある、まあ鳴かず飛ばずのボクサー、っていう設定なんだろうね。
若林　そうそう。で、モロ師岡さんがあのとき何歳か調べたら、37歳なのよ。
春日　へえー。
若林　たぶん35〜36で、「俺も年だなあ」って言ったりするのよ、負けたりして。
春日　うんうん。だから、もうそろそろ潮時の。
若林　俺らよりも全然年下じゃん。で、今回一番感情移入したのが、モロ師岡さんだったね。
春日　ははははは（笑）。あ、そう。
若林　いや、自分でもびっくりした。

春日　年が近いからとか、そういうこと？

若林　いや、感情移入したっていうか、「こういう人いるなあ」って一番思える。っていうのは、なんか若さへの嫉妬がさ、心の中でいびつな感じになっちゃって、面倒見てんだけど、足引っ張ってる、みたいな先輩っているじゃん？

春日　なるへそ。はいはいはいはい。あんまりね、よくなってほしくない。

若林　若くて、ネタ頑張って作ってると、急にファミレスに現れて、「ネタなんかさ、ファミレスで何時間考えたってしょうがないんだよ」つって、ネタを書かさないで、自分の話ばっかりする。で、連れ回すの、そういう人って。

春日　なるへそ。

若林　**若者から時間を吸いとる先輩って、いるんだよ。**ホントに距離空けたほうがいい。

春日　はははははは（笑）。

若林　いるんだよ、時間を吸いとる、鳴かず飛ばずが。はははは（笑）。

春日　確かにね、そう言われてみると。

若林　すごくそういうことを思っちゃう。で、すげぇ思ったのが、設定が21歳とかだとしてね、確かにまだ始まってもいねぇじゃん。

春日　始まってもいねぇ。

若林　でさ、俺らが一緒に合同ライブやってた、モンキーチャックと、5・7・5っていうコンビがいんのよ。

春日　我々のね、事務所のちょっと後輩だよね。

若林　それこそ、みんな鳴かず飛ばずで、「ちょっと3組でライブやろうよ」つってな。5・7・5のちゃぁぼってヤツがいたんだけど、小屋とってくれてさ。事務所には日にちだけ言うんだろうな、あれ。マネージャーとか、観にも来なかったじゃん。自分たちで全部やってさ。

春日　はいはいはい。やったね、やってたよ。

若林　やめちゃったんだけど、2組とも。4人ともそれぞれで、すごい社会で活躍してるからね。英語とかすげー勉強してしゃべれるようになっちゃって、海外にいろんな仕事で行ってたりするからね、モンキーチャックとか。

春日　ああ、そう。へえー。

若林　髪切る人が一緒なのよ、モンキーチャックのちゃごと。

春日　今も？

若林　今も一緒なの。だから、ゴンちゃんのアフロ作ってる人と、ちゃごちゃん切ってる人と、俺切ってる人、一緒なんだよ。

春日　はははは（笑）。あ、そう。はあ〜。じゃあもうずいぶん長いんだね。

若林　そう。俺ら、30手前とかなんかで、「これで芸人でダメだったら、もうどうにもなんないな」って思ってたじゃん。

春日　そうだね。

若林　どうにでもなってんだよね、みんな。Facebookとかでね、4人のうちの何人かが、芸人やっててよかった、今、それがなんかに活きてて、とか書いたりしてんのよ。

春日　へー。あ、そう。

若林　あの2組、やめたの30ぐらいじゃないの？　もっと早かったかな。

春日　いやーそうね、我々のM－1とかのちょっと前だもんね。

若林　ちょい前ぐらいだから、27、28？

春日　2006年とか2007年ぐらいじゃない？

若林　そうだよな。ちゃぁぼがやめて大阪帰るときに、引っ越し手伝おうと思ってたけど、たまたま仕事が入って、ちゃぁぼの家行ったら、もう引っ越しが完全に終わってて。ちょっとだけ窓が開いてたから、サッシに指入れてさ、中いるかなと思って、「ちゃぁぼ」って言って開けた瞬間に、何もなかったのよ。ずっと「俺たちさ〜」みたいに話してた部屋が。

春日　はいはい、はいはいはい。

若林　なんか、すごい寂しかったの覚えてんだよね。ははは……。
春日　映画みたいな話だな（笑）。
若林　電話したら、もう全部引っ越して、これから夜行バスで大阪帰る、みたいな感じだったのかな。
春日　うーん。でも、ちょっと観てみたいなあ、『キッズ・リターン』。違う感じなんだろうなあ。
若林　だいぶ違うと思いますよ。なんか観てて思ったのが、なんかこう、高卒・大卒で人生がほぼ決まっちゃう、みたいな空気だったんだな、って思う。日本が。
春日　なるへそ。そうかもしれん。
若林　だから、インターネットって悪い部分もいっぱいあるけど、可能性はドンと広がったんだろうね。だって、あのままM－1で敗者復活しなくてね、35でやめてたとして、春日って、なってそうだもん、北欧家具扱う会社の（社員に）。
春日　ふふふふふ（笑）。いやいや、ピンポイントでそこなの？
若林　うはははは！（笑）え、考えてた？もしやめたら何やろうかな、とか。
春日　もしやめたら？　いや～、そんな具体的には考えてないよね。
若林　何やってたんだろうね。春日ね、35ぐらいでやめてたら。
春日　ふふふふ（笑）、何やってたんだろうね。
若林　あの形（ズレ漫才）がムリで、次の年には、M－1の審査員は「去年見たわ」って感じになっちゃってて。「形変えていこうや」ってなったら、あれ以上ないからムリだと思ってやめてたんじゃない？
春日　で、もう出られなくなって。年数でね。キングオブコントっていうわけでも……。
若林　コントもね、できないしね。
春日　うん。でも、キングオブコントも何回か出るだろうね。R－1とかも。

若林　まあ、出るかぁ。
春日　で、「う～ん……」みたいな。
若林　あはははは（笑）。
春日　で、キサラだけはあって、みたいな。はははは（笑）。
若林　（スタッフから情報を聞いて）ああ、ちゃごね。これすごくない？　「あの『ドラゴン桜』で有名となった竹岡先生をはじめ、日本トップクラスの講師陣から～」。塾の先生やってんだよね。
春日　あ、そうそうそう。東大受験をしてたんだよ。私なんかよりも全然。そう、テレ東かなんかの（企画で）。ちゃごちゃん、頭よかったからね。
若林　めちゃくちゃ頭よかった。早稲田だから。
春日　そうそう。たぶんオーディションに受かって、2年ぐらいやってたんじゃないかね。
若林　某ネット教室において、人気講座第1位を獲得したんだって。
春日　へぇ～。
若林　（塾のホームページに）スーツ着てペン持って、授業やってる写真が載ってんだけどね。
春日　ああ、これ、ちゃごちゃんの。
若林　（当時は）髪の毛、ピンク色だったからね。早かったねぇ。いなかったよね、あのとき。
春日　いや、そうだね。だから、芸人としての経験が活きてるんだろうね。授業は面白いってことでしょ、たぶんねぇ。
若林　そうだよね。でも、むちゃくちゃだったよなぁ、あの28～29あたり。だから、ちょっと怖い。俺は、**「一回でもテレビで漫才をできたら、やめよう」**と思ってたんだよ。今思うとさ、ちょっと危険だよね。なんかその考え。
春日　危険？
若林　危険じゃない？　2008の1月1日だから、29歳か。俺、『おもしろ荘』出て、帰りに「これでやめられるな」って思ったから。この話も何度もしてるけど、やめようと思ってたのよ、あれで。

春日　うん、うん。

若林　そいつの生き方危険じゃない？　なんかその、人生プラン。

春日　あはははは（笑）。確かにね。ちょっと怖いかもしれない。

若林　俺、テレビがなかったから。あの3万2000円の風呂なしの部屋に。でね、買いに行ったのよ、リサイクルショップに。でも、「たっけえな」と思って買わなくて。サトミツんちに行って、ネタ番組が『オンバト』[※4]と、フジテレビの深夜に30分番組がたまにあるぐらいで、全部ビデオで観せてもらってたのよ。

春日　はぁ〜、家行って。

若林　うん。あとはもう、M-1だよね。それをサトミツんちに行って観て、帰るみたいな。

春日　うんうんうん。

若林　そうそうそう。それも不思議だよな。だから、これもよく話すけど、俺、「ヘキサゴンファミリー」を知らないまま『ヘキサゴン』[※5]出てるからね。**「すげー間違うじゃん、こいつら！」**と思ってたもん。

春日　へへへへへ（笑）。それがいいっていうのがわかんないからね、うん。

若林　はははは！（笑）　それで、春日が「むつみ荘です！」とか言って、（テレビに）出てて。春日のアパート（の撮影）は大家さんオッケーじゃん。俺のアパートは大家さんダメだったんだよ。だから、3万9000円で、「すごいとこ住んでんね〜！」ってやってたとき、**俺、春日より7000円安い家賃のとこ住んでたんだよね。**

春日　あはははは！（笑）

若林　俺、3万2000円だから。

春日　そうだ、そうだね。

若林　で、（明石家）さんまさんとかと同じリアクションしてるっていう。

※4『オンバト』
『爆笑オンエアバトル』（NHK）。

※5『ヘキサゴン』
『クイズ！ヘキサゴンII』（フジテレビ系）。島田紳助司会によるクイズバラエティで、つるの剛士、上地雄輔、野久保直樹、里田まい、スザンヌ、木下優樹菜らが珍回答を繰り広げ、いわゆる「おバカタレントブーム」を巻き起こした。

春日　あはははは！（笑）

若林　「ちょっとおかしいですよ、飴ジュースやって」とか言ってんだけど、**飴ジュース、俺もやってたから。**

春日　あはははは！（笑）

若林　春日から全部教わってたの。で、100円ショップとかスーパーのタイムサービス、「23時以降、おにぎり半額」とかの地図をね、春日が持ってたのよ。

春日　近所のね。

若林　近所の、どこが何時にタイムサービスで半額になるかの。俺ね、「それ、ちょっとコピーさせてくれ」って言ったら、**「500円っすね」**って言われたんだよね。

春日　うん。そりゃやっぱりね、足で稼いだ情報だから。

若林　それ、全く同じこと言ってた。

春日　あははは（笑）。

若林　「じゃあいいわ」つって。それに500円払うなら、牛丼食べたほうがいいじゃん。

春日　ははは（笑）。

若林　あははは！（笑）でもこれ、マジだったからね。

春日　いや、そうね、うんうん。

若林　「春日様」ってビニール袋に書いてあるさ、パンの耳が詰まってる袋。パン屋さんがね、春日に毎週あげるから、パンの耳を春日様用に取っておいてくれる。

春日　そうそう。春日がね、毎週毎週取りに行くからね、もう取り置きしてくれて。うん、ありましたよ〜。

若林　20年前ぐらいの話だけど、「春日様」って書いた、あの袋あんじゃん。パンの耳がパンパンに入ってんの。それで先輩たちがさ、ライブ前に舞台の上でさ、サッカーやってたのよ。そのとき、初めて春日が先輩にキレてるのを見たからね、俺。

春日　うーん。

若林　**「これ、誰が最初に『やろう』って言ったんすか？」**って。あははははは！（笑）

春日　「おいっ！」とか「何してんすか！」とかじゃないよ。キレちゃってるから、こっちは。ボールじゃねーんだよ、それは。

若林　そうだよな、生き死にかかってるからね。

春日　そうだよ。んなもん！

若林　ボールじゃねーんだ、このヤロー！

春日　これで1週間過ごすんだからよ。誰だってとっちめてやろうと思って。言い出したヤツ。はははは！（笑）「春日様」が、ポンポンポンポン転がってるわけですよ。

若林　それで俺、春日がパン屋さんに聞いたら、パンの耳もらえるようになったって聞いたから、自分が住んでるアパートの近くのパン屋さんに行って、「すみません。パンの耳っていただけるんですかね？」って聞いたの。

春日　おお、おお。

若林　そしたら、「はい？」って言われて、「あ……大丈夫です。失礼しました」って。あははは（笑）。

春日　ははははは！（笑）残念。

若林　どこでもじゃないんだよね。

春日　そうだね、私がもらった店が優しかったってことだったんだね、うん。

若林　今、35でやめても、どんなチャンスもあるでしょ？　ちゃごちゃんは頭よかったけど、相方が「星飛雄馬」[※6]だからね、名前が。芸名じゃなくて。今、めちゃくちゃエリートよ。

春日　あ、そうなの？　何やってんの？

若林　たぶん、英語かなんかしゃべれるんだと思う。すごい家族の仲いい写真で、すごく頑張ってる感じして。Facebookで。

春日　へえ～、ああ、そう。

若林　ちゃぁぼも今、なんかワイン作ってるぜ、あいつ。

春日　ほぇ～。ああ、そう。

若林　だから、**なんでもできたんだよ、本当は。**

※6 星飛雄馬
野球漫画の名作『巨人の星』の主人公の名前。ジャイアンツファンだった星の父親が、野球選手になってほしくて命名したらしい。

春日　まあ、そうだね。

若林　でも、もう終わりだと思ってたよね、あの2008ね。

春日　うん。終わりだと思ってたもん。この先何もないんだと思ってたけどね。いや、そんなことないんだよな。

若林　そんなことないよな？

春日　いや、そうね。今だからなのかもしれないけどね。

若林　あのときの空気ってあったよな？

春日　なんか、一回失敗したらもうね、「はい、おしまい！」みたいな。あはははは！（笑）**「もうあなたおしまいです！」**っていう空気はね。

若林　だから、昔の映画観ると思い出すからさ、『キッズ・リターン』、春日もちょっと観てみ。

春日　うんうん、ちょっと観たいね。違う感じなんだろうなあ。

若林　違う感じ。でもさ、観てたとき、自分たちが高校生だったじゃん。「自分たちより前の時代の高校なんだろうな」って思って観てた？

春日　ああ〜、まあ、自分とは重ねてなかったような気がする。

若林　喫茶店とかじゃなくて、俺たちはファーストフードとかだもんね、溜まるとしたら。

春日　うん。大人のふりして成人映画観に行ったりとかしないもんね。だからそうだね、ちょっと前の世代。

若林　たけしさんがね、高校生のときそうだったのかな、みたいな。

春日　そうだね。それも入ってるんじゃない？

若林　なんか佐久間[※7]さんが、**「オードリーって、ふたりでよく一緒に映画とかライブ観に行ってるよね」**って言ってた。

春日　はははは！（笑）そんなにしょっちゅう行ってるわけじゃなかったけどね。

若林　核となる映画とかライブとか行ってんだ

※7 佐久間さん
『あちこちオードリー』のプロデューサーである、テレビプロデューサー／ラジオパーソナリティの佐久間宣行。

よね。（千原）ジュニアさんが復活した「チハラトーク」[※8]とかさ。
春日　確かにそうだなあ。
若林　あははは（笑）。そうなんだよね。

※8「チハラトーク」
千原兄弟によるトークライブ。2001年にバイク事故を起こし、入院していた千原ジュニアが復帰した回を、オードリーはふたりで観に行っている。

北関東の居酒屋

【第623回】2021年11月20日放送

春日　あのー、年末の特番のロケーションがありまして。北関東の温泉地で、町も協力して、すごい大掛かりなロケーションをしたんですよ。で、「前乗りができます」とチャン荒井[※1]に言われて、前の日の夜に行くことにして。その番組がフワちゃんと一緒でね。前の日に、エアロビ[※2]の練習も一緒でさ、フワちゃんと。「前乗りするのよ」なんつったら、「アタシもするんですよ」って言うから、じゃあ一緒に行こうじゃないかと。

若林　なるほどなるほど。

春日　新幹線乗って、行ったわけですよ。向こうの駅に着いたのが、22時ぐらいかな？「メシでも食おうか」って話しながらさ、新幹線停まる駅だから、いろいろあるだろうと思って着いたら、なんっもないの。

若林　店が開いてないのか。

春日　うん、真っ暗。タクシーも停まってないぐらいの感じで。まあ、番組のロケ車が来てくれてて、それ乗り込んで。チャン荒井もいて、フワちゃんのほうも、スタイリストさんかな？メイクさんかな？　4人でね、とりあえずホテル向かってたのよ。で、その間にちょっと店を探したら、何軒かあったの。

若林　あったんだ。

春日　でも、ご時世的にね、営業時間が短くなってたりもするじゃない。行っちゃってやってないっていうのもあれだから、チャン荒井がね、何軒か電話してくれたの。1軒目電話して、2軒目電話して、「ちょっと出ないっすね」みた

※1 チャン荒井
当時、春日を担当していた荒井優輝マネージャー。

※2 エアロビの練習
春日は当時、『炎の体育会TV』（TBS系）の企画で、フワちゃんとペアを組んでエアロビクスの大会に挑戦していた。

いな。残り1軒ぐらいになってさ。ほんで電話したら、「あ、つながりました」って。「まだやってらっしゃいますか?」なんて電話しててさ、「あの、こっち4人なんで……あれ?」みたいな。「ちょっと途中で切られちゃいました」って。「え、何? どうしたの?」って聞いたら、やってるはやってると。「やってますか?」って聞いたって聞いたら、おじさんの声で**「やってるよ!」**って言って切られたらしいのよ(笑)。

若林 あー。

春日 「これ、ちょっと大丈夫すかね……?」みたいな。でも、もうそこしかないのよ。

若林 なるほど。

春日 まあせっかく来たからね、「お店やってんだったら、そこで食べてみる?」って。もし、あんまりお店的にもよろしくなかったら、我々が退散すればいいんじゃないかな、なんつって、とりあえずそこのお店に行ったのよ。そしたら、お土産屋さんとかは全部閉まって真っ暗で、その居酒屋さんだけ、のぼりが出てたりとかして、あるのよ。地下というか、階段下りてって入口がある、みたいなところで。

若林 店がね、はいはい。

春日 階段が結構急だったからね。荷物が多いんですよ、フワちゃんのスタイリストさんかな、スーツケースというか。

若林 はいはい。

春日 「これどうしましょう。ここに置けるかな?」っってね、入口のところにちょっとスペースがあったから。「まあまあ、そういうのも含めてちょっと聞いてきますわ」って、私がね。

若林 うんうん、春日がね。

春日 階段下りてってさ、見たら、のれんがあって、引き戸のさ、一つひとつが格子というか、なんか棒と棒の間に、透明なガラスで。

若林 ああ、古きよき。

春日 そうそう。パッと見たらさ、入口のすぐ左にカウンターがあって、あの、長細いというか。見えないけど、奥のほうになんか席がありそうだな、って。カウンターには、明らかに地元のおじさんみたいな人が、ひとりで飲んでんのよ。そのちょっと向こう側に、板前さんみたいな白い割烹着ってあるじゃん。で、なんか下だけのエプロンしてさ、もうね、頑固そうな親父さんよ。ちょっと細身の、短髪のさ。で、全然盛り上がってない感じ？

若林 なるほどね。お客さんとは、ガンガン話してる感じじゃない。

春日 話とかじゃないのね。「ははは〜！」とかやってたらまだね、安心もするけど。もう腕組んでて、その親父さんは。カウンターのお客さんもちょっとうなだれてる、みたいな。話してんのかなんなのか、わかんない状態だった。

若林 ああー、ちょっと怖いな。

春日 もう明らかに地元の人が行くような居酒屋さんだったのよ。まあでもやってるから、ちょっと開けてさ、「すみません」って言って、「4人なんですけど、今から大丈夫ですか？」つったら、「ああ」つって、首を奥にさ、フンッて、こうさ。フフフ（笑）。

若林 ああ、奥行けって？

春日 ちょっと「おっ？」って思うじゃん。

若林 ちょっと怖いね。

春日 ひとりとかだったら、絶対「ちょっとまあ、今度にします」って言うんだけど、4人いるし、と思って（笑）。したら、ちょうど3人が下りてきてさ。「どうでした？」って言うから、「あー、なんか大丈夫そう」って（笑）。

若林 なんとも言えないよね（笑）。

春日 「入れるって」みたいな。んふふふ（笑）。

若林 それは事実だもんね。

春日 そう、事実だから。

若林 なんとも伝えにくいよね。

春日 でも、「ちょっとクセモノだぞ」ってのは、そこでは言えない。皆まで言えないのよ。そこにいるし、親父さん。で、みんなで入ってったら、もう本当に40年とか50年ぐらいやってるんだろうね。お品書きとかバーッて書いてあんだけどさ、紙でさ。茶色くなってて。

若林　手書きなんだ。はいはい、そういう店ね。

春日　なんか演歌歌手の方のポスターとか、吉幾三さんの何枚目のシングルかわかんないけど、フフフ（笑）、ポスター貼ってあったりとか。

若林　あー、でもすごいなぁ。

春日　瓶ビールとか冷やすさ、なんつうの？　業務用の冷蔵庫。上のビール会社の名前なんかも煤《すす》けてて、サントリーかキリンかもわかんない、みたいな感じになってる。その奥が座敷になってて、ちょうど4人席みたいなのがあったの。で、入ったらさ、**もう畳ベッコベコなのよ（笑）。**

若林　はいはいはいはい。

春日　「ここ、踏み抜くんじゃないか？」って部分があるのよ（笑）。

若林　そんなに？

春日　そんなに。座布団もペラッペラでさ。でもなんか、古い居酒屋さんのセットに来たみたいな。なんかちょっとテンションが……。

若林　春日は上がってる。

春日　上がったの。チャン荒井とかも「なんかいいっすねー」なんつって、フワちゃんも「わー！　なんか最高！　古くていい！」みたいなこと言ってるから、でかい声でね。

若林　「古くていい」って？

春日　うん、「こんな居酒屋来たことない！」とか言ってるから、「あんまりね……」つって。

若林　あんまりね、耳に入っちゃうと、どっちかわかんないよね、まだ。

春日　そうそうそう、親父さんがね。だから、「そうだよなー。でもまあ、あんまりね……」なんつって言って（笑）。で、座って。

若林　でもすごいよな、やっぱ。すごい新鮮に聞こえる。東京でシステム化された店ばっかり行くから、「4人いいすか？」「ああ」、この時点でもうシビれるね（笑）。
春日　ほんっとそうだったから（笑）。で、「さっきの電話の人、あの人かな？」っったら、「たぶんそうっすね」って。
若林　間違いない。そんなヤツが、複数人店にいたらおかしいだろ（笑）。
春日　本当に、その親父さんひとりでしかやってなかったから。
若林　で、どうすんのそれ？
春日　ほいで、メニューが一応あったの、テーブルの上に。なんかボロボロというかさ、透明なファイルみたいのに入ったやつ。
若林　ベリベリにくっついてるやつ。
春日　そうそう（笑）。ベリベリベリ、つって。ホントそうよ、テーブルから剝がしてさ。「まず先に、飲み物頼もう」つって見たら、日本酒とか、ビール中瓶とか書いてあるわけ。あと、サワーとか、ウーロンハイ、梅、グレープフルーツ、梅酒、とか書いてあって。
若林　取り揃えてるね。まあ居酒屋だから。
春日　アタシが、「珍しいね、レモンサワーないんだね」なんつって言って。梅とウーロンとグレープフルーツだったから。
若林　そうだね、言われれば。
春日　うん、生レモンサワーとかがいいのよ。やっぱり糖質がね、気になっちゃうから。
若林　ああ、春日はね。
春日　そうそうそう。「ハイボールとかがいいんだけどなぁ」なんて言ってて。フワちゃんもね、「どうしようかなー」とか言ってて。したら、フワちゃんが「あ！　なんかあそこ、ウイスキーの段ボールとか、レモンサワーの素とか、すごいあるよ」なんて言ってて。パッと見たら、奥のところにゴロゴロ転がってんの。
若林　おー、ほうほう。
春日　「ああ、じゃあメニューにないやつもあんのかね」なんつって話してたのよ。でも、わかんないじゃん。それって常連さんだけのものというかさ。

若林　怖いね、ちょっと怖い。

春日　ボトルキープじゃないですけどね、新参者、よそ者が（頼めないかもしれない）。聞き方も難しいし、「まあでも、ビールでいっかな～」とか言ってたの。したら、フワちゃんが「でも、アタシもこのメニュー以外のもの飲みたいし、ちょっと聞いてみんねー」って言って、「すいませーん！」って呼んじゃったのよ。

若林　いくね。やっぱフワちゃんすごいね。

春日　したら、親父さんがさ、ジャリジャリジャリ、つって来てさ。「ん？」みたいな。

若林　いや……（笑）。

春日　フワちゃんが「あそこに～、ウイスキーとかレモンサワーの素はあるんですけど、メニュー以外のものもあるのー？」とか聞いたら、親父さんが「ないもんなんかねえよ」つって。

若林　ひははは（笑）。

春日　フフッ（笑）。みんな「えっ？」って（笑）。「あ、じゃああるんだ」みたいな（笑）。「ないもんなんか、ねーんだよ！」ってさ（笑）。

若林　かっけー（笑）。すげえ面白いけど、すごいかっこいいね（笑）。

春日　「どっちなんだ？」と。キレてんのか、なんなのかわかんない。

若林　でもさ、いや、別にそんなこと拾わなくてもいいけど、ないもんは絶対あるよね（笑）。

春日　いや、ある（笑）。

若林　だけど粋だよね（笑）。

春日　そう。で、まあ先に言うんだけど（笑）、刺身の盛り合わせ頼む、つってさ、いろいろ刺身が選べたの。マグロだ、カンパチだ、赤貝だとかって、メニューに書いてあったの。アタシが「あ、じゃあイカも」つったら、「イカはねえ」つって。「イカねえんじゃん」と思って。

若林　お前、それはダメだよ、聞き方。メシはまた違うじゃん、お酒とは別ジャンルじゃん。

春日　いや、ぐっと堪えたよ。それは言わなかったもん。
若林　謎なのはさ、「ないもんなんかねえよ」って言うなら、なんでメニューに書かないのかな。
春日　いや、ホントそうなのよ。じゃあ書いてくれよ。
若林　めっちゃ面白い（笑）。書くのがめんどいんだろうね。でも、お前のイカの聞き方はダメだよ。
春日　いやいや（笑）。流れで言ったんだよ。まあでも、もうビールでいいやと思って。手間かかったりするから書いてないのかな、とかさ。
若林　なんかちょっとね。わかるわかる。
春日　うん。「まあまあ、じゃあビールで」って言ったの。したら、フワちゃんが**「じゃあアタシ～、梅サワーに、梅干し入れて！」**つって。「うわー、いくなぁ～」と思って。
若林　いくねえ。
春日　そしたら親父さんが「おん？」って。「それなんだ、梅サワーに入れるのか？　梅干しサワーとどっちなんだ？」って。梅サワーって、梅のシロップが入ったサワーに梅干しを入れるのか、チューハイ、焼酎と炭酸で割ったやつに梅干しを入れて梅干しサワーにするのか、わかんない。で、フワちゃんはなんか「え？」みたいな。親父さんが言ってる意味がわかんない。で、アタシがすぐ入ってさ、「いや、フワちゃん、それはね……」つって。
若林　なるほど。
春日　「シロップが入った梅サワーに、梅干し入れるのか……」って、説明したのよ。「ああー、そしたらじゃあ、梅酒に梅干し入れて」って言い出してさ。また話変わってきちゃうのよ。
若林　変わったね、1個ね。
春日　そしたら、親父さんが**「なぁんだそれ!?」**つって。話、変わっちゃったから。
若林　ははははは（笑）。
春日　うん、「なんだそれ!?　そんな飲み方しないんだよ」つって。
若林　ああ、言ってきた。
春日　うん、言ってきて。アタシも親父さん側に乗って、「そうだ、そんな飲み方しないんだよ」つって。ふははは（笑）。
若林　すごいな。ヘビー級同士の対決のレフリーだよね。「ドンムーブ、ドンムーブ」だよね。
春日　ホント「ドンムーブ」だよ。
若林　ふたりとも打ち合っちゃうから（笑）。
春日　膝で割って入ったもんね、間に（笑）。
若林　ドンムーブ!!
春日　したら、親父さんが「じゃあ、梅酒のソーダ割りに、梅干し入れりゃいいんだな？」って、「うん、そう」とか言って。
若林　すごいなー。やっぱ器だな、そこは。
春日　うん。で、親父さんが行かれたのよ。「フワちゃん、あれ、ややこしいって。梅酒に梅干しって」つって。「あ、そう？」なんつってて言ってってさ。
若林　気にしないんだろうな、フワちゃんは。
春日　うんで、「なんか料理頼もうか」つって、メニューもう一回見てたら、さんまの塩焼きやら何やらと、いろいろあるのよ。肉じゃがとか。
若林　おおー、おいしそうじゃん。
春日　「どれにしようかな〜。でも、量わかんないからな、あんまり一気に頼むのもな〜」なんて言ってたら、飲み物を持ってきてくれてさ。「じゃあビール、梅酒の梅干し割り、あと、これお通し」って、ドンドンドンッて3つぐらい、皿を載っけて。ポテトサラダと、ハムと薄切りの玉ねぎのマリネみたいなやつと、里芋の煮っころがしが、とんでもない量来たのよ。
若林　お通しが。
春日　お通しなのに。里芋も、こぶしの半分ぐらいのが、ひとりふたつずつぐらい。
若林　でかいんだ。はあ〜〜、すげえなぁ。
春日　「うわー、すごいね〜、これお通しですか!?」みたいなリアクションするじゃん。したら、「おん」とか言ってて。フワちゃんがね、里芋があまりにもデカすぎたから、なんだかわかんなかったんだろうね、「これ何ー?」って聞いたのよ。したら、親父さんが「里芋だよ、見りゃわかんだろうよ!」みたいな感じで、「あー、これ里芋なんだー」なんつって。「すごい量」「おお」とか言って、また行っちゃったのよ。んで、「これは結構な量だから、頼むの大変だぞー」なんつって。

若林 うんうん、1個頼んじゃうとね。

春日 そうそう。で、刺身と焼き物が「時価」って書いてあったのよ。「これはちょっとわからんぞ」と。

若林 なるほど、わからんね。

春日 フワちゃんが「じゃあ聞いてみるねー」なんつって、また聞いてさ。時価のものがいくらかなんてさ、キレられそうじゃん。「時価って書いてあんだろ、バカ野郎が!」って言われそうじゃん?

若林 なるほど。流れだとね。

春日 でも、「聞いてみたほうが早いから。すみませーん」とか言って、バーッて聞いてさ。

若林 すごいな。

春日 「時価っていくら?」って聞いたのよ。したら、「時価だよ」って、やっぱり来るわけさ。

若林 読み通りだね、春日の。

春日 そう。ただ、そのあと違ったのが、「あー、なんか好きなの選んだら、それなりに人数分のやつを作ってやるよ、お前」。

若林 ひははははは(笑)。

春日 ホントに(笑)。なんかちょっと距離近くなって、「心配すんなよ、お前」つって。

若林 だから、フワちゃんの当たりでいいんだろうね。

春日 たぶん。ほいで、さっきのマグロだなんだ、イカはねえ、とかがあって、待ってたのよ。したらもう、とんでもない大皿で、一つひとつの刺身が、ジャンプコミックスの厚みぐらいあんのよ（笑）。

若林　そんなねーだろ。いいかげんにしてくれよ、お前。

春日　いや、ほんっとにあるのよ！　ジャンプコミックスの厚みぐらい、ひと切れひと切れがあって。「うーわっ！　厚い！」みたいな。

若林　味にも自信ないと切れないよね、その切り方。

春日　見た目もすごい新鮮な、角の立った刺身なのよ、山奥だけど。大きいし太いし。みんな「うわっ、あっついな〜」とか言ってたら、親父さんが「んあぁ、まあうちでは普通だけどな」。

若林　ははは（笑）。だんだん心開いてるのが……その当たりでいい人なんだな。

春日　うん。フワちゃんも「うわっ！　すごい！」って、写真とかバーッて撮って、「こんなの見たことなーい！」とか言って。「うん、いいから、お前食ってみろ〜」みたいな。んで、親父さんが、帰らないのよ。

若林　はいはい、もう見てんだ。

春日　見てんの。「う〜わ〜、どれからいこう」「私、マグロ」とか、みんなそれぞれ取ってさ、食べたら、うまいのよ。

若林　やっぱうまいんだね。

春日　厚身なんだけど、なんか豪快な、口いっぱいね、刺身になるのよ。贅沢な。んで、めちゃくちゃ新鮮で、「うーわ、うまっ！」とかみんなで言ってたら、（親父さんが）「ヘッ！」って（笑）。いや、ホントよ？

若林　お前じゃん、それ。

春日　いやいやいや（笑）。アタシみたいに「ヘッ！　そうだろうな」とか言って。

若林　だんだん心開いてる（笑）。だって、その態度で、ベコベコ畳で、やってけないもん、うまくなきゃ。

春日　ふははは（笑）。いや、そうだね、うん。

若林　でもさあ、やっぱフワちゃんのすごさも感じた。

春日　いや、すごい。

若林　俺とゴンちゃんとサトミツで行って、ビクビクしながら食って帰ったら、「うまかったけど、親父、変だったね」って話になるから。一歩踏み込んだから、そのゾーン入れたんだよね。

春日　そう。そうだと思う。

若林　ポテサラとかもうまいの？

春日　うまい、全部うまいのよ。里芋の煮っころがしも、まあうまいの。

若林　全部うまいんだ。当たりだ、じゃあ。

春日　うん。ほんでね、もう相当厚みとか、量もすごいし、お通しも全部量があったから、「これ、ちょっとほか頼めないかもな。これでもう終わりかもね」なんつって。

若林　量でね。十分。

春日　「もう腹いっぱいになっちゃうね。これ全部食べるのも大変だぞ」なんつって、「そうっすねー」なんてやってたのよ。店には1品しか頼んでないからね、お刺身の盛り合わせ。申し訳ないけど、「ドリンクもう1杯ぐらいずつ頼んで、時間も遅いしね、もう行こうか」なんて言ってたらさ、親父さんがバーッと来て、テーブルにまたドーンッて器を置いてさ、ふたつ。「えっ？　なんすかこれ？」「こんにゃくだぁ」。「いや、頼んでないすけど」っつったら、**「いいから食え、この野郎」**っつって。ふふははは（笑）。

若林　かっけー（笑）。

春日　かっけー。刺身こんにゃく、「群馬のよ〜」っつって。フワちゃんが「うわ、とろとろでおいしい！　これどこで売ってんですか？」っつったら、**「バッカ野郎、お前。自家製だよ！」**。

若林　ふはははは（笑）。

春日　かっこいい（笑）。

スペシャルインタビュー

鈴木杏樹

「二人のやりとりを、一言も聴き逃したくない」

「あの鈴木杏樹さんがリトルトゥース!?」 数年前、リスナーの間に衝撃が走った。オードリーにとって「憧れの女優さん」である鈴木に、ラジオの若林、春日それぞれの魅力や、東京ドームライブへの期待についてじっくりと語ってもらった。

鈴木杏樹（すずき・あんじゅ）

1969年9月23日、兵庫県出身。ドラマ『あすなろ白書』で大きな注目を集め、以降、ドラマ・映画・舞台などで俳優として活躍。他にも、音楽番組『ミュージックフェア』の司会を20年以上務めるなど幅広いジャンルでその才能を発揮している。ラジオ好きとしても知られ、過去に多くの番組のパーソナリティーを務め、現在は『オールナイトニッポンMUSIC10』の火曜パーソナリティーを担当している。

人間らしさが垣間見えるところが大好き

――左手首のリトルトゥースリストバンドがよくお似合いです。

鈴木　ありがとうございます。大切にしていて、つけた後は必ず手洗いしています。つけていると「リトルトゥースですね！」と声を掛けられることもあって、それも嬉しくて。

――まずはオードリーのANNを聴くようになったきっかけから教えてください。

鈴木　私自身がニッポン放送で番組を担当させていただくようになってから、時間帯を問わず、色々な番組を聴いてみたことがきっかけでした。それで、オードリーのお二人は、とにかく、声の区別がはっきりつく、というのにまず惹かれましたね。

――意外と大事ですよね。

鈴木　ええ、私にとってはすごく大事。それに、お二人の掛け合いの根底に、お互いへの愛情や思いやりを感じられることも心地良くて、聴き始めてすぐ「ああ、毎週土曜日はオードリーさん」ってなったんです。

――流れているから聴くのではなく、聴きたいから聴く番組になったのですね。

鈴木　そうです。以来、毎週必ず聴い

ています。

——春日さんが放送の中で、鈴木さんが仕事で大阪に滞在していたある土曜日、オードリーのANNを聴こうとしたらradikoにニッポン放送が表示されなくて、パニックになられたというお話をしていました。

鈴木　あの時はかなり焦りました（笑）。エリアフリーとはなんぞやとか、ネット局とか、まだちゃんとradikoの仕組みを理解できていなくて。私は関西出身なので、「そうだ、松田聖子さんの『夢で逢えたら』を聴きたかったのに聴けなかった！」とか、昔のことも思い出しながら、一人慌てふためいちゃって。

番組を聴いている2時間は
オードリーのオールナイトだけに集中

——リスナーとしては、鈴木さんがリアルタイムで聴かれているんだ、という驚きがありました。

鈴木　基本は追いかけたいと思っていますが、まあ、寝ますね。

——あ、寝ますか（笑）。

鈴木　オープニングの「オードリーのオールナイトニッポン！」とお二人がタイトルコールした時点で、もう、ぐわんぐわんと舟を漕いでます（笑）。なので、日曜日の昼間にタイムフリーで聴くことの方が多いかな。で、聴くときは集中して聴きます。

——集中して聴く、というと？

鈴木　移動中や作業をしている際のBGMとしてではなく、「この2時間は、オードリーのオールナイトを聴くことがメイン」っていう状態で聴きます。具体的には、自宅のリビングのヨギボーに座って、二人の話を一言も聴き逃さないように、聴く。

——なんと！　それは相当な……。

鈴木　はい、相当なリトルトゥースですね（笑）。一瞬気を抜いちゃった時とかは、60秒の「戻るボタン」で戻って聴き直して。私にとってラジオは「日常」で、何かをしながら聴くことの方が多いから、「60秒戻る」って、他の番組ではほぼありません。

——そこまで鈴木さんを惹きつける、番組の魅力とは何でしょうか？

鈴木　オープニングで、時に若林さんが攻め込み、春日さんが受け止めながら、お二人がわちゃわちゃと掛け合いをしているところが特に好きかなぁ。若林さんが話をまわしながら、急

若林さんは、自分自身を超えるものを創造しようと挑戦する人

に無茶やわがままを言い出したかと思えば、常識人とされている春日さんの身勝手なところが暴露され……。オードリーさんのラジオの場合、芸人さんが、「笑いを取るためのキャラクター」を完璧に演じるのではなくて、そうじゃない部分もたくさん垣間見られるのがすごく人間らしく大好きなところです。

――人間っぽさが滲み出る……ラジオのシンプルな魅力とされるところが、十分に堪能できるというか。

鈴木　そうですね。あとは、リスナーさんを置いていかないところも、とても心地が良いです。学生時代の二人にしかわからない話でも、「実はさ、あの時こんな人がいてさ」と、自然にリスナーを仲間に入れてくれるから、十分想像できるんですよね。サトミツさんなんて、お会いしたことはないけれど、私はもう知り合いのような気持ちでいます。クミさんに対しても、そう。

――特に印象に残っている回はありますか？

鈴木　春日さんのトークは、いつもちょっとドキドキしながら聴くの。

――見守るような気持ちですね？

鈴木　話の流れとオチまでを、一生懸命考えてきて喋ってくださるんだけど、ちゃんとオチるのかな？　オチるのかな？　……オチた、よかった！みたいな（笑）。それもすべては若林さん次第というか、最後に若林さんが「ヒャッヒャッヒャッヒャッ」って笑ってあげればオチるし、「なんだよそれっ」って言っちゃえばオチないわけで、そこは本当に、若林さんの優しさだったり、まとめ方の妙だったりするなって感じています。クミさんの方がよっぽどお喋りするの、上手よね（笑）。

――簡潔で的確で（笑）。

鈴木　でも、若林さんは春日さんのそういうところも好きなのかなって思ったりもします。本当に素敵な、バランスが絶妙なコンビですよね。

――若林さんのトークはどうですか？

鈴木　若林さんが海外に旅行に行かれたお話は、特に心に残っています。アイスランドを訪れたときのことを、ひたすら話してくれた回。若林さんが見た景色が自分の目の前にも広がっていくような気持ちになりました。

――一冊の旅行記を読んだような充実感がありましたよね。

鈴木　はい。年越しに大量の花火が打ち上げられて、危うくそれに当たりそうになって怖かったっていう話でしたが、その回はリアルタイムで、ベッドに横になって暗い中で聴いていたせいか、面白い話を聴いたというよりも、しみじみと良い話だな、と感動した記憶があります。

――若林さんが感じた空気感を、共有できた喜びなのかもしれませんね。

鈴木　それに、その話は春日さんも初めて聴くもので、もちろん、私たちリスナーも初めて聴くことだから、「へぇ～そうだったんだ！」って、二人対リスナーという構図じゃなくて、若林さん一人対みんな、という構図も印象に残った理由の一つかも。

――ラジオの場が初披露、ということがこの5年間は頻繁にありました。

鈴木　若林さんのご結婚もそうでしたよね！　あの回は本当に驚いたなぁ。なんでしたっけ、若林さんがお相手のことを呼ぶとき……。

――ニョボ林ですか？

鈴木　そう！　ニョボ林！　あれには笑いました。

100を200にして、最高な瞬間を

――この本の発売から1カ月後に、オードリーは東京ドームに立ちます。

鈴木　武道館のライブもDVDで拝見して本当に楽しいもので、でもまさか、その先があるとは思っていなくて。しかも東京ドーム！　夢のような時間になるんじゃないかな。

――ワクワクしますよね。

鈴木　若林さんは今、どんな構成にしてどう楽しんでもらおうかって必死に考えてらっしゃって、でも春日さんは……。

――きっと何も知らされていない。

鈴木　あははは！「言われた通りに私はやるから、若林くん、頑張って考えたまえ」って（笑）。星野源さん[※1]と作ったジングルも素晴らしかったように、若林さんは職人気質でいらっしゃるというか、本当に天才だと思うので、ステージという場を、しかも東京ドームという場所で、何をどう表現してくださるのか、期待せずにはいられません。

――この本にも収録しましたが、「妻に離婚されちゃうかも」と話す、人間くさい若林さんがいる一方で、やっぱり「天才」だと。

鈴木　ええ。自分自身を超えるものを創造しようと挑戦する人ですよね。まだ表には出していない「カード」がたくさんあって、知れば知るほど奥深い人。

――その辺、もう少し詳しく教えてください。

鈴木　多分、構成としては、今自分ができる最大限、100のものを考えて準備されると思うのですが、当日、みんなの力――春日さんの力、スタッフの力、音響や照明の力、リスナーの力がブワーって合わさった時に、100しかないはずの力が150、200出せる可能性のある人、というイメージかな。でも、それを初めて観た人は、その200を100だと思っちゃうから、「あ、こんなことできるんですね！　じゃあ次これやってください！」ってなって……。それで今回の「東京ドーム」なんですよね。

――なるほど！　表現者ならではの視点ですね。

鈴木　若林さんからしたら、おいおい、「東京ドームの100」はどこにあるんだよ、って（笑）。だから今、不安と戦いながら100を作っていらっしゃると思うんだけど、様々な力が合わさって、ドーム当日は、150や200にきっとなる。相当大変でしょうけど、でもその先には、想像以上に、最高に幸せな瞬間が待っているはず。若林さん、泣いちゃうんじゃないかな（笑）。

――100を200に……。ドームへの楽しみがますます膨らみました。

鈴木　私も、ユニフォームやタオルを買って準備しようと思います！

※1　星野源さんと作ったジングル
オールナイトニッポン55周年を記念して、若林はミュージシャンの星野源とコラボした。星野がトラックを担当、若林ことMC.wakaがリリックとラップを担当し作成されたジングルは、非常に大きな反響を呼んだ。

傑作トーク

2022

テレビ番組出演本数ランキング1位を目指して駆け抜けた春日、変わらぬ自分を見つめながら変わっていく自分も受け入れる若林、ふたりが前進し続けた２０２２年

南原さんとデート

【第629回】2022年1月8日放送

若林　あのー、年末に、南原さんとふたりでごはん食べに行ったんですよ。
春日　へえ～、いいね、すごいね。
若林　絶対にふたりなのよ。だから、絶対に遅刻するわけにはいかないじゃない。
春日　フフ、もちろんそうだ。もう1秒でもね、南原さんをお待たせするわけには。なんなら早めに行って、南原さん待つっていう。
若林　そうそうそうそう。それであのー、30分前に着いちゃってさ。
春日　ちょっと早いけど、まあまあでもね。
若林　それでさ、どっか入ろうと思って、店の場所を確認してね、いったん店離れて、大通り歩いてて。そしたら、フレッシュネスバーガーがあったから、中入って、アイスティー飲んで、時間が経つのを待ってたのよ。
春日　はいはい。ちょっと早いか、30分はね。
若林　そしたらね、「あれ!? なんかデジャヴ感あるなあ」と思って。15年ぐらい前、10年ぐらい前なのかなぁ。
春日　ああ、ずいぶん前だね。
若林　女性とね、ふたりでごはん食べる、つって、お店予約して、30分前に着いちゃって、**全く同じフレッシュネスバーガーに入って。**
春日　ほう!
若林　「全く同じことしたな」って思い出したんだよね。
春日　そのお店で、ってこと?
若林　そうそうそう。それで、南原さんと、能とか狂言の漫画とか小説とかを貸し合ってく中で、『ヒルナンデス！』のCM中じゃ話しきれないね」みたいなことになって、「年末、メシ食おう」って話になったわけよ。

春日 あー、南原さんから誘っていただいた。

若林 そうそうそう。で、若林と南原さんって、まあ、おじさんとおじさんじゃない？

春日 まあそうだね。

若林 俺、**「もうこれ、デートだな」**と思って。

春日 んー、まあふたりっていうのもあるしね。

若林 そういうドキドキの仕方してんのね。「この本、面白いと思った」って、本貸し合ってさ。あははは（笑）。**「LINEじゃちょっと……なんか、会ってしゃべりたいね」**ってなってさ（笑）、会う、みたいな感じで。引きで見たらもう、引きで見たっていうか、どっから見てもおじさんとおじさんなんだけど（笑）。

春日 まあ、見た目的に、映像的にはね。

若林 でも、話が合う人が少ないと思ってる人間が、話が合う人とこれから話せる直前って、やっぱデートなんだな、と思って。

春日 確かにね～。好きな本が同じとか、「今度なんとか展があるから、行ってみようよ」みたいな感じの、高校生のさ。ふははははは！（笑）

若林 はははははは（笑）。

春日 「あれ、気づいたらこれ、デートなんじゃないの？」みたいな。『BOYS BE…』[※1]かなんかで読んだことある気がするね。ははははは！（笑）

若林 その15年前、10年前とかも、本とか貸し合って、それもあんまりいいっていう人がいなくて、（お互い）いいと思ってて、しゃべろう、みたいな。

春日 あ～、同じだ。

若林 そうそう。全く同じ場所だと思って、ちょっとドキドキしてんのね。**「おじさん同士のデートってあるんだなぁ～」**と思って。

春日 いや……（笑）。あるのかな？ まああるのか。うん、そうだね。デートっぽいことが

※1『BOYS BE…』 『週刊少年マガジン』（講談社）などで連載され、1990年代に男子中高生を甘酸っぱい気持ちにさせていた、オムニバス形式の学園もの恋愛漫画。

ね。

若林　そうそうそう。それで、10分前ぐらいには着こうと思って、お店の中入ってってたら、南原さんがまだいらっしゃってなくて。たぶん、俺の性格見越してそうしてくれてんだろうなあ。南原さんがお店を取ってくれたんだけど。すごい大衆的な居酒屋さんなの。

春日　へえ〜！　ちょっと高級な個室の、とかじゃなくて。

若林　カウンター6席の、テーブルふたつぐらいの広さで、カウンターなのよ。

春日　ほお！　へえ〜。

若林　で、先に座って南原さん待ってて、ずっと緊張しててさ。南原さんが来て、「ごめんね、待った？」とか言うんだけど、「全然待ってないっすよ」みたいな感じでさ。そのへんもちょっと緊張してんだけどさ。

春日　そうだねぇ。

若林　メシが始まって、南原さんがよく行くお店だから、出てくるもの出てくるもの、全部おいしいのよ。

春日　まあね、そうね。

若林　あれ、先輩とごはん行くときに思うんだけど、本当においしいときに、「おいしい」って言いすぎてもなんだし、言わなすぎてもなんだし、ちょうどいい回数って難しくない？

春日　あはははは（笑）。

若林　「おいしい」って何回ぐらい言う？

春日　ん〜、まず、一口目で言うじゃない。

若林　お前、言ってる？　そういうの。

春日　……言ってないかもしんないなぁ。くっそ〜。んふふ（笑）。

若林　言ってないし、あと、先輩とふたりで行かないだろう。

春日　先輩とふたりではないね、確かに。

若林　だって、春日の話したいことって、**「この人としかしゃべれない」っていうことがないもんな、絶対。**

春日　んふふふふ（笑）。そんなことはないよ。

若林　俺と南原さんと、俺と萩ちゃん[※2]はあるけど。

春日　フフ、ああ、欽ちゃんね。

若林　春日と誰か、ってないもんな。役になんないもんな、その2牌。ドラ乗らないもん。

春日　残しとけよ、手元に。切るんじゃねえぞぉ、すぐに。引いた瞬間に。へへへへ（笑）。

若林　南原さんに、今考えてることを全部質問したいし、聞いてもらいたいし、教えてもらいたい、って気持ちがあるから、緊張してんの。でもなんか、若林が「おいしい」って何回も言うって嘘っぽいな、とか思ったりしながら。

春日　なるへそ。

若林　かといって、ヒルナンデスのテンションで**「好きぇ～」**とか言っても、ふたりだとそういうのって通用しないからさ。あはははは（笑）。

春日　そらそうよ。あはははは（笑）。

若林　そうそう。まあそれでさ、『ワールド イズ ダンシング』っていう、世阿弥の漫画があって。で、藤沢周先生の『世阿弥最後の花』っていう本を南原さんが読み終わって。南原さんにプレゼントしたやつなんだけどさ。まあその話になるわけ。これ、このラジオでもずっと言ってることなんだけどさ、興味あるのね、めちゃめちゃ能と狂言に。世阿弥っていう人に対しても。**でもさ、やりたくはないっていうね。**

春日　あ～、おっしゃってましたね。

若林　まだね、つかめてないのよ、南原さんがラジオをお聴きになってるのかが。

春日　あはははは（笑）。

若林　まだちょっとね、グレーゾーンなんだよね。そこは淡い世界なんだよね。

春日　フフフフフ（笑）。

若林　あははは（笑）。それで、南原さんにも直接言うじゃん、CM中に。「いや、やるのはちょっと違うんですよ」って。

春日　普通に言ってるよね。

※2 萩ちゃん
「コント55号」や司会者として活躍した、レジェンドコメディアンの萩本欽一。若林がコント55号のネタにハマっていたことなどもあり、ラジオ特番『欽ちゃんとオードリー若林のキンワカ60分！』（ニッポン放送）が実現。その際、若林は萩本を「欽ちゃん」「大将」といった定番のニックネームではなく、「萩ちゃん」と呼んでいた。

若林　南原さんが、ヒルナンデスの今年の抱負みたいので、「若林と佐渡島に行く」って出してくださったのよ。俺、佐渡島にめちゃめちゃ行きたいのよ。あの、世阿弥がね。

春日　流されたところでしょ。

若林　そう、流された場所で、いろいろ世阿弥の跡をさ、南原さんとたどりたい、っていう気持ちは、めちゃめちゃあんのよ。

春日　はいはいはいはい。

若林　でもさ、南原さんとプライベートの旅行で行かしてもらう場合、能と狂言やるっていうことにならないと思うんだけどさ、もしヒルナンデスで行く、ってなったらさ、たぶん俺、やることになるよな？

春日　まあ、そのほうが収まりがいいよね。

若林　ちゃんと収まるよな、V（TR）としてな。そうだよな、行ったらやる感じだよな？舞台があるし、佐渡島に。

春日　行って、ただ観て、「よかったね～」とかじゃないよ。最後、何か動きというか、それがやっぱ収まりはいいよね、着地点として。

若林　あー、そうかあ。

春日　南原さんに若林さんが教わって。

若林　俺が、歩き方とか発声の仕方とかやって、扇子みたいなのでおでことかパシッて叩かれて。ダイエットの合宿するドキュメンタリーみたいに、途中で泣き出して、全部投げ出して、寮から走って逃げ出して、道の真ん中で「ワーッ！」って叫んじゃうシーンがあったりしてな。

春日　いや、そこまで追わないのよ、ヒルナンデスだから。それはもう本当のドキュメンタリー、ダイエットとか『ガチンコ！』[※3]とか。

若林　あはははは！（笑）でもね、南原さんは、すごい尊重してくれてんの。俺が、「やるのはちょっと違うんすよ」つってて、その理由が、先輩に言うにしちゃ生意気なんだよね。

春日　あー、理由はなんでしたっけ？

若林　あのね、**「50まではオードリーの漫才突**

※3『ガチンコ！』
TBS系列で1999年から2003年まで放送されたバラエティ番組。リアリティ番組。不良少年を集めてプロボクサーを育成する「ガチンコ・ファイトクラブ」など、ドキュメンタリータッチの企画が人気を集めた。

き詰めたいんですよね」って言ってんだよね。はははは（笑）。

春日　あー、……生意気だね。はははは（笑）。

若林　あははは！（笑）それをそのまま、南原さんに言ったから（笑）。

春日　ふははは！（笑）南原さん、なんて言うの？

若林　南原さん、やっぱ器でかいよ。「でも若林な、わかるけど、もうお前ぐらいやってきたら、外からの刺激で新しいものを入れて、オードリーの漫才に持ってこないと。漫才の中で漫才を考えてても、オードリーの漫才って、もう考え尽くしたよ」って言うの。

春日　なるへそ。

若林　でも、「その手には乗らない」と思って。「いや、春日というのは水物ですわ。もう鞠のように跳ね方がわかんないです」つって。

春日　まだつかめてないと。へへへへ（笑）、

南原さん、いい加減怒ったりしないの？

若林　はははは！（笑）

春日　「やれ、お前！　いいから!!」って。

若林　そんなこと言いながら、「これうまいっすねぇ〜」って言ってんの。はははは（笑）。

春日　いや、どんなヤツなのよ、それ。

若林　はははは！（笑）「**俺、いぶりがっこ好きなんすよぉ**」つって。

春日　あははは（笑）。でも、「やらない」と。

若林　でも、やらない。「あれ？　俺、クジラのお刺身って食べたことあったかなぁ」とか言ってんだよ、この間に。で、「オードリーの漫才、ちょっと50までぇ〜、突き詰めたいんすよぉ」「でも、若林な」つって。

春日　料理へのリアクション、めちゃくちゃいいけどねえ。

若林　「春日って水物っすわ。あれ、うまぁ!!俺、そういえばクジラの刺身って食べたことあったっけなぁ」つって。はははは（笑）。

春日　どんなヤツなんだよ。

若林　あははは（笑）。南原さんも付き合っ

てくれてんの。

春日　南原さんがすごいよ。

若林　器でかい。優しいのよ、本当に。だからね、無理強いは絶対しないの。

春日　「いいからやれ」っていう感じじゃないのね。

若林　でもね、ちょくちょく俺を褒めてくれることによって、狂言への道を作るね。南原さんに「前から思ってたけどね、若林は声がいい」って言われてる。**「そんなわけねぇだろ」**って思いながら。あはははは（笑）。

春日　うはははは（笑）。絶対言っちゃダメ。

若林　でね、「若林はね、声がいいんだよ」って言われて、「どういうことですか?」ってったら、「張ってても、ボソッて言ってても、お前が言ってることって聞くだろ?」って言われて。「えー、そうすか?」つって。なんか危ないのよ。**「これ、狂言への罠じゃないか?」**と思って。

春日　罠じゃないよ。

若林　「言われたことないっすけどね〜！　いやあ、俺ね、いぶりがっこ好きなんすよぉ〜」。あはははは（笑）。で、「なんか僕、歌下手なんすよ」つって。

春日　はいはいはい、うん。

若林　「あのね、大丈夫。音程が外れてるっていうのは、楽譜があるから外れてる、ってなるだろう?　でも、能や狂言は楽譜とかじゃないから、声がよかったら、抑揚とかで歌下手でも全然できるんだよ」

春日　へぇ〜。

若林　さっき青銅さんに聞いたら、**能と狂言でも歌下手な人いるってね。**

春日　ははははは（笑）。あ、そう。

若林　わかんないけど。南原さんから見えてる能と狂言があるから。あと、偏頭痛持ってる話とかもさせてもらって。南原さん、体のことくわしいじゃん。

春日　あ〜、そうだね。
若林　南原さん、体のことすごい勉強してて、知識がすごいのよ。「ここ痛いだろう」って首のところ（押して）、「イテテテ」とかって。
春日　うんうん。
若林　これは肩が巻いちゃってるから、とかいう話になって。**「体の中に軸を作るんだよ」**とか言って。「あ、またこれ狂言の道に誘い込まれてないか？」と思って。「立つときは座るように下に引っ張られる。座るときは立つように座るんだよ」みたいな。
春日　なんか姿勢が。体が、バランスがいいんだろうね。
若林　そうそう、軸が。でも、「とにかく若林な、やるやらないは別にして、一回足袋穿いて、能の舞台で姿勢を正して歩いてみると、『大地と自分の軸っていうのがつながってて、こんなに気持ちいいんだ、軸を持つこと』って思うから！　それだけ感じて欲しい」つってたの。ほら、去年は体ちょっと壊したりもしたから、「体もよくなるって」とか言ってくれて。カウンター、めっちゃ狭いんだけど、ちょっと腰を落として、「こうやって歩くんだよ」つって、ほかのお客さんの後ろ歩いたり（笑）。南原さんが狂言の歩き方で、「こう軸を作ってな」つって歩いてて。で、見ないっていうボケをしたりしてね。強烈に肉じゃが食い始めて。
春日　南原さん、それなんて言うの？　ボケてないからね、南原さん。
若林　振りすぎでしょ、だって。背中向けて歩いてくんだよ。それはもう見ないってこと。
春日　そりゃあ確かに。そうね。
若林　欽ちゃんに『キンワカ60分』で教わったことだから。**「文化が振ってくれてる」**って。
春日　それ、南原さんツッコんでくれんの？「見ろや！」みたいな感じで。
若林　「こうやってな、若林、軸を持つんだよな」つってね、振り向いて戻って来るときに、

（狂言風の発声で）「これこれこれこれ」って入ってくるよ、やっぱり。これもう全部嘘、今の話。あはははは！（笑）

春日　怒られるんじゃん、南原さんに。「お前さ〜！」って。

若林　それで、話はもういろいろ聞けたね。すごく楽しい時間だったね。あっという間よ。何時間いたんだろう、4〜5時間いた。

春日　あ〜、そんなに！

若林　でもなんか、すごい気遣ってくれてさあ。「こんな時間か、大丈夫か？」とか言ってくれたりして。俺も時間忘れて。「なるほど〜」みたいな話もめっちゃしてくれるし。

春日　ふ〜ん。

若林　でも思ったのがさ、南原さん、常連なんだろうね。ウッチャンナンチャンさんの南原さんだよ？　俺たちにとっては、もう超レジェンドなわけで。

春日　いやいや、そうですよ。うん。

若林　「なんか店の人も、『ナンチャン！』みたいな感じだなぁ」って思ってたんだよ。

春日　へぇ、距離近い感じ。

若林　距離近いのよ。「南原さんだよ!?」って思いながら。でも、南原さんもそっちのほうが合うんだろうね。驚いたのがさ、お店の厨房の人が「南原さん、何々さん、今から来るっていうからさ、1個詰めて！」つって。ふふふ（笑）。

春日　えっ？

若林　「じゃあ南原さん、僕、入れ替わりましょうか？」って言ったら、「いいいい、じゃあ1個、横行こうか」つって。南原さんに「1個詰めて」って、あるんだと思って。

春日　ははっ……（笑）。

若林　なんかそれも、長〜い常連さんだから。その人のことも知ってる感じで。

春日　あ〜、そうか。その何々さんのことも知ってるっていうね。

若林　そしたら、その何々さんが来てさ、「あ～、久しぶりっす～！」みたいな感じなの。南原さんと同世代ぐらいの方だと思う。でさ、帰り際だったかな、びっくりしたのがさ、「なんかライブやるんだって～？」って、その常連さんが南原さんに言うのよ。南原さんに、だよ？

春日　ほお、うんうん。ライブ？

若林　南原さんも「あ、そうなんすよ」みたいな。お店の人も「なんか聞いたけど、ライブやるんだって～？」って言ってて、「そうなんすよ。いろいろやろうと思ってて」「え～、何？行きたいなぁ」とか。

春日　ははは（笑）。

若林　「それ、席とかなんとかなんの～？」みたいな。

春日　おぉ、軽いねぇ！

若林　南原さん、「どうかなぁ。ちょっと聞いて折り返します」みたいな。

春日　えぇ!?

若林　いや（笑）、「南原さんのライブ、そんな感じなんだ！」と思って。南原さん、普段からそうなんだろうね！

春日　まあまあ、その感じだとね。なんかねえ、若手芸人とかじゃないんだからね。

若林　でも、南原さん言ってたな、「地域の人とすごいしゃべるようにしてる」って。「大事だぞ」って言ってた。

春日　へぇ～。なんかあるんだね。

若林　そうそう。すごい仲いい感じで。「え～、観たいなぁ」みたいな。フフッ、だってそんな、チケット取れないじゃない、南原さんのライブなんて。

春日　いや、取れない、そうよ。そのへんのね、小屋でやるわけじゃないでしょ。たぶん、すごいとこでやるんでしょう。

若林　で、ごちそうになってさ、店の外出たのよ、大通りのところ。年末だから、「ごちそうさまでした。今年もありがとうございました。

来年もよろしくお願いします」っったら、南原さん、「こちらこそね～」みたいな。「楽しかったです！」とか言って、「こちらこそよろしくね～」って。3～4メートルぐらい、間が空いてて。

春日　はいはいはい。

若林　でも、もう1回ちゃんと挨拶しようと思って、5メートルぐらい開いてから、もう1回振り向いて、「お疲れ様でしたー！　よいお年を～！」って言って、南原さんもこっち向いて、手振ってくれてたの。「またね～」とか。

春日　はいはい、最後の挨拶みたいなね。

若林　そしたら、駅からバーッて人が降りてきて、なんか、「ぶつかるの上等！」みたいな、ものっすごいイライラしながら、すごいスピードで歩くおじさんっているじゃん。

春日　あ～、まあいるね、たまに。

若林　なんかプリプリしながら歩いてくる人がいたんだよ、南原さんの背後から。

春日　おぉ！

若林　俺、「南原さん、このタイミングで振り返って歩き始めたら、ぶつかるなぁ」って思ったから、「危ないっすよ」って言いかけたときに、南原さん振り向いて、思いっきりぶつかったのよ、その人と！

春日　えっ!?　えぇ～！

若林　そしたら、さっきまで「体の軸が」って言ってた人が、**もう5メートルぐらい吹っ飛ばされてたんだよ。**ははははは（笑）。

春日　へへへへ（笑）。あぶね～、大地とつながってた人が！

若林　どわ～って、もう軸ブレブレなの。でも俺、それ見たことがバレたら、南原さんかわいそうだから、すぐ振り向いて、**めっちゃ軸しっかり歩き始めた。**

春日　はははははは！（笑）

若林正恭、第二子誕生

【第631回】2022年2月5日放送

春日 何を言ってるの？　奥さんはいるよ。2年前ぐらいね、いい夫婦の日にね、結婚されて。若林さんにしたらベタだな、みたいなね。

若林 うんうん、はいはいはい。

春日 というのがあるけど、ななな、何？　どうしたのよ？

若林 その～、話を思い出すと、今のオミクロン[※2]の、ここ2週間ぐらいだよな、ものすごい人数が上がってきたの。3週間くらいか。

春日 あ～、まあそうだね。日に何千人、何万人、みたいな。

若林 そう。1カ月ぐらい前に、俺、立ち会いしてんだけど。何週間か前か。

春日 だから何、なんのよ？

若林 その、出産の。

若林 あのー、水曜日に、外出てるときに、「春日が発熱した」[※1]って聞いて。

春日 へいへいへいへい。

若林 たぶん濃厚接触者だ、って聞いてて。自宅療養じゃない？

春日 はい。

若林 でもその～、**自宅に、奥さんと子供がいるのよ、火曜日から。**

春日 ん？　……何、どういうこと？

若林 だから、奥さんにうつしちゃうと、「誰が子供見るんだ」って話になるじゃない、0歳の。

春日 ゼロ……え、ん？　何、何を言ってるの？

若林 だから、どうしようかなと。

※1「春日が発熱した」
2022年1月19日、春日の新型コロナウイルス感染が発表される。22日には、濃厚接触者とされていた若林の感染も発表され、番組が2週お休みすることになった。

※2 オミクロン
当時、新型コロナウイルスのオミクロン株が猛威を振るっていた。

春日　出産!?

若林　そんときは、立ち会いしてもよくって。

春日　誰の、誰の？

若林　いや、俺の奥さんの。

春日　俺……何、なぁんだ、この話は！

若林　ふふ（笑）。だから、話を整理しなきゃいけない。なんで実家にいたか、っていう。

春日　ちょっと待て待て待て待て！　怖いなぁ、また！　**結婚したときと同じやつじゃねーか、これぇ！　あとからぁ！**

若林　これね、

春日　なんなんだよ！

若林　なんで今日まで言わなかったかっていうと、アンケートでさ、年に1回ぐらいあるじゃん、「初出しのトークお願いします」って。

春日　あるね。どこでも話してないようなな。

若林　「そんなのないよ！」って思うじゃない。

春日　ないよないよ。ラジオとかで話してるんだもん。

若林　そのアンケートが来るまで待ってたのよ。

春日　なんだよ、それ。いや、そんなことはないじゃん。そんなことはないじゃない。

若林　でも、**「なんでもかんでもラジオで発表するって思うなよ」**っていうのは、なんかだんだん、結婚とか発表していくうちにあった。別にそこまでリトルトゥース信用してないよ。

春日　いやいや（笑）。残念だよ、それは残念。

若林　うふふ（笑）。なんでもかんでもラジオで発表って、春日がそういう感じだから、なんか……ダセェなと思って。

春日　**何がダセェんだよ！**　ラジオって、毎週やってるし、その、最新のオードリーちゃんをお送りする、みたいな。

若林　「初出しのトークありますか？」っていうのを待ちに待ってたのよ。ないね！　もうみーんな、さんざん言うから。

春日　いやそうよ。それはそれで困るよ。困るってことでもないけど、特番とかでね、ポッと話されたりしても（笑）、こっちはその〜、対応はできないよ。ラジオにしてもらいたいけどね。できればね。できればというか、うん。

若林 でも、そればっかりじゃん。

春日 そういう場なんだって、ラジオは。

若林 そういう場でもないぞ、別に！

春日 いやいや。それは……。

若林 勝手にそうなってっただけ。

春日 一番新しい、デカい情報……**まあそう言われてみれば、そうだなぁ。**

若林 そうなんだよ！

春日 いつの間にか、ラジオで言うのが当たり前みたいな。いや、だとしてもおかしいよね。

若林 思い出すと、俺が立ち会った次の週から、立ち会いできなくなってたからね。その瀬戸際だったの。あと、生まれて何日間か入院するじゃん、奥さんと子供は。その間の面会時間も最初、フリーだったけど、30分になったんだよ。5日ぐらいの間にね。

春日 いや、それそれそれ、え？ え？

若林 それで、それでよ！ 火曜日に退院だったのよ、奥さんと子供が。

春日 あ〜、そう。

若林 そう。で、俺はもうその間、5日間、6日間、家にひとりだから、ひとりでさ、ベビーザらスで買ったさ、ベビーベッド組み立てたりさ。それで、あれ慌てるな。

春日 何がよ。

若林 なんだろうな、女の子だってわかってたから。

春日 そうなの？

若林 それまでさ、ベビーザらスに行ってさ、ベビーベッド……。

春日 ちょっと待って、ちょっと待ってくれよ！ ちょ、正解なのか？ 今の私のテンション。その、もっと聞いたらいいの？ **なんだこれ、どうやって聞いたらいいんだ!?**

若林 何をよ。

春日　聞き方がわからんぞ、この話の聞き方が！　ワシは正解なのか、このテンションは！

若林　なんか、逆にお前らしくさ、あんま興味ない感じ出せば？

春日　いやいやいや（笑）、難しいって！

若林　お前得意じゃん、執着しない感じ出すの。

春日　いや、この場合は難しいだろ。

若林　「あっ、そう、ふ〜ん」って言えばいいんだよ。

春日　いやいや……。

若林　「あ〜、いいっすねぇ〜」みたいな。2017年頃のラジオの。

春日　あはははは（笑）、もう今は違うから。

若林　DJ松永が、「本当に春日さんがやる気なかった」って言う頃のラジオがいいんじゃないの？

春日　あははは（笑）。いや、もう2022だから、そこはもう更新されてますから。そんな、なんかつらつらと話されてもさあ。なんなのよ、それは何、ダディになったってことなのね？

若林　そ、なんか俺は、そういう言い方あんま好きじゃない。照れて、「ダディ」ってワンマーク外すけど、**俺は、パパになったの。**

春日　いひひ（笑）、いやぁ〜、ど真ん中。ふっははは（笑）。

若林　「ダディになった」とか言うの、しゃらくせえからやめてくれよ、もう。俺はパパになったんだよ。揺るがしがたいよ、これは。事実なんだから。

春日　いやそれはさ、なんかね、素振りというかさ、別に小出しにしろとは言わんけども。

若林　小出しにするもんじゃないよ（笑）。

春日　じゃないけども。「今、このタイミングか!?」っていうのもあるし。

若林　いやだから、俺も待ちに待ってたの、「初出しのトークありますか？」っていうアンケート。初出しのものがなくて申し訳ないと思ってきたから。

春日　いやいや、そうだけどもさ。

若林　だから、それを待ってたんだけど、このコロナの療養っていうのと重なったから、まあ青銅さんとさっき話して、「今日なんじゃない？」って。話すとしたら。

春日　今日……なのかな。やっぱその……。

若林　仕事終わりに行っても、30分しかふたりに会えないんだけど、自分でベビーベッド組み立ててさ。あれなんだろう、男文化で育ってるじゃん。

春日　うん。

若林　ベビーザらス行って思ったけどさ、男の子用の『カーズ』とか『トイ・ストーリー』とかの、赤ちゃんが着る服はわかるじゃん。でも、ミッフィーちゃん、それこそ俺、（番組の）最後に「ミッフィーちゃん」つってるけど、ミッフィーちゃんが鉛筆持ってる絵が入ってる服とか、買う感覚を勉強してかなきゃいけないよ（笑）。

春日　いやわかる、わかるよ、わかる。

若林　それで、まず生まれた日だ。立ち会ったんだけど、やっぱホント……奥さんがすごいなと思ったけど、知り合いも「私もやった」って言う人いたけど、「赤ちゃんが下りてこないです」ってなって、4点ポジション？　格闘技でいう。なんかその、姿勢を変えたりしてたの。

春日　はいはいはい、へぇ〜。

若林　したらなんか、テニスボールをさ、お尻に押すんだよね。そうすると、痛みがちょっとやわらぐらしい。

春日　へぇ〜。

若林　テニスボールを渡されて、助産師さんに。「これでお尻を押してください」って。

春日　あ、若林さんが？　病院の方がやるんじゃなくて。

若林　俺がやるの、その役は。それで、4点ポジションになっている奥さんのお尻に、テニスボールで、俺がフルの力で。「痛い痛い痛い！」

って言ってるから、フルの力。もうさつま揚げみたいになってるの、テニスボール。でも、「もっと押して」って言うから。

春日 うーわ、だいぶ圧すごいね。

若林 うん、「押してる!?」って言われて。いや、もうめちゃくちゃ、ラグビーのスクラムのフランカーみたいになってんだよ。

春日 ポジションわかんないのよ。それ何、がっつりいくとこなのね？

若林 うん、ラグビーやってる人わかると思うけど、めちゃくちゃ押してんの。「いや、結構フルで押してるけど」「もっともっと押して！」って。で、「車の中に、アメフトのボールとゴルフボールがあるけど」って言ったら、**「赤ちゃん出てこないでしょ！ アメフトボールを押しても！」**って怒られて。

春日 だ、誰に？

若林 奥さんに。

春日 冷静だな。あはは（笑）。

若林 「テニスボールでいいから、もっと押して！」って言われて。そういう状態でやっと生まれて、「外で体重測ります」ってなったときに、「横にいてくれ」って助産師さんに言われたの。そしたら、もうバックヤード、バタバタだけど、看護師さんが通り過ぎ際にさ、「おめでとうございます！ かわいいですね！」って。みんな言ってくれんだけど、感動して泣きそうなのよ。

春日 あぁ～、そらもうそうでしょうよ。

若林 無視はダメだけど、声を発したら泣いちゃいそう。

春日 あはは（笑）。もうギリッギリなのね。

若林 そう。「こんな言葉が出るんだ」って思ったんだけど、「おめでとうございます、かわいいですね～！」って言われたら、**「ヘィ……」**って言って（笑）。

春日 ヘィ!?

若林 「ヘィ」になる。いや、「ありがとうございます」って言ったら、泣いちゃいそうなの。言葉、なるべく短くいきたい。でも、無視はしちゃいけないじゃん。そしたら、「ヘィ」って。

春日 へへへへへ（笑）。おぉ！　いいねぇ。

若林 「おめでとうございます！」「ヘィ」「よかったですね！」「ヘィ」。あははは（笑）。

春日 ふははははは（笑）。あ〜、「ヘィ」になるのね。

若林 時間になったら面会終わりで、出なきゃいけない。サトミツから連絡があって、ずっと気にしてくれてたから、「さっき生まれた」って言ったら、「ちょっと家寄っていい？」って言われて、家来て。それで、今みたいな話してたの。

春日 はいはいはい。

若林 「それをやりに来てんだろう」と思うんだけど、もう号泣ね。俺んちでふたりで（笑）。

春日 あ〜、いや、目的はそれだよ。**「今日、ちょっと泣きたい気分だから」**。あはははは（笑）。「うん、行こー」みたいな。

若林 なんか、チョコモナカ食いながら号泣し始めて、ぼろぼろモナカ落としてさ。

春日 なんでチョコモナカ食ってんだよ、どっちかにしろよ！　なんなのそれ？　あははは（笑）。泣くのわかってんだから食うなよ！

若林 結婚したときも、サンマルク（カフェ）でさ、チョコクロワッサン食いながら……（笑）。

春日 チョコ好きだなあ。

若林 **「お前、泣きに来てんだろ」**って言いそうになったけど、ふたりだと成立しないよね。

春日 まあまあ、そう。あははは（笑）。

若林 笑う人がいないから。で、まあ帰らして。

春日 あははは（笑）。そうだね、早くね。

若林 それで、火曜日に、ようやくうちに来るということで、朝、車で迎えに行って。奥さんとさ、赤ちゃんがいて。担当してくれたお医者さんとさ、玄関で写真撮って、「よかったですね」って言われて、「ヘィ」って。

春日　そこも!?　そこはもう「はい」でいけないの?

若林　で、家のベビーベッドまで連れて行って、それですぐ名古屋よ。

春日　なるへそ!

若林　うん。行かないと間に合わない。「今日から一緒に暮らすんだ」と思って。名古屋、帰り遅くなる。でも、家で(赤ちゃんが)寝てるの、初めて見れるだろう?

春日　うんうん。

若林　で、水曜日、お前が発熱する。

春日　はいはい。

若林　俺が濃厚接触者。奥さんに感染させちゃったら、子供もそうだし、誰も(接触)できないじゃん。だから、「ホテル療養ってできるんですか?」って、保健所の人に聞いて。「でも、今は保健所大変だから、ホテル見つけるまで、数日かかりますよね?」つったら、「数日かかりますね」と。じゃあもう、実家の2階しかないな、と思って。『あちこちオードリー』の収録もなくなって、その間ずーっと、お台場と汐留、レインボーブリッジ行ったり来たりしてたよ。車から出ちゃいけないから。

春日　あぁ〜、なるへそ。

若林　だから、言いっこなしだけど、**ホント、アイツのせいでさ(笑)。**

春日　いやいやいやいや(笑)。

若林　あははは(笑)。

春日　いや、それは「申し訳ない」って言ってんじゃん。そんな状況だったの知らんから。

若林　もう、言いっこなしだし、本当に「春日が元気になってよかったな」って、今思ってる。だから、そんなこと言わないでくれ。

春日　いや、じゃあ言わないでくれよ。

若林　でも、証明できないから、ほかの感染経路も。

春日　うん、そうね。

若林　ただ、まああり得ないけどね。自分の行動をいろいろ思い返したけど。

春日　だから、それはすまん、すまんかったと。

若林　でも、わかんないから、これって。

春日　うん、そう言っていただけるとね。

若林　春日が元気になってよかったな、っていう気持ちで、100です。

春日　まあまあ、助かるけど。そう言ってもらうとね。

若林　だから、**「いや〜、子供が生まれて、家で暮らす初日に……いきなり10日間隔離かぁ〜」**と思って。それで、実家に行って。もうお風呂入れたい、オムツ交換してみたい、ミルク作ってみたい、いろいろあったけど。

春日　うん、あるよね、やることは。

若林　全部できずにさあ！　誰のせいでもないけどね。

春日　すまんよ、だから！

若林　誰のせいでもないけどね。

春日　これはもう本当に。

若林　いや、お前が「すまん」って言ったら、俺が悪者になっちゃうじゃん。

春日　フフフフ（笑）。いや、別に悪くはないしね。

若林　あと、お前じゃないかもしれないから。わかんないから、こればっかりは。

春日　まあまあ、そうかもしれんけども。

若林　それで、LINEで、初めて笑うのは絶対見たかった。でも、動画で3日目ぐらいに送られてきて、**「笑っとるやないかい！」**と思って。

春日　そら笑うよ、3日ぐらい経てばね（笑）。

若林　「もう3日で笑っとるやないかい！」って思って。俺、奇子《あやこ》※3状態でさあ。手塚治虫の。

春日　ははははは（笑）。はいはい、格子からね、こう外を見ることしかできない。

若林　もう恥ずかしいですよ。お前、お父さんがマリオカートやってんだぞ、親父の部屋で（笑）。本当にカレンダーに×つけてた、「あと1日」、「あと1日」って。3日目に発症したら、

※3 奇子
手塚治虫の漫画『奇子』の登場人物・天外奇子。幼い頃にある事件を目撃したことから、一族の体面を保つために、20年以上土蔵の地下室に幽閉されたまま育てられる。

またそっから10日じゃん。
春日　まあそうだね。
若林　「まっじかぁ〜」って。**誰のせいでもないけども！**
春日　ひっひひひひ（笑）。
若林　「これはキツいな」と思って。
春日　それはもうね、すまんなと思ってるよ。
若林　でもあれさ、自分で認めないね。
春日　何がですか？
若林　足痛くて、膝も痛くなって、悪寒がすごくてダウン着ながら、羽毛布団、親父のやつをかぶって寝てんだけど、「この部屋さみーな」って思ってんだよね。あれ不思議だね、人間って。
春日　なるほどね、自分の状態は。
若林　あれ、なんなんだろうね。部屋でダウン着て布団入ってたら、もうアウトだけど、当事者って、まだ熱測んないね。
春日　あ〜、そうだよね。決定出ちゃうからね、数字でね。うん、結果出ちゃうから。
若林　そうだ、それで熱出て、事務所に連絡して、そっからまた10日だから、14日、いなきゃいけないっていう。
春日　ああ、そうか。トータルでね。
若林　そうそうそうそう。もう14日さ、親父の部屋で奇子状態になってさ。本当にランディ・バースになってるの、髭で。
春日　へへへへへ（笑）。いや、そうだね。
若林　10日経つと、もう大丈夫じゃない？
春日　はいはいはい、もう明けるからね。
若林　ようやく自分の家に帰って、「ようやく抱っこできる」と思ったら、こっちランディ・バースだよ。**抱っこした瞬間、もうギャン泣きで。**
春日　へへへへへ（笑）。「知らない」と。
若林　知らない、髭の親父が勝手に入ってきて、泣きながら「抱っこする」つって。ボンッボン蹴られて。もう、（足が）ピーンって伸びてた、

「ギャーーー!!」って泣きながら（笑）。

春日　そらそうだ。

若林　もうこんな悲しい……誰のせいでもないけどね。

春日　正直、すまんかった。さらに、さらにすまんかった、だよ。

若林　それで、そっから今、何日経ったんだ？3日ぐらい経ったのか。オムツ替えたり、お風呂入れたり、哺乳瓶でミルク作ったりして。

春日　おぉ～、やってる。

若林　ようやく泣かなくなってきたけど、初日はもうギャン泣きで。

春日　そりゃそうだ。**「なんでバースに抱かれてんだろう？」**と思ってるからね。あははは（笑）。

若林　生まれてから2週間ね、俺は赤ちゃんより寝てたんじゃないかな。14日で。

春日　あ～、でも、そうかもねぇ。

若林　誰のせいでもないけど、名前の届け出も行けなかったんだよね。

春日　あ～、行ってもらって、それは。そっか、確か1週間ぐらいだもんね。

若林　奥さんが「行ってくるからね」つって。「マジか～……」と思って。

春日　それもまた、すまんかったなぁ。

若林　でも、お前のせいじゃないから。だって証明できないし。

春日　私から、っていうのが濃厚だからね。その説が。

若林　濃厚といえども、説明できないよね。新幹線とかでも、まあ周りに人はいなかったけどね、行き帰り。

春日　フフフッ（笑）。どんどん、その～……。

若林　マスクしないでしゃべった、っていうのは……お前しかいない。

春日　**じゃあ、私じゃないか、だから！（笑）**すまんよっ！　そんな、子が生まれて。

若林　いや、でもお前が治ってよかったけど、ただ、「生まれて2週間、会えなかったな」っていうのは、**まあ一生覚えてんのかな、と思うよ。**

春日　いやいやいや（笑）、勘弁してくんねえか。

若林　あはははは（笑）。

奥さんに離婚されちゃうかもしれない

【第634回】2022年2月26日放送

若林 俺さ、実はひとりで、じ〜んわりずっと「怖いな」って思ってることあって。
春日 ほぉ。何を？
若林 俺、奥さんと15歳離れてるじゃん。まあ、俺よりもっと離れてる夫婦が多いけど、**「年の差夫婦って、結構離婚すんな」**って思うのよ。
春日 へへへ（笑）。どうなんだろうね。まあまあ、なんとなくね。
若林 わかるでしょ？
春日 言われてパッと思いつく方々ね、何組かいるけどさ。うーん、どうなんだろうね。年が近い人と率で言ったらね、どれぐらいかわからん。確かにそのイメージはあるわ。
若林 俺、ちょっと怖くて。なんでかって言うと、例えば、焼肉行くとするじゃん。俺、消化能力的にね、もうカルビが食べれないのよ。
春日 はいはい、まあ、わかるわかる。
若林 でも、奥さんがカルビ好きなの。だから、カルビが焼けたら、気が利くヤツの感じで、「これ焼けてるよ」って、カルビを全部奥さんに押し付けてんのよ、実は。
春日 はいはい、自分は食べられないからね。
若林 そう。で、自分はロースとかハラミだけ食べてんの。それは頭の中に、「年の差夫婦、結構離婚するな」っていうのがあるからなんだよね。これが、同い年とか、ほんのちょっと、3個ぐらい下の奥さんだったら、消化能力が下がっているということに、なんか理解があると思うの。だから、「若いときは食べれたのにね」で、盛り上がれると思うのよ。

春日 はいはい、「確かにそうだな」つって。

若林 でも春日ってさ、「鉄人売り」じゃん。

春日 そうだねぇ、うん。

若林 そういうのあんの？ 若いときに比べて、とか。っていうか、**むしろ全部の成績がよくなってんじゃん、若いときより。**足も速くなってるし。

春日 んふ、いやいやいや（笑）。

若林 あと、大食いになったし。

春日 大食いにはなってない。

若林 ジャンプ力も上がってるし。

春日 年いって能力上がるの、ブレイディ[※1]くらいしかいないからね。

若林 あと、歯もきれいになったじゃん（笑）。

春日 「黄色い」って言われたばっかりだろうよ、さんざん。**「コーントゥースだな」**って。

若林 肌もきれいになって。

春日 どこがだよ。シミ取り行ってんだよ、こっちはさぁ。うん。

若林 あははは（笑）。

春日 あははは（笑）。能力上がってるっていうのは、ないだろうけども。

若林 なんにもない？ 何か衰えた、って。

春日 いやいや、あるよ。やっぱね、起きたときにさ、体痛いしさ。

若林 あははは（笑）。

春日 「あれ、昨日なんかすごい運動したっけ？」みたいな。したら、「2日前、すごい動いたな」みたいな。ベタなさ、あるじゃない。

若林 1日遅れとかね。

春日 食ではないかなぁ。

若林 テレビでさ、やめてほしいよな、「実は1日遅れの筋肉痛なんてない」って言うじゃん。

春日 あ〜、あるね。

若林 あれ、「バカじゃないの」って思わない？「俺が1日遅れて筋肉痛になってんだよ」と思って。いい加減にしろ、って思うんだよね。

春日 体験してんだよ、っていうね。

※1 ブレイディ
アメリカンフットボール界のスーパースター・トム・ブレイディ。2023年に45歳で引退するまで、華々しい活躍を続けた。

若林　それさ、クミさんと盛り上がる？「若いときはさ」みたいな。

春日　あー、そこまでの衰えはあるかなあ。食も、そんなに変わってないっちゃ変わってないかもしんないね。

若林　消化能力落ちてるとかない？

春日　あーでも、食べ放題とか行って、食べられなくなったな、みたいな感じでクミさんにイジられることはあるね。

若林　フフフ。量が？

春日　「あ、もう終わりなの？」みたいな。

若林　俺それ、バレないようにしてんのよ。

春日　ああ、そう。

若林　ディズニーランド行ったときに、スプラッシュ・マウンテンとスペース・マウンテンね、入ってすぐ乗ったら、もう終わりだったの。体力が（笑）。

春日　それは衰えすぎてるでしょ（笑）。それはイジられるよ。

若林　でも、スケジュールがずっとしんどかったからかもしんない。休みなんて、連休ないじゃん。で、行ったからかもしんない。寝不足で。

春日　あ〜、体力がね。そもそもない。

若林　で、「チュロスを食べよ」ってなっちゃって。もうチュロス食べてるとき、本当に『黄金伝説』（の大食いロケ）を思い出したからね。

春日　なんで？　そんなにもうゼロなの？

若林　チュロスがもうホントね、8メートルぐらいに感じたもん。**「まだ、こんな残ってんの……」**って。

春日　ははは（笑）。「全然減らねぇ」つって。

若林　「全然減らねぇ……」って。そのあと、ウエスタンリバー鉄道並んでたときに、もう疲れてるプラス、チュロスの揚げた感じと砂糖でやられてるから、気づいたら黙ってたんだろうね。奥さんに、**「え？　楽しくない？」**って聞かれたからね。ははは（笑）。

春日　へへへへ（笑）。テンション下がっちゃって。

若林　そうそうそう。それでこないだ、チャイルドシートを車に設置しようと思って、チャイルドシートが入ったデカい箱を、自分の家から地下の駐車場まで運んでたら、ぎっくり腰になっちゃったの。

春日　えぇ!?

若林　1回、エレベーターで降ろして、また持ち上げたとき。でも俺、言わなかったもん、奥さんに。「ぎっくり腰になった」っつったら、離婚されちゃうから。

春日　いや、されないだろ。

若林　「こいつ、ジジイじゃねえか！」って。ある日、**「こいつ、ジジイじゃねえか」**って年下側が思って、離婚すんだと思うのよ。

春日　なるへそ。そういう理由なのかなぁ。

若林　いや、同い年世代だったら盛り上がると思う。「食べれなくなったよね、カルビね」って。

春日　まあそうだね。

若林　やっぱ、西加奈子[※2]とは盛り上がるから。あのさ、「ケガが治らない」とか。

春日　なるへそなるへそ。

若林　で、ケガも治んないのよ。

春日　それは確かにそう。

若林　ある？　若いときのほうが早かった？

春日　うん。擦り傷とかも全然、「これ、ずっと治んねーな」みたいな。

若林　だから俺、本当に春日との高校時代を思い出すんだけどさ。教室にさ、イスと机をピラミッドみたいに重ねてさ、バーッて走ってってそれに飛び込んでさ、ガッシャーンってなるだけ、の選手権をやってたのよ。で、「9・6」とか、「8点」とかね。**モロッコの選手だったんだよね、春日は。**

春日　クッフフフッ（笑）。そうだ、モロッコ代表だ。

若林　「トシアキカスガ。モロッコ」って俺が

※2 西加奈子
若林と交友のある小説家。

言って、バーッて走って、ガッシャーンってなってさ。あんなの、よく平気だったよな、体。柔らかいのかな、腱とか筋肉が。

春日 なんなんだろ、ま、そうなのかも。

若林 たぶん、青あざとかにはなってんじゃん。

春日 うん。なんかやっぱり、とっさの対処が、体が反応できてんじゃない？　今やったら、たぶん一発でケガするよ。同じことやっても。

若林 受け身がいいとか。

春日 それは思う。やっぱ体張るロケとかでも。

若林 なんか寂しくない？

春日 寂しい。「これ、ケガしそうだな」って思っちゃうもんね。

若林 だよなぁ。

春日 うん。10年前だったら、「おう、おう！」つって逆に燃えてさ、絶対ケガするはずがないと思ってたもん。

若林 食が細いのも奥さんにバレないように、いつもご飯食べてんの。離婚されちゃうから。

春日 クッ……（笑）。

若林 「こいつ、ジジイじゃねえか」っていうのが。

春日 思ったよりね。ジジイだってのはもちろんね、年の差あるのはわかっているけども、目の当たりにするとね。「やっぱジジイじゃねえか！」ってのが、もう1個奥に入るんだろうね。ははは（笑）。

若林 だから俺、一生懸命……あ、やっぱこれほら、そうじゃん。

春日 え、何？　データ？

若林 ２０２０年、20代〜60代の男女２００名アンケート。年の差5歳未満の離婚率は、15％。年の差5歳以上の離婚率は、33％。

春日 倍以上じゃないですか！

若林 年の差が5歳以上ってことは、10歳以上、15歳以上、20歳以上、25歳以上って刻んでいけば、俺、もっとじゃないかなと。

春日 なるへそ。もっと細かく出せばね。

若林　俺は怖いんだよ。

春日　年齢差があればあるほど。

若林　だから、お腹いっぱいなんだけど、一生懸命食べてるの。バレないように。

春日　大変だねぇ。

若林　こないだ、「バレないように食べきったな」って思ったら、「奥さんの分だな」って思ってた、皿に残ってたのが、2切れぐらいあったの。

春日　おぉ。

若林　それを奥さんが俺んとこに持ってきて、「これも食べちゃって」って言ったときに、「頑張って食べ終わった！」って自分では思ってるから、その瞬間さ、**「食べれないよ！」**って言っちゃったのよ。

春日　へへっ（笑）。ダメだよ、せっかく頑張って食べたのに、それ言っちゃったら、もうバレちゃうじゃん。

若林　（普段は）ケンカしないのよ。怒ることってないけど、びっくりして奥さんが目丸くして。急に、**「食べれないよ、僕は！」**って。あははは（笑）。

春日　それこそ、これぐらいのことで青筋立てんでも、って話だね。

若林　それからすごい奥さんがね、「ムリして食べないでいいからね」って言うようになって。で、その流れで、**「もう僕、離婚されるんじゃないかな、と思って怖いんだよ」**って、ちゃんと言った！　あははははは！（笑）

春日　がははははは！（笑）　なるへそ、そうだね。それ確認するのが一番かもしれない。

若林　そう、話したほうがいいと思って。

春日　そうだね。やっぱ若林さんにとっても負担あるしね。

若林　そうでしょ。ははははは（笑）。

春日　もたないよ、たぶん。どっかで糸切れるときあるよ。あははは！（笑）　ああ、よかった、よかった、それは。

魚専門の定食のお店

【第638回】2022年3月26日放送

若林　新橋で空き時間あって、2時50分ぐらいだったの。で、「魚食べたいな〜」と思って。
春日　はいはい。
若林　「サンマの塩焼きの定食、食べたいな〜」と思って歩いてたら、お魚専門の定食のお店があったの。居酒屋で、昼は魚だけの定食やってるのかな。
春日　あぁ〜、いいね。
若林　ランチは「3時まで」って書いてあったから、「間に合うかな、ダメだったらまあいいか」と思って、「すいません、まだ大丈夫ですか?」つったら、「大丈夫ですよ!」って。
春日　おお、おお。
若林　その時点で、4人テーブルにおじさん4人と、カウンターに女の人ひとりで、店は狭い。全部で11人ぐらいかな。テーブルが2個に、カウンター3人、みたいな。
春日　あ〜、まあ狭いね。
若林　で、カウンターに通されて。もちろん、サンマの塩焼き定食を頼んだんですよ。そのぐらいで、カウンターで食べてた女性と、サラリーマン4人が出ていったわけ。
春日　なるへそ。
若林　そしたら、なんかこうガタイのいい、威勢のいい感じの人と、その人のイエスマンみたいな2人組が入ってきたんですよ。
春日　おお、新たに。
若林　常連さんなのかな、もうその時点で3時とかだったんだけど、「まだ大丈夫?」って入ってきて。「あ、大丈夫ですよ!」って、店員さんが言って、俺の後ろのテーブル席に座って。忙しかったんだろうね、さっきの4人の食べ終わったテーブルを、一生懸命片してるんですよ。ホールひとり、厨房ひとりって感じだと思う。厨房の中には入ってないけど。

春日　なるへそ。

若林　常連なのか、系列店かなんかの偉い人なのかちょっとわかんないんだけど、ちょっと春日、話聞いて判断して。

春日　おお、どういうことよ？

若林　「まだ大丈夫？」「大丈夫っすよ！」。で、テーブル席座って、**「う～んと～、手伝うよ！」**って言ったの。

春日　あ～、片付けを？

若林　片付けを。普段からかなり高い位置から、上から行く常連なんだろうね。店員さんが「とんでもないですよ！　めっそうもないっす！　大丈夫っすから！」つったら、**「いやいや、店の流れ見たいからさ」**って。

春日　「店の流れ見たい」？

若林　って、その人が言うんだよね。「店の流れ見たい」ってなんなんだ……。俺、その時点でAirPods耳に入れて、音を集める設定にしてさ。そのトーク聞かなきゃいけないだろ？

春日　いくつぐらいの人なの？

若林　30……8。38、ガタイよし、みたいな。なんか、肩幅が春日的な広さあって。

春日　あー、結構若いね。ちょっと体育会系みたいな感じの。

若林　イエスマンは小さい。なんか「そういう人についてるイエスマン」って感じだったね。

春日　はいはいはい。

若林　店の人なのかなぁ。常連で、めちゃくちゃいろんなこと手がけて成功してるから、アドバイスできる人なのかなぁ、みたいな。

春日　ちょっと謎ではあるよね。

若林　それで、1個のテーブルは皿片付けて、一生懸命。めちゃくちゃ若い人ね、店員さん。

そしたら、「店の流れ見たいからさあ」とか言って、勝手に手伝いだしたの。

春日　ほうほうほうほう。

若林　厨房にも入ろうとするんだけど、「ここ置いといていただければ！」って言うの。このご時世だし、あと、俺がサンマの塩焼き頼んでるから、そこで厨房へ入っていくってさ、ないんだろうな。

春日　あ〜、なるへそ。まあそれもあるし、お客さんだからね、厨房までは勘弁してください、みたいなことではあるんだろうね。

若林　でも、常連だったら厨房入れないよな、春日さんの言う通り。だって、客だもんね。

春日　まあそうね。常連であっても、お客さんはお客さんだからね。

若林　そうそう。でも、ガンガン片付け手伝ってんだよ。それで、テーブル片し終わったら、もう1個のテーブルは、お皿とおしぼりと割り箸がさ、もう4人席にセットしてあんだよ。常連なんだかわかんないけど、それ見てさ、「これさあ、何？　ランチ3時までだよね？」つって。「はい、3時までです！」「予約入ってんの？　このあと、お客さん来んの？」つって。「いや、あの〜、夕方のオープンの用意を先にしまして！」つったら、**「これね……イヤだな〜」**って言ったの。

春日　へへへへ（笑）。ホントに？

若林　これ、ホントなんだよ。

春日　ホントなの？　嘘みてえな話だな。

若林　嘘みたいだな、って。俺もうAirPods、めっちゃ集音できるようにして。

春日　でも、ただのお客さんじゃないよね。初めて入ってきたお客さんじゃないでしょ。

若林　かなり仕事できるような感じ。

春日　そっちか、常連か、まあ2択かぁ。

若林　「俺、ヤだな〜」「あ、ダメですかね〜？」って感じなの。**「これさ、えっとね、やるわ！　今からやる！」**つって。

春日　やる？　何やるの。
若林　お皿を4枚重ねて、壁側に寄せたの。で、お箸を4つ持って、その皿の上に載せたの。
春日　はいはいはい。うん。
若林　「なんで俺、今これやったかわかる〜？」って言ったの、その人。
春日　店員さんに？
若林　店員さんに。そしたら、もう無言の間。
春日　クイズだ、クイズ。
若林　「え〜っと……」って、無言の間。怖いね！
春日　いや、怖いね。
若林　俺らの年になると、「なんでこうしたかわかる？」は、なくなってきたね。
春日　クッフフ（笑）。そうだね。
若林　若いとき、聞かれるよね。
春日　聞かれるよね。クイズ出されるよねぇ。
どっちにしろ怒られゴールのクイズ、出されるよなぁ〜（笑）。
若林　ゴールが必ず説教のクイズ！
春日　うん！
若林　**クイズ「ゴールは説教！」ね！**　ははは（笑）。
春日　あっははははは！（笑）ヤだ！　絶対参加したくない！　でも参加させられんだよな〜、あれ急に。
若林　企画書、書いてよ。俺、MCやりたい！　クイズ「ゴールは説教！」。あははは（笑）。
春日　どのタイプの説教になるか、だけよ。
若林　「なんで俺、今こうしたかわかる〜？」ってったら、「え〜っと……うーん……」「え〜っとね、正解は、ご時世ですぅ」って言ったの。
春日　ご時世？
若林　うん。で、「ご時世……ご時世ですか？」ってなってるの、店員さんは。
春日　うんうん。
若林　「これ4つね、座るところの前に並んでると、『店員が触った』ってことになるじゃん」

春日　なるへそ。触って並べたと。

若林　「割り箸もお皿もさぁ」つって。「でもさ、寄せてあって束ねたら、なんだろう、ベタベタは触ってない感じするよねぇ」

春日　確かにね、ワンタッチぐらいだね。

若林　**「今のご時世、こっち正解なのよぉ〜」**

春日　はぁ〜。ご時世クイズだったか。

若林　ははは（笑）。ご時世クイズだったのよ！

春日　マナークイズだと思ってたわ。

若林　でも俺、「そうなのかな？」って思いながら、でも振り向いて目合ったら、聞いてるのがバレる。そういうのもわかる感覚は持ってそうなヤツだったから。ははは（笑）。

春日　ははは（笑）。あ〜、怖いね。

若林　イヤホンして、お昼のラジオを聴いてる感じを出してたわけよ、俺は。

春日　なるへそ。あー、いいんじゃない？

若林　で、「おしぼり、今4だよね。あと4持ってきてぇ〜！」って言ったの。

春日　あはは（笑）。常連さんなのかなぁ〜。

若林　常連、エリア長なのかな。

春日　いや、そこの？　いや〜、どうなの？　でも……そのパターンもあるか。なるへそ。まあまあ、でもまだわかんない。

若林　結局、最後まではっきりしなかったの。

春日　あー、何者かは？

若林　で、おしぼりは4つあるのに、「4つ持ってきて〜」って言って、「え〜っと、4つの席だったら、倍の8でいいわ」。でも、その時点でベタベタ触ってんだけどね。それで、おしぼり8個束ねたの。ビニールに入ってるおしぼり。

春日　はいはいはい、紙おしぼりみたいな。

若林　紙おしぼりを8個さ、ナプキンが刺さってるところにさしたの。「こうしておけば勝手に取るから、お客さんって」つって。

春日　なるへそ。

若林　「触ってない感じ出るから。今こっちが正解」って言ったの。それで、そのあとなんだけど、「俺さ～、前から思ってたんだけどさぁ～」つって。またなんか、顔覆ってんの。「言っちゃおうかなぁ、今日は」みたいな。

春日　それは店員さんに向けて話してんの？

若林　話してんの。「いい、いい？　もう1個、前から思ってたこと。あのさ、店の雰囲気いいよ？」つって。「木目調のさぁ、なんか日本の和風のさぁ、お店で。木目調、木目調、木目調」ってあの、壁を触ってくの。

春日　うんうん。

若林　「木目調、木目調、木目調。それでさぁ、これ。棚の白、ヤなんだよね！」

春日　いやいやいやいや（笑）。

若林　棚があって。なんかイケアとかで買うようなさ。たぶん狭い店だから、飲みに来た人がバッグとか服とか入れるのかな。

春日　はいはい、ちょっと上のとこにある。

若林　俺も、あったほうがいいもんだと思うの。

春日　はいはいはい。

若林　うん。で、「これね、木目調、木目調、木目調。で、この棚、白ヤなんだよねぇ～」って言ったの。ははは（笑）。

春日　うーん、何者なんだろうなあ。

若林　「木目調のさ、アンティークとかのさ、お店行ったら売ってるからさぁ」

春日　揃えてほしいと。木目だったら木目に。

若林　うん、そう。「そんな値段しないからさぁ。大丈夫よ」みたいな。

春日　まあ、言わんとしてることはわかるわ。

若林　そうそうそう。っていうことしてたら、俺のサンマの塩焼き定食が届いたんですよ。

春日　なるへそ。

若林　その間もね、なんかメニュー表を開いてね、メニューのこととか言ってたの。

春日　あ～、書き方とかレイアウト的なこと？

若林　うん。で、なんか1個ヤだったのが、寒い日で、俺、ダウンを着て入って、ダウンを背もたれに掛けようとしたら、店員さん、めちゃめちゃいい人なのよ。「あの、ハンガーありますんで！　壁際に掛けていただければ」って言って、ハンガーに掛けて。

春日　ほうほう。

若林　で、（謎の客を）ちらっと気配で見たら、「これさ、前から思ってたけど、お客さんの上着さ、この幅でハンガー掛けたら重なるじゃん」って、俺のダウンを指差してすげえしゃべってんのよ。なんかイヤじゃない？

春日　イヤだな。かわいそうだな。

若林　**俺のダウンが主役になってんの！**　「これさ～、今、お客さんひとりだからいいけどさぁ」って言ってんのがさ、なんかヤだよね！

春日　なんか悪いこと、ね。

若林　俺に承諾取るわけじゃないけど、「なんかこれ、服重なるでしょ」つって。「今のご時世、ダメよ、重なっちゃ。服重なっちゃダメ」

春日　そうか～、その理論だとそうだね。

若林　「ビニールに入れて、煙も出るから、棚に入れるみたいにできないかなぁ～」みたいなことを、俺のダウンを主役にしてしゃべってんのよ。俺のダウンがかわいそうだよな！

春日　かわいそう！　さらされて。

若林　いたたまれなかったと思うよ。で、来たんですよ、塩焼き。サンマが好きだから、楽しみでさ。食べ始めたら、なんかね、ナプキンの横にポン酢が置いてあって。「薄口醬油」って書いてある、色がめっちゃ薄い、もうなんか麦茶みたいな、麦茶より薄い色の瓶が置いてあって、シンプルなプレーン醬油がないんですよ。

春日　へぇ～。そうなの。

若林　俺、ランチだから置き忘れてるのかと思って、ほかの席も見たの。そしたら、全部そのふたつの瓶しかなくて、

春日　へぇ～。

若林　おかしいなと思ったら、メニューにクリ

アファイルみたいのが挟まってて、「魚の味そのものを味わってほしいから、大根おろしとポン酢で食べるのがおすすめです」と。

春日　あ〜、はいはい、醤油よりもね、っていうこと。

若林　俺、サンマ定食というか、濃い醤油を大根おろしにかけて食べたいのよ。**「濃い醤油を大根おろしに定食」**を頼んでるようなもんなのよ。

春日　うふふ（笑）。サンマよりも、もうそっちのほういきたいぐらい。メインぐらいの。

若林　ぐらい。もう絶対濃い醤油が好きで、うちの奥さんも、「コイツ、濃い醤油好きだな」って思ってると思うの、たぶん。

春日　あははは（笑）。まあ、人それぞれ好みがあるからねえ。それないけど、どうするの？

若林　俺もなんかそこおじさんなんだけど、厨房にはあるから。もう絶対あるじゃない。

春日　まあ、醤油がないってことはない。表には出てきてないけど。

若林　だよね？　で、もう店員さん呼んじゃった、ごめん。「すいません、プレーンの普通の醤油ありますか？」つったら、「あ、うち、なくて〜」って。

春日　あ、ないんだ？

若林　「薄口醤油だけなんですよ」って。常連かなんか知らない人がいろいろ言ってっけどさ、**「いや、プレーンの醤油置けや」**と思って。

春日　フフッ（笑）。う〜ん。まあ、まあね。

若林　「お前が言ってんじゃねえだろうなぁ!?」と思って。

春日　ははは（笑）。さんざん言ってるその人が。

若林　「今、どこでもプレーンの醤油置いてるから、これもうポン酢で勝負、ポン酢と薄口醤油だけで勝負だ。そのほうが話題になるから」って、**「お前が言ってんじゃねえだろうなぁ！お前がよぉ！」**と思って。

春日　変なとこつながったなあ。フフフ（笑）。

若林　めっちゃにらんで。で、俺、何が知りたかったって、その人たちが帰ったあとの、店員ふたりの会話がどうしても聞きたくなったの。

春日　ああ、絶対するよね。

若林　絶対するじゃん。だから俺、めっちゃ骨外すの苦戦してるふりしたりとか、めっちゃめちゃゆっくり食べて、ご飯もめちゃくちゃ何回も噛んで。で、その人たちはバァーッと食べてさ、お会計よ。

春日　おぉ！　先に？

若林　俺もそのぐらいに食べ終わって。で、その人が出るなり、厨房から、初めて厨房の人。

春日　おお、おお。

若林「帰った？」

春日　おぁ〜！　いいねぇ。

若林　厨房の人のほうが立場が上っぽい。で、店員さんが「あ、今お帰りになりました！」。

春日　うんうん。

若林　**「あのー、言われたこと全部忘れていいから！」**

春日　フフ（笑）。素晴らしいねぇ！　一連、いいときに居合わしたね！

若林　ほかの店舗の偉い人なのか、常連か、ちょっとよくわかんなかったけど、厨房の人は「全部忘れていいから！」つって。

春日　うん。

若林　で、**重ねた4枚のお皿も置き直してたのよ。**あははは（笑）。

春日　いひひ（笑）、いいねぇ！　はぁ〜！　何者なんだろ。

若林　あははは（笑）。でも、電子マネーが使えなくて、「それ、常連のヤツ言えや！」って思ったけど。

春日　ははははは（笑）。

まだ話してなかったこと

【第646回】2022年5月21日放送

春日　へいへい。
若林　「**俺が知らない話してみろ！**」と思いますね。
春日　くっははは（笑）。どういうことよ？
若林　「いや、それは知らなかったわ！」って言わせてみろ、バカ。バカは余計だけど。
春日　うん、そうだね。
若林　うん、バカじゃないし。何より。
春日　いやいや、バカでいいのよ、そこは。
若林　ないでしょ？
春日　昔の話とか？　知らない……ね。
若林　高校んときの話で、「これ、若林知らないだろう」って話ないだろう？
春日　いや（笑）。ま、確かにないな～。
若林　春日のさ、今までしてきてない、リアル

若林　この番組は、２００９年のね、10月から始まってますけども。13年目ということになりますかね。
春日　そうか……そうだね。
若林　思いはあるよね、やっぱり。
春日　それは番組に対する？　まあまあ長いことやってますからね。
若林　いや、春日に対する。
春日　あたい？　いや……どういう思いですか？
若林　まあ、中学2年でね、同じクラスに。
春日　2Aでね。席が前後になりましたからな。
若林　高校になって、アメフト部で一緒になって仲良くなったと思いますけど。ラジオも13年やって。

な恋愛の、一番ドキドキした話聞かしてよ。
春日　なんだよそれ（笑）。
若林　恋愛の話とか、男同士しないじゃん。それしかないよ、ジャンルで言うとしたら。
春日　あっははは（笑）。いや、でもなぁ〜。
若林　面白い話とかはしちゃうじゃん。俺の知らない話ね、もうさすがにないと思うのよ。
春日　へいへいへいへい。
若林　でも、恋愛の話だけはしないわけじゃん。知らないとしたら、そこのジャンルしかないから。それだけ聞かしてみろって、バ〜カ。
春日　なんでバカって言われなきゃいけないんだよ（笑）。
若林　ホントそうなんだよ。バカじゃないから。
春日　フッフフ（笑）。いや、それでも、やっぱ飛びぬけたトピックスは提供してると思うよ、当時の若林さんに。
若林　え〜、そう？　どこで話したの？　春日の恋愛の話なんて。
春日　いや〜、だから電話とかでさ。**夜中、しょっちゅう電話してたからね、若林さんと。**
若林　確かにね。あれ、ポッドキャストとかじゃなかったんだっけ？
春日　あははは（笑）。いや違うね。普通に電話だね。
若林　でも、クオリティは今と同じぐらいだったよね。オープニングと同じぐらい。
春日　あ〜、録音しときゃよかったよ。2時間がっちりね。あははは（笑）。
若林　あははは（笑）。曲もかけてたからな。
春日　曲も……あははは（笑）。
若林　ははは（笑）。曲はかけてねえけど。
春日　話してたからなあ。
若林　っていうか、春日の恋愛の、一番ドキドキしたシーン教えてよ。
春日　う〜ん……なんだろう。与えてないやつでしょ？
若林　聞いたことないやつで。

春日　え〜。でもなぁ、初めての体験の話はしてるからね。

若林　あ〜、そんなんはめっちゃ聞いた。ラジオでも聞いてんじゃないの。

春日　そうだよね。それ以上にあるかな、ドキドキした話。

若林　でも、付き合う直前ぐらいの、好きだって気持ちには気づいてて、向こうも好きっぽい、みたいな時期の話とか、聞いてないよ。

春日　フフフフッ（笑）。

若林　20代とかではあるでしょう。俺、びっくりしたんだよ、1回。キサラの店員さんがね、『スクール革命！』の客席に混じってたことがあったの。

春日　あ〜、あったね、うん。

若林　俺も知ってる店員さんで、「秘密があるんです」とか言ったら、「春日さんにね、デートに誘われて、ディズニーランドに行ったことあるんです」って、その子が暴露して。

春日　うん。

若林　一番驚いたからね、俺。

春日　あはははは！（笑）

若林　だから、「春日はずっと恋愛の話ないからおかしい、『ヒルナンデス！』のいろんな女性出演者と付き合ってんじゃねえかな」と思って。

春日　くくくくく（笑）。まあ、お笑い始めてからはしゃべってないね。おそらくその前までは、ほぼほぼ話してるよ、そら。ほぼ毎晩、電話してたんだからさ。

若林　あ〜。キサラの店員さんとは、別に付き合おうとは思ってない段階だったのね？

春日　まあ、そうだね、仲良くなったから。なんか向こうも、上京したてで行ったことがない、みたいな。ディズニーランドに。

若林　はいはいはいはい。

春日　で、私は何回も行ったことあるから、「じゃあ行こうか」つって。

若林　いや、俺がそんな言い訳通すかよ。ディズニーランドだぞ、お前。
春日　いや、だから、「あわよくば」ってのはもちろんあるよ、そりゃ。
若林　あはははは（笑）。
春日　だけど、「その日に、シンデレラ城の前でキメよう」とかはないよ。
若林　それ、両方とも気はないわけ？
春日　いや、あっただろうね、向こうもね。
若林　どういうこと？　「春日が好き」って気持ちが？
春日　だから、私も「なんとかしたい」っていうのと、向こうも「**春日のことをなんとかしたい**」っていう。んふふ（笑）。
若林　まあな。何乗ったの？　全部言って。
春日　さすがにそれ覚えてないわ。
若林　なんで覚えてねえんだよ。
春日　あれ乗ったのは覚えてる。あの電車。
若林　ああ、ウエスタンリバー鉄道？
春日　違う違う、あの～、ディズニーランドと、ディズニーシーをつなぐの[※1]、あるじゃん。
若林　あぁ～。はいはいはい。なんだよ、それ。どんな会話した？　会話のそこを……**お前、編集下手だな！**
春日　いや、覚えてない（笑）。「これが東京ディズニーランドだよぅ～」とかじゃない？
若林　あれは乗ったな、スプラッシュ・マウンテンは。
春日　そら乗ってるだろうね。
若林　そこ大事だよ、スプラッシュしたあとのひと言。なんて言ったの？
春日　「**濡れちゃったねぇ**」じゃない？
若林　うはははは！（笑）　言いそ～！　気持ち悪い！
春日　「濡れちゃったよねぇ！」
若林　気持ち悪い！　セクシャルハラスメントじゃない？　フルで言わないでしょ、今、「セクシャルハラスメント」って。

※1 ディズニーランドと、ディズニーシーをつなぐの
JR舞浜駅から東京ディズニーリゾートを周回するモノレール「ディズニーリゾートライン」。

春日　いや、バシャーンってなるから。
若林　あはははは！（笑）
春日　「思ったより濡れたねぇ」じゃない？
若林　セクシャルハラスメント〜！
春日　いや、どこが！
若林　あははは（笑）。
春日　で、それなりに乗っただろうね。いわゆるビッグサンダー・マウンテンやら、スペース・マウンテンやら。
若林　ビッグサンダー・マウンテンは、降りてなんて言ったの。
春日　え!?　う〜ん、「案外怖かったね！」。
若林　あはははは！（笑）ビッグサンダー・マウンテンって、そうなんだよな。
春日　うん。思ったより。ナメてかかると。
若林　そのときはまだ、富士急のＦＵＪＩＹＡＭＡ死ぬほど乗せられたりしてないからね。
春日　あはははは！（笑）体がまだね。
若林　で、帰りになんか、恋愛っぽい話もしなかったんだ。
春日　しなかっただろうなぁ〜。
若林　お前の恋愛の話、つまんねえな〜！
春日　あははは（笑）。
若林　俺をキュンキュン言わしてみろよ。
春日　いや〜、その程度よ。
若林　なんかそういう、自分からガンガン行くタイプじゃないからね。
春日　まあそうだね。う〜ん、だからだろうね、そんな大失敗したこともないし。
若林　ああ、確実に「向こうも好きだな」っていう気持ちを確認してから行く。
春日　うん。とか。
若林　なんか、謎なことがあってさ。不動産屋さん？　あの風呂なしのアパートの。
春日　おお、おお。
若林　俺、ユニクロの赤いシャツしか持ってなかったときがあったのよ。
春日　はいはいはいはいはい。

若林　カート・コバーン[※2]が着るみたいな、赤いチェックのシャツでさ。（アパートの）内見から契約まで、赤シャツしか着てこない。

春日　へいへい。

若林　それで、引っ越したときに、風呂なしの部屋の、なんて言えばいいんだろうな、押入れの上のちっちゃい扉みたいのが、ある日、ガタガタガターンッて落ちてきたのよ、引き戸が。

春日　はいはい。

若林　それが落ちちゃって、はまらなくなっちゃったのね。それを電話したときに、保留音を押し忘れたんだろうね。

春日　あー、不動産屋さんが。

若林　出た人が、**「すみません、赤シャツが、なんか戸棚が落ちた、つってんすけどぉ」**っていうのが、聞こえたことがあって。あははは（笑）。

春日　おお、気まずいな。逆にこっちがね。

若林　『赤シャツ』って呼ばれてたんだ」って思って。その不動産屋さんの人が、テレビ出る前よ、なんでそうなったのかな〜、なんか**「散歩しましょう」**って言われて。

春日　え？　内見してる途中とかじゃなくて？

若林　その引き戸を直してくれたあと、「散歩、しません？」って言われて、散歩したの。

春日　うん。

若林　……お前知らねえだろ、この話。

春日　ッフフ（笑）。知らねえなあ！

若林　だから話したんだよ！　オチもねえのに。バカ！

春日　あ〜。

若林　バカじゃないけどね。

春日　なんかその、不意のパターンのやつね。

若林　で、別に恋愛の話しないの。

春日　え？　あ、そうなの？　向こうが、若林さんどうにかしたいとかじゃなくて。

若林　彼氏はいて、彼氏の話とかもしたの。

春日　え？

※2 カート・コバーン
アメリカのバンド「ニルヴァーナ」のフロントマン。音楽シーンのカリスマ的な存在だったが、27歳の若さで亡くなっている。

若林　「なんだったんだろうな?」って、たまに思うんだよね。赤シャツと、なんで散歩しようってなったのかな。

春日　うん。フフ（笑）、そうね。

若林　で、『赤シャツ』って呼んでるでしょ?」って俺も言ったの。その散歩のとき。

春日　おお!

若林　そしたら、「バレました?」みたいな。

春日　うんうん。

若林　盛り上がるじゃん。で、今でも覚えてるんだけど、その子が急に振り返って、手をこうしてね、**「おばけ」**って言ったんだよね。

春日　クッ……（笑）。なんなの、それ。

若林　ふふふ（笑）。手をこう、「うらめしや〜」のポーズあるじゃん? その子がちょっと先歩いてて、急に振り返って、「おばけ」。で、また振り返って歩いてんだよ。

春日　それは墓地の近くとか、横の道通って、とかじゃなくて?

若林　いや、なんにも脈絡なく。スーツみたいなの着てんの、不動産屋さんの。

春日　ああ。で、そのまま……?

若林　で、「何千万のマンションも、この3万2000円のあなたの住んでる風呂なしのアパートも、私がする書類仕事の処理の量、一緒なんですからね!」って言われて。「それ、なんか申し訳ないね〜」とか、そんな話して。

春日　うん。

若林　「おばけ」ってやったの。こうやって。

春日　なんなの?

若林　「なんだったんだろう?」って思うの。だから、その記憶がすごい刻まれてんだろうね。急に一発ギャグむちゃぶりって、たまにあるじゃん? 俺がされるの。なんかね、**反射的に「おばけ」ってやっちゃうんだよね。**

春日　それなんなの。

若林　ふははは（笑）。それが刻まれてるから。ウケたことないけど、もちろん。

春日　フッ（笑）。なんかあるんだね（笑）。

若林　なんだったと思う？

春日　なんだったんだろうね。わかんないね、それは。

若林　いやちょっと、小説にしてよ。近代文学ぐらいのページ数で。短編ぐらいの感じの。

春日　え？　私が？

若林　もしかしたら、三島由紀夫の『金閣寺』的な、人間の深い何かがあんじゃないかなあ、この話。

春日　ぐーっと考えたら、あるのかもね。

若林　あはははは！（笑）

春日　暗い何か、じゃないけどね。

若林　タイトル「おばけ」、知らないだろ（笑）。

春日　うーん、知らないな〜。いいな〜、そういうのな〜。なんかあったかな〜。

若林　してみろよ、バカ！

春日　別になんでもない、それでいいのね？

若林　これで付き合ったとか、そんな話はよくて、「あれ、なんだったんだろう？」って話。

春日　なんかね〜、ふと思い出したよ。脈絡のない、つながりのないさ。

若林　はいはいはいはい。つながりがなかったりするからな、意外と。

春日　うん。一回、今でも「なんだったのかな？」というの、確かにあったわ。

若林　ああ、いい、いい、話してみなさい。

春日　あの〜、ケイダッシュにいたさ、桜井ちひろさん[※3]いるじゃん？　別にそこまで仲いいってわけじゃないんだけど。

若林　うんうんうん。

春日　キサラの楽屋かなんかで、「春日くん、付き合ってる人とかいるのー？」とか言われて、「いや、今いないですねー」とか言ったら、「紹介してあげるよ！」みたいになってさ。ちひ姉が。

若林　おお、おお、おお、おお！

春日　それで、なんか友達なのかな、知り合い

※3 **桜井ちひろ**
2021年までケイダッシュステージに所属していた、女性声優・ものまねタレント。

なのかな、紹介っていうか、引き合わせてもらって、何回か飲み行ったのかなぁ。
若林　うんうんうん。
春日　ほんで、最終的に、その人の家に、正月……かなあ。正月明けかな。その人の家に、**七草がゆ食べに**……フフフッ（笑）。
若林　んはははは！（笑）
春日　行ったなあ。
若林　え、何それ、いきなり七草がゆ？
春日　違う、2回ぐらい飲みに行って……。
若林　2回飲みに行って七草に行く!?
春日　七草がゆ食べに行ったわ。
若林　しぶ！
春日　うん。
若林　じゃあ、3回目だね、会ったのはね。春日もイヤじゃなかったんじゃない？
春日　イヤじゃなかったよ。
若林　だから、その人がちひ姉に言ったんじゃないの？「春日くんがタイプなの」って。
春日　あ〜、なんかキサラ観に来て、言ったのかもね。で、七草がゆ、餅入れて食べてさ。
若林　うんうんうん。そうじゃない？
春日　それ以降、覚えてないんだよな〜。
若林　それ以降は会ってないんだ。**七草がゆ以降。**
春日　あははははは！（笑）　七草がゆ以降……食べに行ったくだりは覚えてないけど。
若林　その話、知らなかったね！
春日　知らなかったでしょ！
若林　うん。いや、これはやられたね。抜け駆けですよ。
春日　七草がゆ食べて、朝方、むつみに帰ったの。
若林　あははははは！（笑）
春日　あははは！（笑）　あったな〜。
若林　あ〜。そう！
春日　あと、あれもあったな〜。たぶん若林さん知らないよ、また別で。

若林 何、何？ 聞かせてよ。
春日 チロちゃんの友人の子を、なんか紹介されたことあったなぁ、そういえば。
若林 それは知らないね。
春日 知らないでしょ。「ケイダッシュライブ」かなんか観に来たんだろうね。そのあと、何回か映画観に行ったな。
若林 なんの映画観たの？
春日 なんだっけ。なんかあの〜、ディズニー系というか、ピクサー系のやつをね、向こうが「観たい」なんつって。だけどね、春日、その映画観に行ってたんだよね。
若林 もう既に。
春日 既に。だけど、「観に行った」って言わないで、その映画、2回観に行ったよね。
若林 へ〜。あ、そう。
春日 で、そのあとも行ったんだわ、映画。ハリー・ポッターのなんか、3〜4作目。
若林 はいはいはいはいはい。
春日 なんだっけな、『アズカバン』[※4]かな、「観に行きたい」なんつって言って。ひとつも観たことないの、その時点で。
若林 うん。はいはい。
春日 **観に行ったよね。**
若林 あははは！（笑）
春日 なんのこっちゃわかんない。あははは（笑）。予習もしてってないからさ。
若林 それで何、それで終わり？
春日 それで終わりだ。たぶん反応が悪かったんだろうね。1作目とか観てないからさ。
若林 あ〜、はいはいはいはい。
春日 う〜ん。っていうこともあったなあ。
若林 どっちかの反応が悪くて、メールの返りが来なくなったり遅くなって、だんだん疎遠みたいな感じね、じゃあ。
春日 うんうんうん。そうだね。
若林 あ〜、なるほどなるほど。
春日 あったわ、あったわ。

※4『アズカバン』 2004年公開の『ハリー・ポッターとアズカバンの囚人』は、ハリー・ポッター映画シリーズの第3作目にあたる。

若林　結構知らない話、あるもんだな。
春日　知らないでしょ？
若林　うん。でもなんか、知らないままのがよかった。
春日　いや、なんでだよ。必死で今……フフフ（笑）。
若林　なんかお前の話って、映画を観に行ったとか、ディズニーランド行ったとかじゃなくてさ、**人間の心の機微を編集で残さないよね。**
春日　トゥフッ……（笑）。
若林　行程をしゃべられても、なんかこう、共感できないのよ。
春日　やっぱそこを忘れちゃうんだよね。
若林　忘れちゃうのはやっぱ、深く刻まれないから。
春日　そうそう、なんかその出来事、年表みたいにさ。うん。
若林　まあそっちのほうがいいか。
春日　覚えてないんだよなあ～。
若林　だから、なんかベッドにバラでさ、「ＫＵＭＩ」とかってアルファベットで書くような祝い方すんだよな、奥さんの誕生日。
春日　へへへへへ（笑）。
若林　あの、「物事」だから。
春日　へっへへへへ（笑）。
若林　バカみてえに、バラでさあ。ベッドの上に「ＫＵＭＩ」って筆記体にしてさあ。
春日　あははは（笑）。そんなことやったことないよ（笑）。
若林　そんなヤツと組んでると思うと、本当に反吐が出るよ、面白いはずがないんだから。
春日　はははははは！（笑）
若林　あ、面白いかソイツ。ふははは（笑）。
春日　あははははは（笑）。

言語化できないモヤモヤ

【第657回】2022年8月13日放送

若林　なんか、言語化できない、モヤモヤして、なんでか知りたいな、って思うときがあって。たぶん、春日さん共感してくれないと思うけど、なんか映画ができましたと。その映画のキャストが、ものすごいスター揃いで、舞台挨拶に勢揃い。

春日　うん、あるねえ。

若林　で、CMなんだけど、制作費いくら！　バーンって出てて、みんなフォーマルな衣装着て、横一列で十何人びっしり、もう全員スターよ。

春日　うんうん。

若林　が、なんか客席に向かって手を振ってて、客席が「キャァ～～‼」ってなってるの、**なんか俺、めっちゃ腹立つんだよね。**

春日　腹立つ⁉　何に腹立つの？

若林　フッフフ（笑）。わかんないの。

春日　え？　何に？

若林　あ、じゃあ、ごめんごめん、俺だけなんだなあ。

春日　いや～、……うん。

若林　腹立つっていうか、なんか恥ずかしいの。

春日　恥ずかしい？　どっちサイドに？

若林　わかんないのよ、それが。

春日　そういう宣伝、よくあるよね。なんかパネルとか持ったりとかしてね。

若林　そこはいいんだけど、手振ってて、客席中の全員が「キャ～！」って、それぞれのファンなの。で、バーン！　何月何日公開！　みたいなの、なんか**「恥っずかしぃ～」**って思うの。

春日　恥ずかしい？　違和感ってこと？
若林　ごめんごめん、もう言語化できない。
春日　いや〜、できないんだったらしょうがないよね。うーん、なんだろうねぇ。
若林　なんかあと、**「アンチエイジングしてません」って、わざわざ言う人、嫌いなんだよね、俺。**それも「なんでなんだろう？」と思って。
春日　それは本当にしてなくてもってこと？
若林　本当にしてなくても。
春日　よくあるパターンはさ、してるのに「してない」って言って、「してんだろ」みたいな。
若林　それはもう全然全然、手前の話よ。むしろそっちのほうが、なんかいいかも。**「静かにアンチエイジングしてなくあれよ」**って思うの。
春日　なるへそ。
若林　「なんでそんな風に思うの？　若ちゃん、あまりにもじゃない！」って思うの。はは（笑）。
春日　うん。なるへそ。
若林　「なんか好き」もあるんだけど、その言語化もできない。あ〜、でも、春日は「ちょっとわかる」って言ってくれると思ったけど、そうだよなぁ。
春日　アンチエイジングのほうはわかるよ。
若林　あ、本当？
春日　なんか、**「黙ってやれよ」**と思うよね。
若林　ははっ（笑）、じゃあ俺と全く一緒だ。
春日　「すごいことやってる」って本当は思ってるのに、「別に大したことありません」っていう感じで言うなよ、っていう。
若林　お前、そんなこと言うなよ。
春日　だったら、「アンチエイジングしてます！」ってもっと言えよ。このテンションなのに、「アンチエイジングしてません」っていう。
若林　それはあんまりにもだよ。
春日　いやいや、ちょっとずるいぞ！（笑）
若林　あははは（笑）。「なんか好き」ってほうも出したいんだけどね、ちょっと今、パッと出てこないんだけど。

春日　へへへへへ（笑）。
若林　「言語化、誰かして～！」のコーナー。
二人　あははは！（笑）
春日　ああ、いいじゃない。なんかこう、ちょっとモヤモヤ、収まりが悪い感じなのね、若林さんの中ではね。
若林　そうそう、わかんないから。
春日　浮いてるというか。収めたいんだ、どっかの引き出しに。
若林　どっかの……。あー、でも映画のやつわかんないかぁ。
春日　どういうことなの？
若林　いや、わかんないからモヤモヤすんのよ。
春日　そんなちっちゃい世界で、みたいな？
若林　いや、めちゃめちゃ広い世界で、だよ。全員スターだもん！
春日　いや、そうだよね。
若林　もう当然、「キャ～！」ってなるの。
春日　「キャ～！」ってね。なんだろね。
若林　わかんない。
春日　あはははは！（笑）
若林　で、言えないの、人に。「そんなこと思うって、人としてアウトじゃん」と思って。
春日　「知らねーよ」ってわけじゃないでしょ？
若林　いや、むしろリスペクトしてて、その映画もたぶん観るの。
春日　お～、はいはいはい。なんだろうね。
若林　わかんない。なんか、手振って、「キャ～！」ってなってて、「何月何日公開！」って。
春日　うん。よくある。
若林　**恥っずかしっ！**
春日　恥ずかしいってなんなの（笑）。お上品じゃない、みたいな？　粋じゃない、とか。
若林　うん、「粋じゃない」って、なんかちょっとピンと来たわ。
春日　お下品とまではいかないけど、品がない……。ははは（笑）、なんで恥ずかしいなんだろうね。

若林　でも、ゲストで来ていただいて、告知すんのは、どんどんしていただきたいし、うれしいのよ？　観ようとも思うの。でも、なんか集まって、フォーマルで、客席に手振って……。

春日　あはははは！（笑）

若林　手振ってる人たちなのか、「キャ〜！」ってなってる人たちか、どっちかわかんない。

春日　なんとなくわかるような気はすんだけどね。若林さんが恥ずかしいっていう……（笑）。

若林　でも、（東京）ガールズコレクションとかで、ランウェイ歩くじゃん。あれに「キャ〜！」ってなってるのは、俺、全然わかる。

春日　ほう。

若林　俺たちだって、NFLのレッドカーペット行って、選手来たら、「うわ〜！　ホプキンスだ〜！　J・J・ワットだ〜！」ってなるから。

春日　うん。

若林　けど映画の舞台挨拶、恥っずかしい〜。

春日　なんだろうね。種類が違うのかな。現象としては一緒なわけじゃない。NFLのレッドカーペット見て「ワーッ」となるのも、映画のね、「ワーッ」となってるのも。

若林　う〜ん。でも言えないの。人としてアウトだと思うから。みんなあると思う、それぞれ。言えないけど、ってことが。

春日　ふふふふふ（笑）。

若林　**「それ、俺に聞かしてよ」って思う。**あはははは！（笑）

春日　あははははは！（笑）

（CMを挟んで）

若林　あのー、やっぱサトミツってヤバいな。

春日　え？　どうしました？

若林　さっき俺が、「映画のスターが集まって、手振って『キャ〜！』って言ってんのが、なんかモヤモヤする。で、理由がわからない」って言ってたら、CM行った瞬間に、ブースにバーン駆け込んできて。「俺さ、それわかるんだけどさ」つって。

春日　ふんふん。

若林　目ぇギンギンで。

春日　え？

若林　**「映画の内容じゃないからじゃない？」**って言って。

春日　ほう。

若林　俺、それ聞いて、**「それだ！」**って言って。

春日　おお、答え見つかった。どういうこと？

若林　「このメンツが出てるから、観たいっしょ？」って、内容のことじゃないから。

春日　なるへそ。「キャ〜！」のお客さんがね。

若林　こんぐらい「キャ〜！」ってなる人たちが出てる、っていうことによる集客の狙い？

春日　あ〜、その宣伝の仕方のほうに。

若林　宣伝の仕方の粋じゃなさ。「内容じゃないからじゃない？」って言われて。

春日　なるへそ。

若林　「それだ！」って。ちょっと気持ち悪い関係性だね、もうここまで来ると。俺とサトミツって。

春日　う〜ん。

若林　**目ぇギンギンで入ってきた。怖かった。**ははは（笑）。

春日　へへへへ（笑）。

若林　いや、そうそう、そうだわ。内容のことじゃない。だから、予告編のちょっと（シーンが）映ったりすんのは、ワクワクする。

春日　あ〜、内容の紹介だからね。

若林　うん。だけど、フォーマル着て、みんなで手振って「キャ〜！」って、「マジでやめて」って思うんだよ。

春日　なるへそ、なるへそ。

若林　でも、言語化されるとすぐ終わるね、話って。なんか腹に落ちるっていうか。

春日　まあまあ、でもすっきりしたんじゃないですか？　ひとつね。

若林　そうかもしんない。

俺って、かっこいいのかな？

【第665回】2022年10月15日放送

若林　あのー、この間、『じゃないとオードリー』[※1]の1回目がオンエアされて、来週ね、完結編っていうことになるんですけど、やっぱり佐久間さんはすごいね。絶妙な企画を。

春日　うん、うん。

若林　俺たちは客観視できないから、あの絶妙なタイミングでね、よく思いつくよね。

春日　あははは（笑）。まあ、そうよね。

若林　俺、なんかそれで思ったんだけど、やっぱ人間をよく見てんだろうね。

春日　ああ、なるへそ。確かにそうかもね。

若林　俺の持論っていうか、まあ実体験なんだけど、人間から番組考える人って、そのタレント好いてないと作らないから、すごい愛がある感じなんだけど、**企画から考えたあとにタレントはめる番組のスタッフって、タレントの悪口よく言ってるよね。**やっぱりね。

春日　あはははは（笑）。

若林　でも、しょうがないよね。「これを具現化してほしい」つって集めて、ズレが生じたら、そのズレが悪口となって生まれるけど、人間を見て人間から作ったら、その誤差って生まれないじゃない。

春日　ああ、なるへそ。その人ができる範囲の中での企画ってことだもんね。

若林　そうそう。だから、「企画あり企画」か「人あり企画」かで、「企画あり企画」だと、「誤差の分、悪口言う人多いな」と思って。

春日　うんうんうん。なるへそ。

※1『じゃないとオードリー』（テレビ東京系）で、カメラが回っていないオフの状態だと全くしゃべらないオードリーが、プロデューサーの佐久間宣行から「オフゼロオードリー」という企画を告げられ、その日一日をずっとオンの状態で過ごすミッションを与えられる。そのため、『日向坂で会いましょう』の収録でも、日向坂46メンバーやスタッフと常に笑顔で会話し、最後は若林が春日を車で送り、オンのままふたりきりで帰ることになった。

若林　「それは無理だろ」って思いながら、タレント側も。俺は両方の立場がわかるときがあるからさ。
春日　うん、なるへそ〜。
若林　それで、『じゃないとオードリー』でも、確かにしゃべんないし、言われるしね、っていうのもあって。まあ、どこでも言われるよね。『オドぜひ』[※2]でも、**「こんなしゃべんない芸人さんいない」**って言われてきたし。
春日　うん。はいはい。
若林　でもなんか、『じゃないとオードリー』は、常にオンじゃなきゃいけなかったじゃない。だから、もう何しゃべったか忘れるね。
春日　いや、忘れる。
若林　うん。車の中で何しゃべったか、マジで思い出せなくない？
春日　思い出せないね。「今日、どうだった」みたいな話も、もちろんしてるんだけど。
若林　疲れて、嚙んでたし。あとなんかね、日向坂のほうの収録のルールとか、すげー間違えてんだよね。3本目とか。
春日　あー、いや、珍しかったよ。
若林　日向坂の誰かに、勘違いを助けてもらった記憶がある。
春日　ひひひひ（笑）。そうだよね、うん。
若林　疲れすぎて、俺、車で春日送ったあと、ヨガ行ったんだけど、ヨガの先生に**「肩甲骨のところが硬くなりすぎてて、今日はヨガじゃなくてストレッチに代えさせてください」**って言われたもん。あはははは（笑）。
春日　そこまでガチガチ？
若林　いや、慣れないことをすると、首と肩甲骨がガチガチに。「今日はストレッチのほうが、若林さんの体にとっていいと思います」って言われたもん。
春日　ヨガはできないぐらい、もうガチガチだったんだ。はははは（笑）。
若林　でも、あれ1日だったけど、（企画で）

※2『オドぜひ』
『オードリーさん、ぜひ会ってほしい人がいるんです。』（中京テレビ）

ずっとしゃべってたら、なんかしゃべるようになっちゃって。1日だけで。

春日　はいはい、その後も。

若林　でさ、44歳のおじさんが言うことじゃないこと、今から言うけど、例えば、メイクさんに話しかけられるじゃん。南原さんと佐渡に行って[※3]、「佐渡ってなんか、すごい観光にいいとこなんですね」って聞かれたら、前だったら、「あ、すごいいいとこでしたよ」で終わってたと思うの。

春日　うん。

若林　「すごいいいとこでしたよ」って言って、「あれ、オンエアで使われなかったところでも、こういうとこあって、若い人向けのとこもあって。かつ、日本の古い景色も文化財として残ってて両方楽しめるから、インスタ見てみんな来るみたいっすね」とか。

春日　ほう。

若林　って言うと、「ああ、そうなんですね。じゃあ両方楽しめる。若い子向けの店もあるんですね」ってメイクさんが言って。で、そのあと、「旅行、よく行かれるんですか?」って返したら、「あー、私、結構好きで」みたいな。

春日　うんうんうん。

若林　**質問されて返すと、コミュニケーションって盛り上がるんだよ。**

春日　いやいやいや、ふふふ（笑）。どのタイミングで気づいてんのよ、それ。

若林　いや、でもそれは、あなたもそうなんだよ。

春日　わかるわかる、私もそうなんだけど。でもそうだね、そうだよね。

若林　だから、タレントさんの「このあと、なんですか?」って、たぶん「めんどくせえな、若林とエレベーターでふたりになったわ」って思われてる。

春日　うんうんうん。

若林　あ、思われてないこともわかったんだ。

※3 南原さんと佐渡
『ヒルナンデス!』で、南原が世阿弥ゆかりの佐渡島に若林と行きたいと言った結果、佐渡旅行のロケが実現した。

『じゃないとオードリー』をやったことで。

春日　ああ、意外にね。

若林　意外と。「このあと、なんですか？」って聞かれて、「このあとは、『あちこちオードリー』なんですよ」って言ったとして、そのあと「○○さんはこのあと、なんですか？」って返すと、盛り上がるね。

春日　クッフフフ（笑）。まあまあ、そういうことなんだろうね、人と人との会話って。

若林　そうそうそうそう。メイクさんとも、メイク落とし終わったあと、腕組んで立ち話しちゃったりしてさ、最近。

春日　へへへへ（笑）。すっごいねえ。

若林　でもやっぱ、もともとの気質は陽じゃないから、人見知りのところもあるんだけど。今みたいにオンライン配信とかない、あの時代の20代過ごしたら、やっぱそうなるんじゃないかな、と思って。世の中が冷たかったもん。

春日　うんうんうん。

若林　冷たかったよな？　**図書館だけだよ、みんなと同じ条件でいさしてくれた場所。**

春日　はははははは（笑）。

若林　借りる冊数も一緒だし、期限も一緒だし、対応も一緒なの、図書館だけだったぞ、生きてて。みんなと同じ対応してくれたの。

春日　確かにね。まあ図書館は、行ったらみんな平等になるもんね。

若林　フェアだったよ、図書館は。

春日　何人《なんびと》も。うん、職業とか、全然関係ない。もうみんな平等。

若林　ほら、なんか合コンとか、先輩に無理やり連れて行ってもらっても、売れてる人にしか（女性の）目が向いてないとかさ。

春日　まあ、そうね。

若林　佐渡の旅でさ、『ヒルナンデス！』のあの登場のシーン、使われてたけど。

春日　はいはい、10年前のね。

若林　なんか、**「人間にいじめられたワンちゃ**

んの目をしてる」っていう。
春日 はははははは！（笑）
若林 『ひまわりと子犬の7日間』になっちゃうんだけど、ホント、野犬の目してるもんね。
春日 ははは（笑）。いや、確かにね。
若林 噛みつかない野犬の目。おびえてるっていうか。ヒルナンデスのスタジオにもおびえて。じゃあ、「人間を信用してなかったのか？」って聞かれたらね、信用していなかったね。
春日 ああ、そう。振り返ってみると。
若林 うん。でもすごいね。逆に、（春日は）なんでそういう風になんなかったんだろうね。
春日 私が？ あ～、そうだね～。あんまり気づいてなかったのかもね、そういうことに。
若林 まあ気づかないじゃん、春日さ。でも、それはたぶん根本に、ちゃんと愛情受けてきたりしたところもあると思うのよ。
春日 うん、そうだねぇ。
若林 うん、それはたぶん長所だと思うんだけど。本当にさ～、前もしゃべったけど、「若林さん、家賃50万の部屋も、3万2000円の部屋も、やる仕事の量、一緒ですからね」って言われたんだよ、俺、不動産屋の女の子に。
春日 ははは（笑）。不動産屋さん側の意見ね。あははは（笑）。
若林 うん。仲良くなったからなんだけど。それで俺、「赤シャツ」って呼ばれてたからね。
春日 あははは（笑）。言ってたね（笑）。
若林 『坊っちゃん』[※4]だけだよ、赤シャツなんていう人が出てくるの。
春日 あはははは（笑）。確かに！
若林 でね、俺よく、ユニクロの赤い、チェックのシャツ着てたでしょ？
春日 うん。着てたね～！
若林 で、黄色のコンバースね。
春日 あれね、ああ、はいはいはい。
若林 で、ニルヴァーナ聴いてたからね。
春日 えへへへへ（笑）。

※4『坊っちゃん』 夏目漱石の小説『坊っちゃん』に登場する「赤シャツ」は、主人公の坊っちゃんが赴任した学校の教頭。

若林　笑ってんじゃねーぞ殺すぞお前。

春日　厳しいなぁ。うん、怖いねえ。

若林　この間、ユニクロにTシャツ買いに行ったら、全く同じ形の赤シャツが売られてたの。

春日　ええ〜？　それ何、復刻みたいなことなのかな？

若林　いや、復刻とは書いてなかったけど、絶対復刻なの。復刻とも思わないのな、ユニクロの服の柄って。エアマックスとかじゃないから。

春日　ははは（笑）。いや、わかんない……。

若林　でも俺、ユニクロめっちゃくちゃ使うから。ユニクロに、もう毎月行ってると思う。Tシャツとか、ほぼユニクロだから。だから、絶対なかった、毎シーズン。

春日　うん。なるへそ。

若林　なんか、「うわー、28の頃の赤シャツだわ〜！」と思って、買っちゃったのよ。

春日　買ったんだ！

若林　なんか、買っちゃった！

春日　はいはいはい。

若林　で、その赤シャツ着てさ、生まれ育った入船のさ、コロッケ弁当、日替わりの揚げ物弁当買って、隅田川沿いで食べてんのよ。テレビ出るようになったあと。

春日　うん。

若林　俺って、かっこいいのかな？

春日　……フフ（笑）。

若林　いや、わかんないから。全部ハイブランドになって、隅田川に帰って来る人もかっこいいと思うのよ！　そっちのほうがかっこいいと思うの！　俺は！　テレビ出る前と全く同じユニクロのシャツで、また隅田川沿いに戻ってくるのって、どうなんだろう。これ、かっこいいのかな？　わっかんねぇな〜。

春日　いやいやいや。

若林　どうなの？

春日　いや、それわからんよ（笑）。かっこ……どうなんだろうね。かっこいいのかなぁ？

若林　いや、かっこよくはないよね！

春日　かっこ……う〜ん。

若林　なんか、赤シャツがなびいてんのよ、隅田川の風に。ちょっと涼しくなって。それで、400円ぐらいの日替わり弁当食べてるのって、かっこいいとは思わないけどねえ！

春日　う〜ん……どうなんだろうね。

若林　かっこいいのかな〜。まあ、言うなら？　お前が。

春日　言ってない。ひと言も言ってない。**ずーっとモゴモゴしてたよ、私は。**

二人　あははははは！（笑）

春日　へ〜、そんなことあんだね、昔着てたシャツと全く同じのが出るなんて。

若林　だからなんか、そういう目にあってるから、テレビ出たあとも、すっごい人が寄ってくるのがショックだったのよ。

春日　あ〜、なるへそ。

若林　うん、なんか「あー、キモいキモいキモい」って思ったの。一日にしてじゃん。**俺たちって、M-1の敗者復活で、一日にしてスターになったからさ。**

春日　あははははは！（笑）

若林　スターになったのかなあ〜!?　俺は、そうは思わないんだけど。まあ、お前が言うなら。

春日　言ってないのよ！

若林　あははははは！（笑）

春日　そうは思わないって。今、はっきり言ってたから、「スターになったから」って。さっきの弁当、赤シャツの話とは違うよ。

若林　あははははは！（笑）

春日　あははははは！（笑）　そこから悩まれてもさ。言い切ってたから、その前に。うん。

若林　でも、赤シャツは言ってたね、俺に。

春日　言ってた？　赤シャツが？

若林　うん。隅田川の風になびきながら。

春日　なんてよ？

若林　**「若林さんは、売れても変わらないんだ**

ネェ～」って。

春日 そんな声なんだ。

若林 あはははは！（笑）

春日 あははは（笑）。赤シャツ、そんな声（笑）。

若林 「売れて、そんな変わるヤツなんていんの？」って、俺は言ったんだけど。

春日 ああ、それも返したんだね。

若林 うん。「ほとんどの人は、僕のことを見てくれなくなるんだヨォ～」って。バタバタバタバタって言ってて。「ああ、そんなヤツいるんだ。俺はわかんねーなぁ～」って言ったんだけど。

春日 あはははは！（笑）

若林 でもなんか……、ええ～!? かっこいいのかねぇ!?

春日 いやいや。

若林 お前はそう言うけどさ。

春日 言ってないのよ。

若林 あはははは（笑）。

春日 あはは（笑）。うん、全然言ってない。ちょっとびっくりしてるけど。

若林 「若林さんは変わらないんだネェ～」って、ユニクロの赤シャツが言ってた。

春日 「また僕を着てくれるんダァ～」みたいな？ あはははは（笑）。

若林 そうそう、なんか大体の人は、赤いチェックのシャツで、もうちょっといいとこの、生地が分厚くて、後ろに白いバッテンが書いてあるようなメーカーのやつ着たりするんだって、赤シャツが言うには！

春日 えへへへ（笑）。あ、そう。

若林 「へぇ～！」って聞いてたんだけど、俺は。ひとりで声出してね、赤シャツと、隅田川沿いでしゃべってた。

春日 ああ、ヤバいねヤバいね。うん、そうだったんだ、ヤバいね。

町サウナのルール

【第669回】2022年11月12日放送

春日　若林さん、家でさ、テレビは観る？　普通に地上波とか。

若林　自分のしか観ないんだよね。

春日　あー、なるほどね。それは、お仕事の一環として、みたいなことでしょう？

若林　そうそうそうそう。

春日　いや、私もテレビは観るんだけどさあ、もうなんか、**BSばっかり観てるんですよ。**

若林　BSね。

春日　毎日録画してるな、何かしら。

若林　観たいのがあるんだ。

春日　観たいというか、まあそうだねえ、面白いんだよねぇ。

若林　いいじゃん、いいことじゃん。

春日　お酒飲みながら観ると、ちょうどいいというか。興味があったりするしね。グルメの番組がほとんどなんだけど、私が観るBS。

若林　へー、なるほどねぇ。

春日　まあまあ『町中華で飲《や》ろうぜ』[※1]から始まってさ、『酒場放浪記』[※2]とかさ。そういう有名どころももちろんだけど、最近やっぱ『ずん喫茶』[※3]ね。

若林　『ずん喫茶』って？

春日　ずんの飯尾（和樹）さんのさ。

若林　あー、なんか聞いたことあるなあ。

春日　あの、喫茶店にね。

若林　うんうん、結構レトロなとこでしょ。

春日　そうそう、2軒、町の喫茶店に。やっぱ面白いし、お店の方との絡みもいい。

若林　いい人だからね～。

※1『町中華で飲ろうぜ』　BS-TBSで放送されている、町飲み大好きな玉袋筋太郎が、いろいろな町の大衆的な中華料理店「町中華」をブラリと訪れる番組。

※2『酒場放浪記』　BS-TBSで放送されている『吉田類の酒場放浪記』。「酒場詩人」ことライターの吉田類が、東京を中心に日本各地の酒場を訪れる。

※3『ずん喫茶』　ずんの飯尾和樹が、昭和レトロな喫茶店を巡る『飯尾和樹のずん喫茶』（BSテレ東）。

春日　ご本人にお会いしたときに、「いつも観させてもらっています」って言ったら、やっぱホントに好きみたいで。

若林　喫茶店が。

春日　うん。ずん喫茶の中でも、「ここね、すごい通ってたお店」とか、そういう行きつけだったお店がいっぱい出てくんのよ。

若林　へぇ～。好きだから。

春日　空き時間とかに喫茶店に行って、まあネタ書くのもそうだし、マスターと話したりとかが、ホント昔から好きで、みたいな。結構ＢＳの番組ってコアな内容だからさ、ほんっとに好きな人がそのままね、まあ趣味じゃないけど。

若林　だから、面白いんだね。

春日　だから、面白くて観てるの。ヒャダインさんのサウナの番組とかさ[※4]。カリスマサウナーの「濡れ頭巾ちゃん」とさ、いろんなサウナ回ってね。

若林　本当かよ。

春日　いやいや、あはは（笑）、本当だよ。で、サウナ入って、そのあとサ飯[※5]を食べてさ。

若林　ゆるキャラ？　濡れ頭巾ちゃんって。

春日　ははは（笑）、いや、カリスマサウナーっていうの？　**うん、おじさん。**

若林　あー、おじさんなのね。

春日　うん、ゆるキャラじゃないよ（笑）。

若林　いやー、でも、喫茶店行く？

春日　ん～、あんまり行かないけど、それでも「行きたいなあ」と思う喫茶店がいっぱい。

若林　俺もデビューしたいんだよね。勇気いるじゃん、でも。

春日　うふふ（笑）。いや、でも、パッと入っちゃえばね。ちょこちょこ行ったりもするよ、私も。結構古めのところに行ったりとか、まあそこまで数行ってないけど。で、また選ぶ町も渋いのよ、そういう番組って。この間のずん喫茶だと、町屋行ってたからね。

若林　おわぁ、いいですねえ！

※4 ヒャダインさんのサウナの番組　ミュージシャン・音楽プロデューサーのヒャダインが、日本全国のサウナを巡る番組『サウナを愛でたい』（ＢＳ朝日）。

※5 サ飯　サウナ飯。サウナのあとに楽しむ食事のこと。

春日　いいじゃないい。なかなか行かないいじゃない。

若林　喫茶店がありそう、なんか。

春日　新橋とかに行くこともあるんだけど、そういうなんか渋いさ。

若林　新橋もあるもんな、喫茶店。

春日　うん、池袋とかもあったりするんだけど、渋〜いとこに行ったりすんのよ。

若林　お前がよくさ、日テレの仕事のあと、新橋のビルの地下でさ、**なんか、ナポリタン食ってんだろう?**

春日　えへへへへ（笑）。駅前のね、ニュー新橋ビルでね。

若林　そう。よくニュー新橋ビルいるだろ?

春日　いや（笑）、よく? まあ、ちょこちょこ。

若林　俺よく見かけるのよ。お前がニュー新橋ビルの……。

春日　どこで見かけるのよ!

若林　俺は、ニュー新橋ビルの喫茶店、行ってんだよ。

春日　あ、そうなの?

若林　ニュー新橋ビルの喫茶店ってさ、クリームソーダとか置いてあるとこあんじゃん。あれが落ち着くんだよ、やっぱり。

春日　わかるわかる。

若林　なんか外資にさあ、やられちゃってんじゃん。

春日　へへへへへ（笑）。

若林　なあ、よお。

春日　オシャレな、ね。

若林　**外資のチェーンにやられちゃってんじゃねーかよぉ。なあ、おい!**

春日　くくく（笑）、いや、聞いてるけどね。

若林　あははは（笑）。

春日　だから、「カフェ」とかじゃなくて「喫茶」のほうね。

若林　そうそうそうそう。

春日　あと、いろんな人がやってるのよ、日村[※6]

※6 日村（勇紀）さんのウォーキングのやつ
ウォーキングを趣味としているバナナマンの日村勇紀が、ウォーキングの魅力を伝える健康促進番組『バナナマン日村が歩く! ウォーキングのひむ太郎』（BS朝日）。

（勇紀）さんのウォーキングのやつとか、東野（幸治）さんもBS-TBSでさあ、『アドベンチャー魂』[※7]ってさ、すごい番組やってんのよ。断崖絶壁をさ、ロープ一本とかで登ったりしてんの。

若林 東野さんが？

春日 東野さんが。その道の一流の方々と一緒に山登りしたりとか。リアカーを引っ張ってね、山登って、カヌーでひっくり返ったりとかしてんのよ。

若林 へぇ〜。

春日 好きらしいんだよね、そういうアドベンチャーが。その番組とか、いろいろコアな番組がたくさんあるからさ、ほとんど毎日、何かしら録画して観てるんですよ。でね、たまにお休みいただいたりすると、その観てたやつをさ、やったり、行ってみたくなったりするんだよね。だから今、休みの日はもっぱら、「BSデー」と称してさ。

若林 バーッと観る？

春日 いや、観るのもそうなんだけど、平日にお休みいただいて空いてるときは、子を迎えに行かなきゃいけないのよ、保育園に。

若林 なるほど、はい。

春日 17時半ぐらいに、クミさんと保育園で待ち合わせして、で、連れて帰ってくる。

若林 うんうん。

春日 っていうのはもう、マストであるわけですよ。で、その間、クミさんがいないときは自由時間なの。朝、ちょっとジムとか行って、午後ぐらいから「何しようかな」と。まあ暇なんですよ。で、自転車でね、とにかくアドベンチャーしようと思ってさ、家の周り、ふた駅ぐらいまでの範囲かな？　グルグル回ってさ。まあ17時半だから、逆算して、「サウナも行きたいな」って思うわけ。

若林 うん。

春日 で、サウナに行くんじゃなくて、銭湯に

※7『アドベンチャー魂』 BS-TBSで放送されている、東野幸治が冒険家とともに、ガチな冒険をする番組。

サウナついてるパターンのやつがいいな、って思ってさ。

若林　なるほど！

春日　こっちのほうが規模的にキュッとしてるしね。いわゆる「サウナ」よりも、**「町サウナ」**に行きたいと思うんですよ。それが開くのが、15時とか15時半ぐらいだから、その前に、ちょっと喫茶行ってみたりだとかね。見かけた町中華に入ってみたりだとか。

若林　なるほどなるほど、そういう一日だ。

春日　で、まあサウナに行くんだけど。サウナも開店前から開くのを待ったりするからね。常連さんのさ、おじさんとか、おばさんとかに混ざってね。

若林　なるほど。

春日　やっぱり銭湯、いいんだよね。今、たいがい500円なのよ。それプラス200円とか300円のサウナ料金を払って、サウナに入れるところが多いんだけど。サウナ専用のロッカーの鍵とかもらってさ。普通のロッカーの鍵と色が違うね、「サウナ使ってますよ」みたいな。

若林　あるね。

春日　この間行ったところがさ、プラス200円かな？　払って入ってさ。銭湯入ったら、その端のほうにサウナがあってね。入ろうと思っても、入れなくてさ。たいがいは扉を押して入るとかなんだけど、動かないの。

若林　はいはいはいはい。

春日　何かと思ったら、なんか鍵穴みたいなのがさ、その押すところにあってさ。よく見たら、細長い穴が開いててさ。受付で鍵と一緒にもらう、プラスチックの札、なんつうのかな、物差しみたいなさ、15センチぐらいの。その先のほうが、ちょっと鍵っぽくなってて。それをその鍵穴に差し込んで、中の棒みたいなのに引っ掛けて、引いてさ。それが鍵になってたのよ。なんの説明もないの、そういうところって。

若林　確かにね。常連さんが多いから。

春日　サウナ入る人しか渡されないやつよ。それ使って入って。したらね、たぶん常連さんだろうね、なんかおじいさんが入ってきてさ。で、まあ12〜13分ぐらい入ってたのかな、一緒に。そのおじいさんが先に出てね、サウナのすぐ横にあった水風呂に入ってったの。そこのサウナに窓があって、水風呂が多少見えるのよ。私は窓際に座っててさ。「あ、おじいさん入ったな。今出ると水風呂でかぶるな〜」って思ってね。「もうしばらく我慢しよう」つって、まあ2〜3分かな、我慢してたのよ。で、「おじいさん出たのかな」って、パッてその窓から水風呂を見たら、おじいさんがさ、水風呂の中にね、**なんかうつ伏せで、全身沈んで入ってたのよ。**

若林　はいはい。

春日　「これ危な……大丈夫か？」と思って。

若林　「どっちか!?」と思うよね。

春日　「どっちなんだ!?」って。顔見えないの。仰向けで入ってたらさ、顔見たら危ないかどうかわかるじゃん。もうホント、ベタァーッて（うつ伏せで）入ってて、「これ、どうしたら……」って。周りの人、なんにも反応してないから。いるのよ、ほかにもお客さん。でも、見えてるの私だけだな、と思って。上から見てるから。「危ないな〜」って、しばらく見てたのよ。

若林　うんうん。

春日　そしたらさ、ズァーー！　って出てきてさ。**「フゥ〜〜！」**みたいな。

若林　はいはいはい。なるほど。

春日　ものすごく気持ちいい、だから、整ってたんだよね。

若林　よかったね、そっちで。

春日　うん。「いや、これ確かにいいな」と思って。全身で入って、しかもうつ伏せで。たまに頭まで入りたくなるじゃない、水風呂に。サウナのあととかだと。

若林　知らないけど。

春日　へへへへ（笑）。あのー、頭までこう沈みたくなるのよ。

若林　はいはいはい。

春日　そのほうが全身で冷たさがわかるから。「このうつ伏せの発想はなかったな」と思ってさ。

若林　なるほど。

春日　「ここはアリなんだな」と思ってね。で、そのおじいさんがまたサウナに入ってきたときに、入れ替わりで私が出てね。水風呂入って、最初は座ってたんだけど、そのおじいさんのあれがやりたいからさ。ほかのお客さんもいる中、こう窺ってね、「みんながあんまりこっち見てないな〜」みたいなところで、徐々に沈んでってさ。とりあえず肩まで、そのまま座って。

若林　うん。

春日　で、水の中でくるっと一回転して、そのおじいさんみたいベチャーつってね、沈んだのよ。うん、確かにめちゃくちゃ気持ちがいいわけ。もう全身で浴びてるし。息も持つほうだからさ、「しばらくいけるなあ」と思ったらさ、**「ダメだよ、そんなのしちゃ！」**つって。

若林　水中から聞こえたの？

春日　聞こえたの。そんな水深深くないから。「ヤバい、怒られた！」ってさ、パッて上がって見てみたら、さっき沈んでたおじいさんが、そこに立ってんのよ。

若林　えぇ？

春日　「えぇ？」と思ってさ。いや、本当に「えっ？」っていう。ははっ（笑）。

若林　ってなるよね。どうすんの、それ？

春日　「えっ？」って顔してたの。そしたら、おじいさんが**「ダメだよそれは！　常連じゃないでしょ！」**って。

若林　そういうさぁ……。

春日　「そういうこと？」って。「ダメだよそれ！　初めての人、ダメだよ！」つって。あははは（笑）。

若林　何の差なんだよ、それ？

春日　店にしたらさ、常連だろうが、新人だろうがさ。

若林　そうだよ、やられてることは一緒だからね。

春日　うん。なんか、ローカルルールなのかわからんけどさ、「ダメだよ！　そんなこと！」って。まあ、ここまで出かかったけど、「やってたじゃないですか」って。

若林　どうするの？　言わなかった？

春日　言わなかったよ。だって、初めて行ったとこだし。

若林　いやまあ、言う……言おうぜ。

春日　言えるかい？（笑）　それなんて言う？

若林　「いや、やってたじゃないですか」って。

春日　ああ。いや、でも初めてだから。「常連はいいんだよ」って言われるのがね。

若林　「それって店で決まってんすか？」

春日　へへへへ（笑）。まあ、そこまでか。

若林　「ちょっと行きましょうよ」つって。店員さんのとこまで。

春日　まあまあ、そうなるか。フッフフフ（笑）。いや、それは言えなかったからさ。

若林　まあダルいしね、長引くのも。

春日　そうそうそうそう。うん、ダルいし、「すみません」って言ってたんだけど。出たあと、番頭のとこ見たら、**「潜るの禁止」**って書いてあったよ、やっぱり。水風呂。

若林　あははははは（笑）。

春日の疲労

【第672回】2022年12月3日放送

（春日がテレビ番組出演本数ランキング1位を目指しているという話題から）

若林　でもね、こないだネタライブ※1やったじゃないですか。

春日　はいはいはい。

若林　2部制で、1部、2部やって、2部やってるネタの途中で、**「あ、これダメだ」**と思って。お前の顔見て。

春日　え？　ネタやってる途中で？

若林　うん。

春日　なんで、何がよ？

若林　なんかもう、**疲労。**

春日　ははははは！（笑）　漫才の最中に？

若林　漫才の最中に。

春日　終わったあと、とかじゃなくて？

若林　いや、だからマジで、会社は健康状態見たほうがいいよ。

春日　ははははは（笑）。

若林　俺らが44歳だって、マジで！　マジで身に染みて考えたほうがいい。

春日　あ、そう。

若林　いやホント、唇は乾ききって……。

春日　はははは（笑）。

若林　目は落ちくぼみ……。

春日　ははははは（笑）。最中に？

若林　顔色が悪かったのよ。結構動くネタ作って。

春日　まあそうね。

若林　これ、ホント寂しい。帰り、俺は車を運転しながら、サトミツが同じ方向だから助手席

※1 ネタライブ
オードリーが舞台でネタをやるために、定期的に開催しているライブ。毎回、オードリーと同世代の芸人や、若手の芸人たちも出演している。

乗ってて、「おい、サトミツ、漫才師になって初めて思ったけど、**『アイツの年齢と体力を考えて、これからネタを考えなきゃいけないんだわ』**って、ネタの最中に思った」って。

春日 あら、最中に？

若林 うん。だって、**唇は乾き、顔色が悪く、目は落ちくぼみ、変な汗かいてて……。**

春日 はははははは（笑）。

若林 で、なんか息が切れて、後半テンポ遅れてたから。

春日 はいはいはい、確かに。

若林 それはもう脳じゃなくて、体力なんだよ。

春日 ふへへへへ（笑）。

若林 「あ、これはダメだ」と思った。俺、なんかね、寂しかった。今までは、パチンコとかのネタもめっちゃ動くじゃん。

春日 うんうん。

若林 「春日の体力だったら大丈夫か？」って考えたこともないの。高校のときからの、春日の身体能力の記憶で作ってるから。

春日 うん。

若林 でも、もう思った。ムリだね。

春日 いやいや（笑）、ムリじゃない。

若林 「体力的にできるかな？」って考えなきゃいけないっていう。

春日 いやいや、それは今、今年に限ったことだからね。今年はやっぱり、（テレビ出演本数）1位を狙うべくして、奔走したから。

若林 うんうんうん。

春日 確かに、ネタの最中にね、目が落ちくぼんだろうし（笑）。

若林 いや、唇は乾き、顔色は真っ白、目は落ちくぼみ……笑えないよ、あんなヤツが漫才やってても。

春日 お客さんにもバレてたかなぁ。

若林 で、汗がさ、照明に輝いて光る汗じゃないの。**脂汗なのよ。**

春日 はははははは（笑）。いや、やってて、そんなにしんどいなって感じじゃなかったけどね。
出てたかあ。

若林 うーん。だから例えば、武道館みたいに25分あるネタを、これから何かで考えるとしたら、お前の体力考えると思う。

春日 うーん、いやいやいやいや、例年だったらいけるよ。

若林 いやホントね、**キュウ**[※2]**みたいな漫才にしないと。**

春日 いや、おかしいだろそれ。

若林 今から。

春日 急に動かなすぎるだろう。

若林 あと、漫才やってるときの、かもめんたるみたいにしないと。

春日 ははははは（笑）。

若林 ははははは（笑）。

春日 動かないっていうレベルじゃないからね。

若林 まず、ネタも全くわかんないけど、「舞台上で、春日がこんな動きしてたらいいな」から考えんのよ。イメージからね。

春日 はいはいはいはい。普段はね。

若林 断片から考えるんだけど、ちょっと俺、体力も考えなきゃ。頭は結構、しゃべくりみたいな感じのほうがいいのかもしれない。

春日 いやいや、それはもう変わらずというよりもね、さらに。来年からは大丈夫だから。

若林 フフフフフ……（笑）。いや、俺はあの顔見たら、もうそれはできない。俺はイヤだね。

春日 んひっ（笑）、いやいや大丈夫、大丈夫よ。

若林 大丈夫かな。

春日 うん。だからちょっとね、30[※3]日までは突っ走ってたから。

若林 はいはいはいはい。

春日 その最中っていうか、もう終盤の、クライマックスの時期のライブだったから。

若林 はあ。

※2 キュウ
キュウといえば、落ち着いたトーンのスローテンポな漫才が特徴。

※3 30日まで
テレビ番組出演本数ランキングは、11月30日までの集計で発表される。

春日　ちょっと、**ちょっと落ちくぼんじゃったけど。**　はははは！（笑）

若林　じんましん出てんでしょ、結局。いや、じんましんなんか、仕事で出たらダメなんだよ。言わないと、会社に。

春日　いや、久しぶりよ。だからマエケンさん※4にね、朝まで説教受けた以来ぐらいかな。うん、久しぶりにね、出たけど。

若林　俺はお前のさ、モンスターな体力に引っ張られて、（テレビ出演本数）4位になってるからね。

春日　ははははは（笑）。

若林　俺、サトミツと組んでたら、もう全然、20位とかでいいからね。

春日　へへへへへ（笑）。いや、そうだろうね。巻き添え食らって、ははは（笑）、巻き添えで4位になった。

若林　でもなんかさ、俺、安島さんに言われたんだけど、この10年で、5位、4位、5位とか、5位、6位だった。

春日　うんうんうん。

若林　**「いまだに『テレビにいづらい』って顔して、テレビ出てるよね」**って言われた。はははは（笑）。

春日　はははははは（笑）。いい加減。

若林　「若林くんって、珍しいよね」って言われた。

春日　うーん、慣れないもんかな。

若林　そうかな？　出づらそうかな？

春日　はははは（笑）。

若林　居心地が悪そうなんだって。よく出れるよな、そんなヤツが。ありがたい。でも、1個1個の番組のスタッフさんの関係性とか、チーム感からすると、やっぱり裏切れないじゃん。

春日　うんうん。いや、そうだね。

若林　そうそう。で、そういえばさ、『あちこちオードリー』って、たまにテレビのスタッフさんの話とかするからさ。俺はこれ、欠席裁判

※4　マエケンさんにね、朝まで説教受けた以来
春日はかつて、ものまねタレントの前田健にファミレスで長時間説教された結果、じんましんを発症したことがある。

みたいな感じで、あまりにも偏った意見だと映っちゃうだろうな、と思ったけど、ちゃんとリスクあって。レギュラー番組に戻っていったときに、「あれ、俺のことですよね？」って散々言われてるからね。

春日 フフフフフ（笑）。

若林 『あちこちオードリー』で発言したことって。

春日 はいはいはい。

若林 で、俺が決めてんのは、本当にそうだったら、「そうです」って言うようにしてるの。

春日 なるほど。ごまかさない。はいはい。

若林 そこは逃げずに。それはずるいから、「あ、そうですよ」って。この間も言われたもん。「[※5]『髪の毛分けて、イヤモニやめてくれ』って言ったの、あれ、俺ですよね？」つって、「あ、そうですよ」つって。

春日 へへへへへ（笑）。

若林 「髪の毛下ろしてるから、ナメてんなと思って」って言ったら、「いや、ナメてはいないですけど」つってて。ははははは（笑）。

春日 ははははは（笑）。

若林 ちゃんとそういうことが起こってるから、放送のあとに。

春日 ははははは（笑）。

若林 やっぱ、ちゃんと削ってるからね、こっちも。

春日 うんうん、いや、そうだね。だから、リアルで話してるしね。

若林 リアルで話してるからね。それを好き嫌いあんのは勝手にしたらいいと思うけど、リアルに削られてるし、削ってるし、っていう。

春日 ちゃんとリスクはある、リスクは背負ってるってことですね。

※5「髪の毛分けて、イヤモニやめてくれ」
『あちこちオードリー』にて若林が語っていた、髪型をセンター分けにした理由から。クイズ番組でMCをしていると、芸人がボケている途中で、イヤモニ（インイヤーモニター）からスタッフに「次の問題へ」と言われるが、ちゃんとボケは拾いたいと言っていた。そうした意見が、センター分けにしたところ受け流されなかったという。

餅つき大会

【第674回】2022年12月17日放送

春日　あのー、今の時期の年末年始か。まあ風物詩、私はそう思ってるんですけど、やっぱ餅つき大会って、この時期多いと思うんですよ。

若林　あ、そうなんだ。

春日　前もね、ここでお話しさせていただきました、町内の餅つき大会に。餅が好きだから、なんつったって。で、餅も好きだけど、つきたての餅って、なんかちょっとプレミア感あるじゃない。普段、お目にかからない。切り餅はあるけどさ。

若林　あ？

春日　切り餅も、私、焼かないからね。

若林　あん？

春日　フフン（笑）、……焼かないで、あのちょっと水につけて、レンジで……いやいや（笑）、**何かましてきてんだよ、ずーっと。**その古いさ、ビー・バップ[※1]みたいなさ。

若林　いや、言うなよ、リスナーにバレるだろ。

春日　バラしたいんだよ、こっちは。ずっと、ちょっとアゴを出してさ、「ア～ン？」って顔をさ、アクリル越しにしてくるんですよ。

若林　我慢しろよ。

春日　いや、我慢しないでしょ、それは。

若林　邪魔してるみたいに言うじゃん、**お前のバカなファンが。**

春日　ふはははは（笑）。もう言わないだろう。もういないよ、そんな。

若林　いやいや言うよ、お前のファンってバカだから。

春日　ふっははははは（笑）。いやまあ、だから、

※1 ビー・バップ　1983年から2003年まで連載された、きうちかずひろによる漫画『ビー・バップ・ハイスクール』。映画化もされたヤンキー漫画の代表作のひとつで、80年代的なヤンキーの姿が描かれている。

つきたての餅なんか、なかなか売ってもいないし、普段お目にかからないから、すごくね、餅つき大会って……。

若林　うん。

春日　へへへ（笑）。いや、返事はするんだね。そのビー・バップのかましの顔のまま。

若林　いや言うなよ！　恥ずかしいだろう、リスナーに。

春日　古いしさあ、それこそ『東京卍リベンジャーズ』みたいなかましでお願いしますよ。この「ア〜ン？」って、やっぱ古いのよ（笑）。

若林　あははは（笑）。餅の話してよ、俺は聞きたいんだよ。ぺこぱの松陰寺（太勇）に怒られるよ。

春日　いや、なんでだよ。

若林　**春日のトークが、1週間で唯一、何も考えなくていい時間なんだって。**

春日　あははは（笑）。いや、それもどうかと思うけどな。全然褒めてないけどな。まあそれでね、何年か前に餅つき大会行って、絶対もらいたいから、結構早めに行って、すごい待って。ひとり1パックもらえるから、私とクミさんとチャチャも連れて、3パックもらって帰ってきた、みたいな話をしたと思うんだよね。

若林　してたね。

春日　あれがもう3年ぐらい前なの。で、このご時世でさ、コロナ禍で全然開催されなくて。

若林　あー、確かにな。

春日　今年こそは、今年こそは、って町の掲示板をよく見てたら、今年はあったのよ。

若林　えぇー。開催だ。

春日　そう、それが1駅向こうぐらいの、町の餅つき大会で、「参加無料」みたいな。「これは！」と思ってさ。で、行けるのよ。日曜の朝10時とかで、これは行かない手はないと思って、クミさんにも言ってさ。んで、10時。前までだったら、9時ぐらいに行ってるはずなのよ。で、失敗してるから。そんなに世間って興味ないんだと思って、お餅に。

若林　その話してたよね。「早すぎるんじゃない？」ってクミさんに言われて。

春日　そう。「いや、そんなことない」ってね。まあ、そいで行ったの、1駅向こうぐらいだから、自転車で。

若林　ピンで行ったの？

春日　いやいや、家族で。やっぱ人数多いほうがもらえるからね。行ったら、やっぱ餅なくなるほどは集まってなくて。もうやってて、結構盛り上がってんのよ。

若林　うん。餅ついてんの？

春日　もうついてた。**知らない町の、知らないおじさんたちが。**

若林　お前もそうだけどな、向こうからしたら。

春日　そうね（笑）。いや、「やってらあ！　3年ぶりに帰ってきましたなあ、餅つき大会が！」と思いながら、興奮してんですよ、私はね。それで並んだら、ちょうどチビッ子たち、子どもたちがいてね。

若林　じゃあ、「子どもたち」って言えよ、最初から！

春日　……子どもたちが並んでて。「ひとり10回な！」とか言って。なんか「どっこいしょー！」みたいにやってさ、「おじさんの手、打たないでくれよぉ」なんつって。「紅白餅になっちゃうからなぁ！」みたいな……ことをね。

若林　うん。

春日　……言って。

若林　うん。

春日　**まあ、これはいいわ、スカしてもらっても。**別に私のじゃないし。ふはは（笑）。ホントに言ってたし。で、長机みたいなところに、パックでさ、いろいろ餅が出来上がってくのよ。

若林　あー、そういうことね。

春日　「うわうわ、これは楽しみだな〜」とか思いながら、配られるの待ってたの。そしたらなんか、そこにいるチビッ子たちが、ひと通りやり終わったみたいなんだよね、餅つきを。

若林　うんうん、餅つきを。

春日　バンバンもち米は炊かれてるのよ、せいろみたいなやつで。そっちのほうが多くなっちゃって、んで、つく人いない、みたいな。

若林　なるほど。

春日　そしたら、そのおじさんがさ、「大人の方でもいいんでね、餅、ついてもらえませんかぁ?」みたいな。で、「これ、どうしたもんかいの〜」と思って。タダでくれるっていうから、別にいいんだけど、そう呼びかけられてやらないのも、なんか申し訳ない。クミさんも「やりなよ」って言うもんだからさ、「あー、じゃあちょっとやります」って言って。まあ、帽子とね、マスクしてるから、「春日」ってことはわかられてないのよ。だからいいかな、とか思いながら。

若林　うん。

春日　「じゃあ」つったら、杵を渡されてさ。まあ5キロないぐらいだな。で、持ったからにはさ、ちょっとかましたいじゃないですか。

若林　あ、そういう欲出てきた?

春日　ロケじゃないけど。バツーンといってさ、盛り上げたいじゃん。

若林　やっぱクミさんがいるからじゃない?

春日　クミさんもいるし、子も見てるしね。

若林　「かっこいいとこ見せたい」みたいなところなんじゃないの?

春日　あとチビッ子もいるし。テンポよく餅ついてさ、沸かしたいじゃない。鍛えてるしね。

若林　なるほど。

春日　「じゃあ、お願いします!」とかおじさんから言われて、「よいしょー!」って、一発目、バーンっていったのよ。そしたら思いっきりさ、臼の端っこ。あれ、難しいんだね、力むと。臼の端っこのところに当たって、とんでもない高い音でさ、**「カーーン!」**っていってさ。

若林　ははははは!(笑)

春日　こんな高い音、鳴る!?
若林　めっちゃおもしろい。高ければ高いほどかっこ悪いね。
春日　かっこ悪い。日曜の午前のさ、住宅街に響いちゃって。
若林　お前、下手だよな、ああいうの。ビリヤードも下手だもんな。
春日　ビリヤード関係ないだろ、今。餅つきの話してんだから。
若林　ま、いいや。なんか、「ここに入れる」っていうの下手じゃん。
春日　下手だね、うん。なんか、加減がわかんないというかさ。
若林　それさ、空気どうなった?
春日　あのー、一瞬止まるというか。ホント、0・何秒なんだろうけど。その前から、おじさんもなんかいいフリを入れてたのよ。「いい体してんね!　もう壊さないでよ!」みたいな。
若林　いいね、いいフリだね。
春日　いいフリ入れちゃってるもんだからさ、より「カーーン!」が際立つわけですよ。
若林　「と思ったら、高い音出ちゃった!」って言ってた?
春日　へへへへ(笑)。言ってない、そこまで出来上がってないのよ、その集団は。お互い知らないし。「カーーン!」つって響き渡って、そしたらね、クミさんがチャチャを抱えてたんだけど、**「ワンワンワンワーン!」**つってさ(笑)。
若林　でも、わかんじゃない?「あ、主人の危機だ」っていうのが。
春日　わかるんだろうね、異常事態だって。「カーーン!」「ワワワーン!」つって、ちょっと子どもたちが笑う、みたいな。失笑ぐらいだな。
若林　ははは(笑)。でもそれ、笑っていいものか、ってのもあんだろうね。
春日　そうだね。で、まあ「10回だ」っていうんだけど、そのあとはもう、だいぶ安全にさ、置きに行って。

若林　なんかそれ、「カーーン！」ってなったときに、大げさに手がしびれたみたいな感じで、「イッテテテ〜イ！」とかさあ。

春日　ははははは！（笑）

若林　**プライド高いんじゃないの？　まだ。**

春日　ふははははは!!（笑）

若林　「イッテテテテ！　手がしびれてらあ！」って言えばさあ、そっちでも大丈夫な人なんだけど。

春日　なるほどね！

若林　それをさ、「カーーン！」ってなって、マスクと帽子をこうやってさ、「うぃっす〜」って感じ出してるからいけないんじゃない？

春日　でも、「うぃっす感」出てたねぇ。

若林　でしょー？

春日　うーん、そうだね。まだまだだね。

若林　予期せぬ恥ずかしい笑いは、リアクション取れないもんな。

春日　取れない。ロケだったらやれてたかもわかんないけどね。

若林　クミさんは笑ってた？

春日　クミさんも笑ってなかったね。

若林　言われた？　帰ってきたときに。

春日　うーん。「恥ずかしい」つって。

若林　あー、そっちか。

春日　春日のその感じも、たぶんわかってただろうから。やりにいってるというか。

若林　見せにいってる。

春日　見せにいってるっていうのが、もうね、長いお付き合いだから。その上で、「イテテテテテ！　しびれちゃった」もやってないから。ふははは（笑）。

若林　そうね。そこだと思うよ、クミさんは。

春日　そこだね、そこだなぁ。

若林　知ってると思う、お前の**気位の高さ**を。

春日　ふははは（笑）。「プライド」でいいじゃない。

若林　いや、お前は気位が高い、プライドより。

春日　ふははは（笑）。正式な感じするね、「気位」って言うほうが。よくわかんないけど。

若林　あははは（笑）。

春日　で、まあまあなんとかね、ついたというか、役目を果たして。餅も、チャチャの分含めて4パックもらって帰って。昼ごはんに、餅いただいてさ。きな粉と醬油だったかな、うまかったなあ、あれな。で、夕方ね。

若林　うん。

春日　「焼肉に行こう」っていう話になってたのよ。私が、ちょっと人気のある焼肉食べ放題を見つけたから、前の日から予約してね。また自転車でね、2台で行ったのよ。そしたらそこがさ、想定よりも遠くて。

若林　自転車で何分ぐらい？

春日　30分ぐらい。

若林　ええっ!?　自転車30分は遠いよ。

春日　うん。クミさんも信号で止まる度に、「まだなの？」って。「もうちょいだと思うんだよね」って。

若林　自転車30分って、電車か車で行かないとって距離じゃん。なんで電車で行かなかったの？

春日　あのね、路線がこう斜めに……。

若林　あ、微妙なとこにあるんだ。

春日　そう。電車だと、ぐるーっと回って行かなきゃいけない。

若林　有楽町で言うと、どこにある感じよ。

春日　有楽町で言うと？

若林　あー、いいや、出てこなそうだ。それで、その……。

春日　ふははは（笑）。**早いな、諦めるのが！**　まあ出てこないけど。

若林　えー、それもう半分ぐらいとかで、クミさん、「はぁ～……」ってなってなかった？

春日　なってた。しかも、クミさんのほうが、自転車ふたりで行ってるから。クミさんと乗らないと、子がイヤがんのよ。私が乗ると、クミさんじゃないとヤだって言うのよ。

若林　30分自転車こぐって、結構足パンパンじゃない？　春日は鍛えてるけど、クミさんは言ってたでしょ、「足疲れた」って。

春日　いや、そう。春日はいいかもしらんけど、私はひとり乗っけてるし、つって。10キロ以上の人間を。

若林　そりゃそうだわな。肉体派のタイプの芸人さんじゃないじゃん。**べしゃりのほうじゃん、クミさん。**

春日　誰が？　いや、芸人じゃないのよ。

若林　タレントっていうか、べしゃりのほうだから。

春日　いやいやいや、べしゃりのほうっていうか、肉体派じゃないってとこだけどね。まあ、べしゃりのほうもまあまあ……。

若林　でも、本当に**MEGUMIさんを、自転車で30分走らせる感じよ。**

春日　いや、MEGUMIさんとは違うのよ。

若林　MEGUMIさんの系統だもん。結構切り込む……。

春日　そんなにバシバシいかないよ。

若林　うん。でもそれと同じってことだよ。

春日　まあ、MEGUMIさんを30分チャリに乗せたとしたら、とんでもないことしてるよね。

若林　そうです。

春日　うん。まあ、「悪いな」とか思いつつも、焼肉屋さんについてさ。で、自転車を停めて、店に向かおうとしたら、クミさんが「あれっ？」つって。「どうしたの？」つったら、**「リュックは？」**って言ったのよ。

若林　怖い怖い怖い怖い。

春日　「え、何、リュック？」つったら、「いや、玄関とこ置いといたじゃん、リュック！」つって。「なんのリュック？」つって。いや、子のね、エプロンとか、食べ物を切るハサミとか、食べ物とかを全部入れたリュックよ、つって。「いや、わからん」つって。

若林 ヤバいじゃん。担当はどうなってんの？

春日 担当が確実に私じゃなかったのよ。決まってない。どういうことかっていうと、リュックを玄関に置いといた。で、クミさんは、春日が持ってくるだろうと。実際、私が背負ってくってこともあったんだけど、そんときは「リュック持ってきてね」って、クミさんからの指令があったのよ。でも、今回はそれがなかったわけよ。私もなんとなく、「そういえば、玄関にリュックあったな」ってのは見てんだけど、言われてないから、なんか持ってこなかったんだよね。急いでた、っていうのもあるし。

若林 なるほどね。お互いでお互いが持ってくると思っちゃったんだ。

春日 私も見たら、「これ持ってかなくていいの？」とか言えばよかったしね。なんか、「別に今回必要ないのかな」みたいな。それはもうちゃんと言って。「確認しよう」って。

若林 そう、確認しようってなったんだけど、「まあでも、いいじゃない」と。店に来てるし、調べたら、お子様メニューもあるぞ。うどんとか、フライドポテトとか、唐揚げとかでいいじゃない。って言ったら、クミさんが「いや、そういうことじゃなくて、リュックの中に財布入ってたのよ」と。

若林 なるほど。

春日 「あらそう！」ってなる。まあでも、今ね、このご時世、電子マネー、およびPASMOでね、払えるでしょうよ。個人経営の古い焼肉屋さんとかじゃなかったから。

若林 はいはいはいはい。そらそうだ。

春日 とりあえず店入って、受付で、「お会計の方法って、どういうのありますか？」って聞いたら、「うち、現金とカードのみです」つって。

若林 うっわ。

春日　「うっわ」っって。ホントにもう、「うーっわ」って言ったもんね。

若林　いやあ、言うでしょ。

春日　うん。店員さん、なんのこっちゃわかんないよね。「はい?」みたいになってんの。

若林　どうすんの?

春日　「あ、すいません、キャンセルで」って。

若林　ええっ!?

春日　だってもうさあ、財布をとりに帰るとまた30分かかってさ、帰ってきて、また1時間かかるでしょ、私が取りに行くにしても。

若林　あ、そうか、しょうがないか。何か交通手段ありそうだけどな……。

春日　いやー、いやいやいやいや。「もうキャンセルで」って言って。

若林　ええ〜!?　30分自転車で走って?

春日　走って。

若林　きついなぁ〜。

春日　んでまた、30分かけて帰ってさ。

若林　**いやあ〜、春日の奥さんって大変だなぁ……。**

春日　フフッ(笑)、いやホントよ。申し訳ないよね。まあでも、「もうちょっと相談してくれ」みたいに言われたけどね。

若林　いや、それいろいろでしょ。距離とか。

春日　距離とか調べてほしいし、お金がなかったとしても、何か手段があったんじゃないか、みたいな。すぐ「キャンセルです」って言って、店出ちゃってさ。もうダメだと思っちゃったから、私ね。で、また30分かけて帰って。やっぱね、雰囲気はもう最悪ですよ。

若林　そうねぇ。

春日　もう、重苦しい〜雰囲気で。

若林　それも、青銅イズム[※2]で考えなかった?　「春日です」って言って、「明日、払いにきます」とか、「サイン置いてくんで」とか、「スマホ置いていきます」とか。

春日　確かに、その余裕もなかったなぁ。ダメ

※2 青銅イズム
オードリーが藤井青銅から学んだ、フリートークの心得。「ドキドキしたらトークになる」「トークになりそうな人とは会話する」「トークになりそうと思ったら、行動する」といった姿勢のこと。

だと思っちゃってさ、もうもうキャンセル、帰ります、って言っちゃったのよ。

若林　そうか、30分・30分だ。帰りの空気、30分きついな。

春日　きついというか、もうね、そうね。

若林　子どもも、「あん?」って顔してたでしょ。

春日　フフフ（笑）。してた?　……してたね。「ってかこれ、何?　自転車で1時間、真っ暗な日曜の夜、知らないとこ行って、また帰って。これ何、なんなの?」って思ってたろうよ。

若林　うっわー。しんど。

春日　んで、もうなんか途中でスーパー寄って帰るとかいうテンションでもなかったのよ。家帰ってさ、「どうする?　何もないぞ」つって。またそこでね、重い空気になってさ。ってなったんだけど、「おや?」と思って。昼間の餅がさ、1パック半ぐらい残ってたのよ。

若林　うん。

春日　「餅があるじゃないか」つって。1パック半だから、子はそんな食べないにしても、大人ふたりだとたりない。「何かないか?」って、いろいろ探したらさ、冷凍庫につけ麺があってね。ニチレイの。

若林　はいはい、俺も食べましたよ。

春日　それとさ、その餅でさ、なんとかしのいでね。だから、**「ホント、餅つき大会って行っとくべきだな!」**っていうね。

若林　うん。

春日　餅つき大会行っとくべきだし、**「ニチレイの冷凍食品は、絶対に冷凍庫に入れとくべきだな」**っていうね。そういうの強く思った。

若林　うん。

春日　あと、**「やっぱ財布はちゃんと持っとかなきゃいけない」**っていうね。いろいろ勉強になる日曜日でしたね。

二人　ふははははは（笑）。

さよならむつみ荘、そして……

オロナミンC
TOKYO DOME
オードリーのオールナイトニ
in
東京ド
RYOBI
RYOBI
セノン

2024年2月18日　いざ、東京ドームへ――。

オードリー

中学・高校の同級生だった若林正恭と春日俊彰が
2000年に結成したお笑いコンビ。
2009年にスタートした「オードリーのオールナイトニッポン」は
絶大な人気を誇り、2024年に15周年を迎える。

「オードリーのオールナイトニッポン」

パーソナリティ
オードリー
春日俊彰
若林正恭

ディレクター
舟崎彩乃（MIXZONE）

構成
藤井青銅
飯塚大悟
佐藤満春
チェ・ひろし

ミキサー
林　俊吾（MIXZONE）

アシスタントディレクター
落合凌大（MIXZONE）

プロデューサー
林　佑介（ニッポン放送）

スペシャルサンクス
中村悠紀（MIXZONE）
大坪秀嗣

『オードリーのオールナイトニッポン トーク傑作選 2019-2022

「さよならむつみ荘、そして……」編』

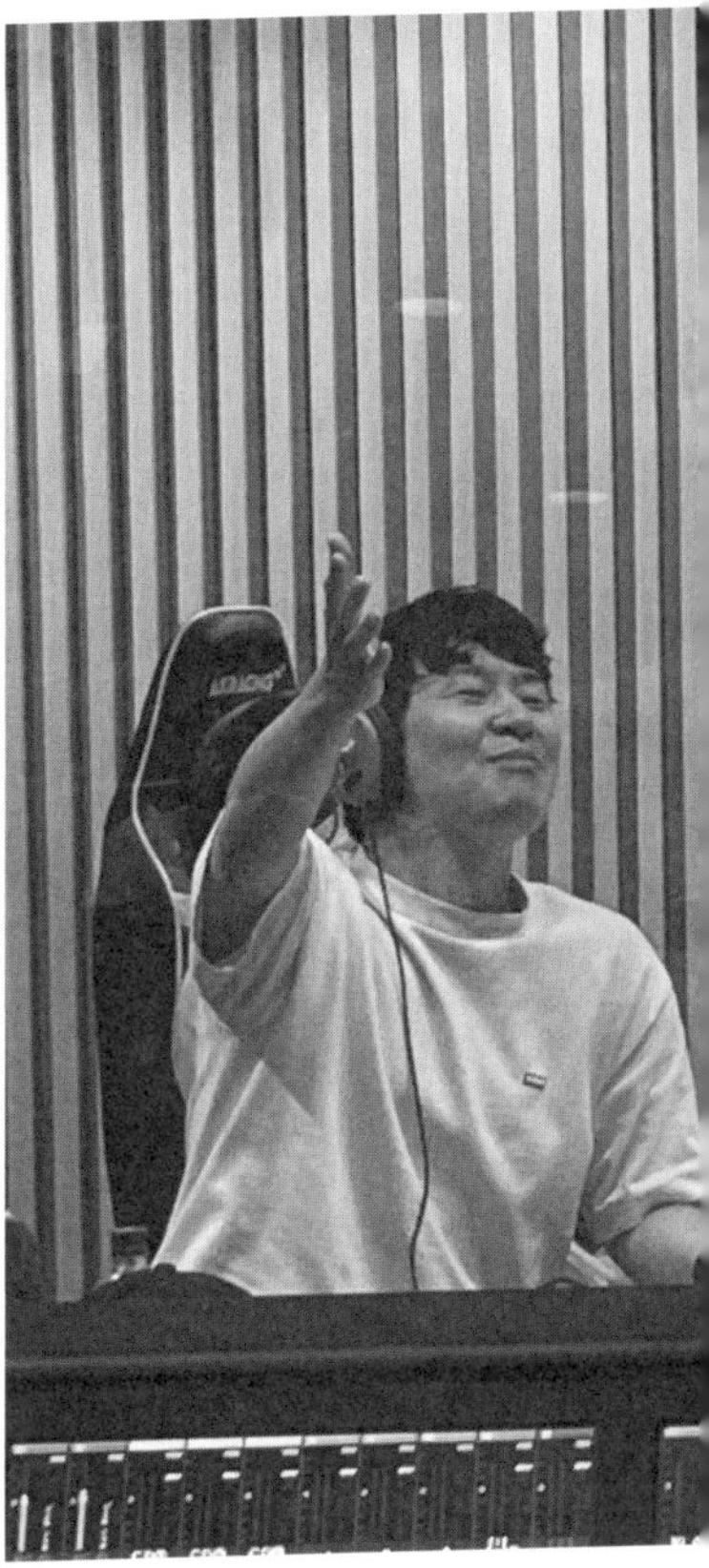

企画
石井 玄（ニッポン放送）
冨山雄一（ニッポン放送）
川原直輝（ニッポン放送）
佐野明子（ニッポン放送）

編集
武政桃永（新潮社）
後藤亮平（BLOCKBUSTER）
中野 潤（BLOCKBUSTER）

執筆
山本大樹 P219〜224
後藤亮平（BLOCKBUSTER）
武政桃永（新潮社）P145〜150／P347〜352

アートディレクション
山﨑健太郎（NO DESIGN）
中野 潤（NO DESIGN）

デザイン
山﨑健太郎（NO DESIGN）
菅原 慧（NO DESIGN）

写真
青木 登（新潮社写真部）
安東佳介（SENOBI）P442〜443
チェ・ひろし P446〜447

マネージメント
佐藤大介（ケイダッシュステージ）
岡田裕史（ケイダッシュステージ）
石澤鈴香（ケイダッシュステージ）

ヘアメイク
yosine.宮本 愛【成田 凌】
今泉里佳子・栢木真弓・谷口理子（MAX STAR）【加藤史帆・佐々木久美・松田好花】
千葉智子【鈴木杏樹】

オードリーのオールナイトニッポン トーク傑《けっ》作《さく》選《せん》 2《にい》0《ぜろ》1《いち》9《きゅう》-2《にい》0《ぜろ》2《にい》2《にい》

「さよならむつみ荘《そう》、そして……」編《へん》

発行 2024年1月20日
2刷 2024年2月10日

著者 オードリー

発行者 佐藤隆信

発行所 株式会社新潮社
〒162-8711 東京都新宿区矢来町71
電話 編集部 03-3266-5611
読者係 03-3266-5111
https://www.shinchosha.co.jp

組版 新潮社デジタル編集支援室

印刷所 大日本印刷株式会社

製本所 加藤製本株式会社

乱丁・落丁本は、ご面倒ですが小社読者係宛お送り下さい。
送料小社負担にてお取替えいたします。
価格はカバーに表示してあります。

ISBN978-4-10-355431-8 C0095